自然農・栽培の手引き

—いのちの営み、田畑の営み—

監修 川口 由一　著者 鏡山 悦子

2005年10月　奈良県桜井市　川口さんの田んぼのお米の姿

南方新社

「いのちの営み　田畑の営み」

自然農栽培書の完成に寄せて

緑に赤に、黄に白に、日々に色現し姿を変える美しい野菜づくりは、なんともなんとも愛おしく、楽しい…。

黄金色に輝いて神々しいお米づくりの喜びは格別…。

果樹の新鮮な恵みを口にするはちきれん幸福感は、我が畑で育ててこそ…。

朝露踏んで野に出で、輝く太陽の陽ざしを一身に受け、生命《いのち》から生命に渡る風に任せての農作業は、心身を大いなる健康へと運んでくれる…。

農的暮らしは、人生を実に味わい深く豊かに平和に全うさせてくれる…。

食の自給自足は、生命ある者自ずから内より願うものであって、魂からの安心立命を約束してくれる…。

こうした本当に素晴らしい農のある生活の実践に向けての具体的な作業手引きとなるものを集め、纏《まと》め、編み成し、わかりやすくていねいな絵入りで、見事にここに一冊の書に仕上げられました。

素晴らしいことに、この書は、耕さず、肥料・農薬を用いず、草々虫達を敵とせず、生命に添い従い、応じ任せて、実りを手にする術を示した自然農への手引き書であると同時に、単なる手引き書にとどまらず、農のある暮らしを深い実のあるものに導いてくれる豊富な内容のものです。二十一世紀に入った人類に、永続可能となる生き方、あり方が課されており、一人ひとりに求められておりますが、農の分野で見事に根本から解決する自然農実践へのいざないともなる貴重なるものです。自然農に深い思いを抱かれている多くの人々からも、待ち望まれていたものであります。

私達を、総ての生命達を存らしめる大切な環境を、決して汚染せず、壊さず、損ねず、有限の資源を浪費せず、処理不可能のゴミはつくらず、かけがえのない大切な人々の心身を損ねることのない、安全で、さらに心身を健全に育んでくれる生命力豊かな作物を育てるに必要な方法技術を示すものであり、農を志す人はもとより、今日に生きる多くの人々の手に受け取られたい書でもあります。

自然なる生命の法則に添い任せる農は、本当に楽しいものです。魂から大安心へといざなってくれるものであります。日々に自然なる農のある営みは、生命のこと、生命の世界のこと、人という生き物のこと、私のこと、そして生死のことを正確に知り、こうして人々が生きる意味と意義を悟り識り、生きることへの曇りなき深い悟りから、確かなる存在の喜びをも静かに与えてくれるものです。この人生に欠かすことのできない大いなる気付きと悟り、生命を識る智恵の目覚めともなる自然農のある暮らしに向けて、この手引き書は、大いに助けてくれるものと思います。

ところで、生命の世界は、変化変化で固定することなく、自然農の田畑の姿も年々変化してまいりますゆえに、生命に添い従う方法技術も、ここに示される如くに決して定まった形あるものではありません。この書を片手に田畑に立ち、田畑を整え、種子を降ろし、作物を育む喜びと感動のなかで、失敗と成功の実体験を重ねながら、生命の世界にも深く思いをはせ、作物の生命、多種多様なる草々・小動物の生命達、田畑全体の生命の姿を深く観察し、その奥にある生命の実相を察知し、澄んだ知恵大いに働かせ、生じる事々に的確に応じてゆかれるならば、手引き書は単なる方法技術への型を超えた生きた価値ある書となります。

かけがえのない大切な大切な生の期間、尊い尊い一生です。是非に、宿している真の智恵と能力を大いに発揮され、田畑を多くの多くの生命が織り成す美しい楽園とし、その楽園から豊かな恵みを朝な夕なにいただいて、心平和な充足の人生にしてほしく思います。

果てなき空間における時の流れは、永遠にして、止まることなく休むことなく、誤ることなく終わることなく…です。この時の流れは、生命の営みそのものであり、時間と空間は、生命そのもの、本体そのものです。黙して語らぬ生命が織り成す自然界・生命界でありますが、この生命界に誕生した私達人類の生の営みは一瞬の静寂《しじま》におけるゆらぎでもあります。百年前後の生の期間、静寂のゆらぎは、真にして神々しく、平和にして豊かに、美しくして絶妙であるのがいのち本来です。

生命の道、人の道を得、農のある我が道を得たならば、自ずからこの一瞬の生の営みは信深き永遠の営みと成り、荘厳なる人生の完結と成ります。

今に多くの人々が必要としている一冊の書が、福岡県糸島の地で米・麦・野菜・果樹等々を自然農で育てながらの農的暮らしを十数年重ねてきた鏡山悦子さんの学習と経験、創意工夫と努力、自然界に生かされ田畑の恵みを手にする喜びの日々から生まれました。

生命の素を晴らす手引き書として、素晴らしい働きを成してゆくことを強く深く願っています。

平成十八年十一月三日

川　口　由　一

目　　次

◆ 「いのちの営み 田畑の営み －自然農栽培の手引き－」の完成に寄せて
川口由一 ………… 1

◆ 目　次 …………………………………………………………… 4

◆ カラー口絵 …………………………………………………… 7

自然農のお米づくり ……………………………… 8

春の生命の営み …………………………………… 10

夏の生命の営み …………………………………… 12

秋の生命の営み …………………………………… 14

棚田の石垣の修復 ………………………………… 16

◆ 第 1 章　田畑と出合う・田畑を開く ……………………… 17

田畑と出合う・田畑を開く …………………………… 18

畑の畝立て ………………………………………… 20

田んぼの畝立て …………………………………… 22

◆ 第 2 章　お米を作る ……………………………………… 23

冬の仕事 …………………………………………… 24

春・種降ろし ……………………………………… 26

夏の仕事 …………………………………………… 30

水の管理とその周辺のこと ……………………… 36

秋の仕事・収穫 …………………………………… 40

麦 …………………………………………………… 48

陸稲 ………………………………………………… 53

◆ 第 3 章　野菜を作る ……………………………………… 55

野菜を作る・種降ろしのしかた ………………… 56

葉物類　コマツナ ………………………………… 60

ホウレンソウ ……………………………………… 62

シュンギク ………………………………………… 64

ターサイ …………………………………………… 66

チンゲンサイ・パクチョイ …… 68
レタス・チシャ …… 71
ハクサイ …… 74
キャベツ …… 77
コウサイタイ …… 80
ネギ …… 82
アサツキ・ワケギ …… 86
ニラ …… 88
モロヘイヤ …… 91
ツルムラサキ …… 94
シソ …… 96
根菜類 ダイコン …… 98
ニンジン …… 100
コカブ …… 102
ラディッシュ・ハツカダイコン …… 104
タマネギ …… 106
ゴボウ …… 109
ニンニク …… 112
イモ類 サトイモ …… 115
ジャガイモ …… 118
サツマイモ …… 120
マメ類 サヤエンドウ・エンドウ …… 124
サヤインゲン・ササゲ …… 127
ソラマメ …… 130
エダマメ・ダイズ …… 132
ラッカセイ …… 136
果菜類 トマト …… 138
ピーマン・シシトウ …… 143
ナス …… 146
オクラ …… 150

トウモロコシ …… 152
キュウリ …… 155
カボチャ …… 160
シロウリ …… 163
トウガン …… 166
ニガウリ …… 169
ブロッコリー …… 172
カリフラワー …… 176
その他 ショウガ …… 178
ミョウガ …… 181
アスパラガス …… 182
ゴマ …… 185
野菜の種降ろしの時の周辺の草との関係の事 …… 188

◆ 第 4 章　雑穀・果樹 …… 189
雑穀 …… 190
果樹 …… 194

◆ 第 5 章　理に気づいて・総合的に …… 201
理について …… 202
生きるということについて（川口　由一） …… 206
食害について …… 207
温床または温室について …… 210
いろいろな農具 …… 212
自然農ミニミニ辞書 …… 214

◆ あとがき …… 217

◆ 附　録　種子を降ろします時期の暦 …… 219
お米の品種とその特性について …… 221

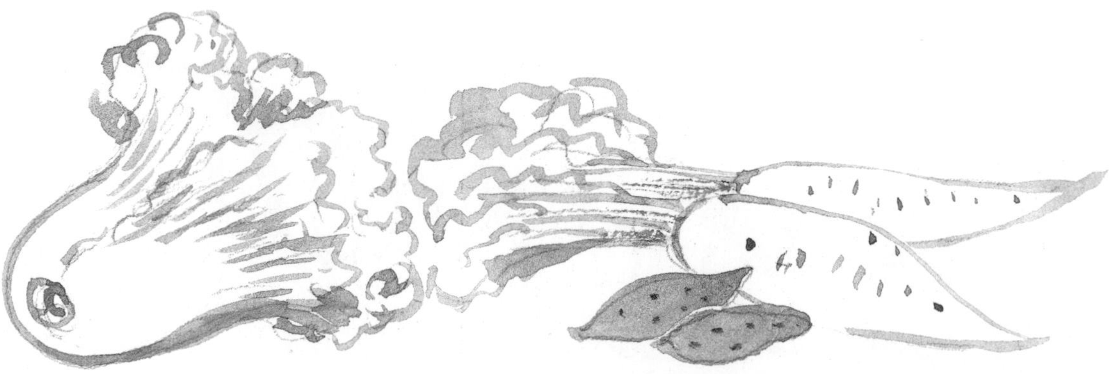

耕さず、草や虫を敵とせず、肥料農薬を用いることなく
生命の営みにひたすら沿う自然農……

二〇〇一年から二〇〇六年十一月の福岡県糸島郡二丈町一貫山における自然農の営みの様子です。この地では十一年を経過するに至りました。
まだまだ納得いくものではありませんが草との関係、お米とお野菜の健全なる姿、四季を通してご覧下さい。

冬の間に苗床を準備する

4月 種降ろし（覆土を少しずつ）

4月 種降ろし（ワラを振りまく）

6月 草の中にヒノヒカリを田植えする

扇形に分けつを始める

たくましく育って出穂間近となる

真夏の田の向こうに一貫山を望む

出穂直後の棚田の風景

晩夏の稲の姿（稲穂が垂れ始める）

動物除けに網で覆った苗床

つんと新芽の伸びたヒノヒカリ

もうすぐ田植えを待つ幼苗

6月　輝く麦の穂

9月　色とりどりの古代米

自然農のお米づくり

生まれて初めて唐原というところでお米を育ててから15年がたちました。日本人の食の要であるお米づくりは、なんとも奥が深く、一年一年今だにたくさんのことを学ばせて頂いています。一年に一度しかできないお米づくり‥‥。楽しみながらやっています。

9月　たわわに垂れる稲穂

稲穂の向こうに彼岸花

春の生命の営み

「春は新しい生命の目覚めであります。少しずつ天地の運行と共に生命を開き、発し、陽の営みを行い育ちゆきます営みであります。決して、急ぎ過ぎてはいけません。春は小さな陽の季節です。弱く・・・・・やわく・・・・・優しく・・・・・細やかに・・・・・であります。決してたくましく、大きく、勇ましく、華やかに・・・・・ではありません。小さく、弱く・・・・・優しげで・・・・・それでいいのです。」

川口由一著　野草社刊「妙なる畑に立ちて」より

コカブの発芽の様子

3月に種を降ろしたレタス

トウモロコシの幼い姿

左上 人参の幼い姿（4月中旬）
左下 ゴボウの幼い姿（4月中旬）

上 フランス大莢エンドウ
下 並んで育つ人参とゴボウ

一貴山の春の畑の営み

一貴山の畑は標高約140mの山付きの棚田にあります。日照時間も朝は10時頃から夕方は３時半頃までという条件のもとの営みですが、水や空気が清らかで、田畑に足を運ぶのは何よりの喜びです。

家族４人の自給用の畑の様子をご覧下さい。

また、自宅や畑では花も野菜と同じように自然農で育てていて、早春２月頃になると、こぼれ種からあちこちに小さな芽を出してきて、畑に優しい彩りを添えてくれます。

春キャベツ

発芽したばかりのオクラ

日本カボチャの苗

中左 春ジャガイモ
中右 赤ホウレンソウ

左上 つるなしインゲン
左下 採種用開花期の人参の足元にシシトウの苗
右下 春の畑、菜の花でいっぱい

草のなかですくすく育つトウモロコシ

半白キュウリ　畝の片側だけ草を刈る

夏の恵み

姿の大きいズッキーニ

夏の生命の営み

夏の畑は果菜類が中心です。トマト、ピーマン、ナスなど、もちろん直蒔きもできますが、４月地温が高まってからの種降ろしでは、夏の恵みが遅くなってしまう場合には、３月に育苗して移植という方法があります。

ポット苗をほんの少しの工夫（本誌「温床について」参照）をすれば、冷涼地でも栽培ができます。

夏は草の勢いも強いので、こまめに世話ができること、また、支柱を必要とする作物については、しっかり立て、台風などに備えることが大事になってきます。

定植して活着したころのトマト

３月に育苗して移植したナス

６月　田植え前のうれしい赤タマネギの収穫

エンドウの支柱を利用したキュウリ

シロウリは粕漬け用に

人参の後にシシトウとレタス育つ

ピーマンに支柱を立てる

冬にかけて花蕾が次々と‥‥

オクラの花は一日花、そしてすぐに実をつける

秋の生命の営み

秋冬野菜の種降ろしは、８月末から９月にかけてのものが多くなります。この頃、コオロギやルリハムシなどに、発芽したばかりの幼苗を食べられることが多いようですが、草との関係、播種期、地力、乾燥、風通しなど、うまく察して応じてゆくことが大切です。

左上 フダンソウとミニキンセンカ
左下 果樹地の足元にバラ蒔いた葉物数種

キウイは11月に収穫してゆっくり熟成

苗床から定植一週間後のコウサイタイと直蒔きのダイコン

ポットで苗を作り定植したハクサイ

３ｍほどにも育つ赤オクラ

秋になって本格的に生り出すナス

土地にゆとりがあれば、休ませる所を設けて畝を上手に使い廻してゆくとよいでしょう。

間引き菜を一夜漬けにしたり、ダイコンはタクアンに漬けたり、干したり、食の楽しみも豊かな季節です。また、クリやキウイ、リンゴなど果物も楽しみですね。

右上　ミズナの向こうにハクサイ

右下　グリーンマスタードとワケギ

掘るのが楽しみなラッカセイ

１片の種ショウガがこんなにたくさん・・・・

苗を作って定植した、ブロッコリーやハクサイ

棚田の石垣の修復

棚田では、大雨の後、畦や土手が崩れる事も時として起こります。下の写真は、土手の修復を地元の年配の方にお願いして、教えて頂きながら、実践してみた時の記録です。

私たちが川などから運んできた石を巧みに見究めて石組みをしてゆかれる様子は見事でした。

このような知恵を私たちもぜひ受け継いでゆきたいと思います。

秋によく出てきた20cmほどのヒキガエル

①ベニア板と杭で応急的に修復したところ

②底の石は慎重に置く

③奥の方には小石を敷き詰めて僅かな傾斜を出す

④半分ほど石組みができました

⑤石の形をよく見究めて全体を整えていきます

⑥石と石の隙間に小石と土を詰め固めます

⑦最上部は土を盛って更に草を生やします

⑧ようやく完成しました

第 1 章

田 畑 と 出 合 う
田 畑 を 開 く

第 1 章

田畑と出合う・田畑を開く

自然農を実践したいと思いが定まり、その思いに応じて各々の田畑と出合うことができたなら、本当に幸いでうれしいことです。その田畑は大きくても、小さくても、これからくり広げられるあなたの自然農の舞台となります。

そこに生かされるすべての生命たちがその営みを最善に、そして十全に全うできますよう、その土地としっかり向き合い、自らの持てる知恵を大いに巡らせ、本来の生命が息づく農園を思い描いて、まずは初めの一歩を踏み出しましょう。

目の前に広がる田畑は、今どんな状態でしょうか。ついこの前まで前任者が耕作していた慣行農園……。放置されていた農地であったのにしっかり耕運した後、貸して下さった田畑……。何年も放っておかれた草原状態の田畑……。あるいはそこにカヤや笹竹の茂みのあるようなところ……。あるいは、さらに雑木も点々と見える……いったいこんなところで稲作や畑作ができるだろうかと心配になる状況もあるかもしれません。しかし、大丈夫です。その土地の状況をよく観察し、するべきことを見極め、一つ一つ取り組んでいきましょう。

何年も放置された土地は、それ以前に使用されていた農薬の類の毒をすっかり浄化していると考えられます。そして、放っておかれた年数ほどの重なりとともに、素晴らしく豊かになっていると言えます。

また、反対に耕運機で耕したばかりの土地は、それに比べると少々残念な状態ではありますが、この状況から自然農をスタートさせると思えば、いわばゼロの状態です。

これからゆっくり豊かになっていく様子を楽しむことができます。

それでは、まず荒地を自然農の舞台へと開いてゆくところから始めます。

① 荒地を開く

荒地を開いてゆくのには、まず秋から冬の季節が適しています。植物のほとんどは、地上部が枯れてしまっているので作業がやり易いからです。

人の背丈よりも伸びたセイタカアワダチソウやヨモギ、アレチノギクなどは、鎌で地上部を刈り、いったん畑の外の適当な場所に積み置きます。笹竹やカヤ、ススキの茂みも同じように地上部を刈ってゆきます。もし、そこが田んぼとして開いているのなら、笹竹などの地下茎は水を入れることで朽ちてゆくので、心配は要りません。そこが畑として開いている場合は、ノコ鎌の刃先を地中に入れて、地下の少し深い部分から刈っていくようにします。

また、セイタカアワダチソウ、ヨモギなどの根は、多年性で地下に浅く広がる性質があるので、そこで育てたい作物との関係によっては、多少パラパラと引き抜いておくことも考えられます。

ススキやカヤの大きくなった株の場合、地下に鎌をさし込んで、という方法は無理なので、ひたすら地上部を刈ってゆきますが、芽が出ては刈り、芽が出ては刈りの作業を繰り返していると、しだいにその株は勢いを失い、やがて朽ちてしまいます。

したがって、大株の根を掘りおこしたりという重労働は必要なくなります。

木の場合もそうします。地上部は伐採し、切り株は掘りおこすことなく、その株を避けて作物を作ればよいのです。

また、木立ちも含めた広い菜園を描くことも、それはそれで型にはまらず楽しい菜園となることでしょう。描く楽園の姿はあなたに全てまかされています。ただ、木によっては、数年で驚くほどの大木に生長するものがあります。一つ一つの生命の性質を知ることも合わせて重要になります。

さて、この作業がひととおり終わると、土地の全体が明らかになって一つ大きな山を越えたようなさわやかさが訪れることでしょう。

土地全体の姿が見通せたなら、その表面にある枯草や枯枝・枯葉などもいったん外に出して積んでおきます。

次は、いよいよ畝づくりです。

刈った笹竹、セイタカアワダチ
ソウなど、いったん田畑の外に
出して積んでおく。

② 畝を立てる

■　畑の畝立て

畝とは、作物を作るために少し高く盛り土された一定の場所を言います。

ヨーロッパや日本においても北海道の一部の耕地では畝を作らず、平坦な畑に作物が育っている姿をよく見ますが、それは、その地の気候が乾燥しているためです。したがって、斜面のように水はけが良すぎるような所も畝を作る必要はありません。つまり、畝を作る一番の目的は、水はけを良くすることにあるからです。

ほとんどの畑の作物は、湿地を嫌います。

日本の気候においては、斜面でない限り、まず畝を立てることから始めます。

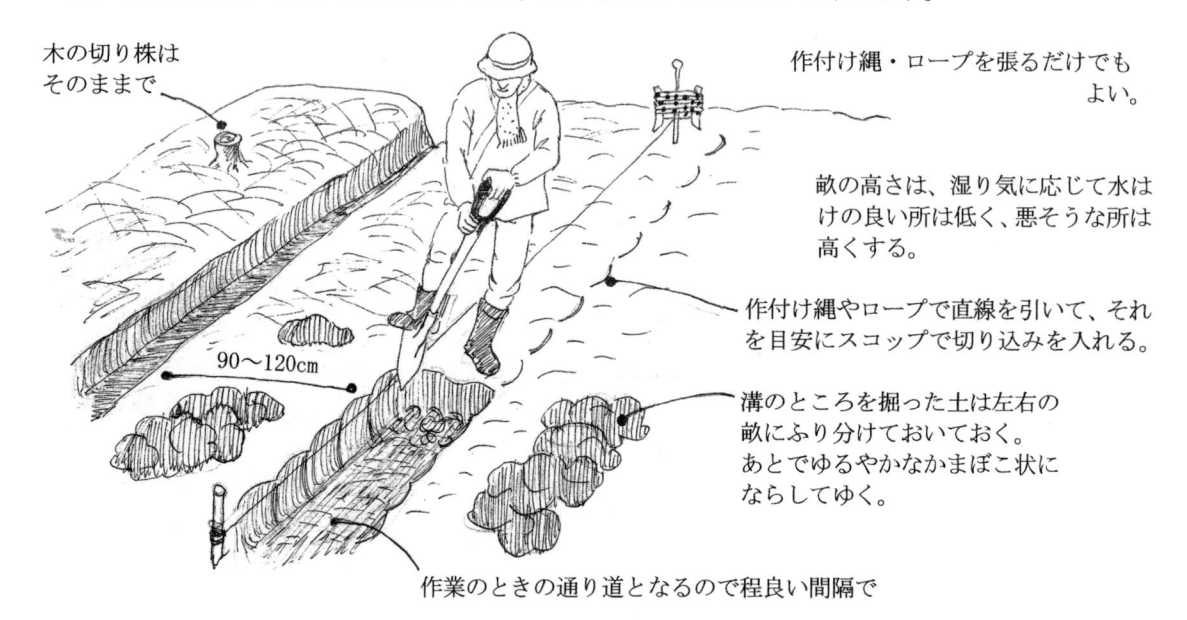

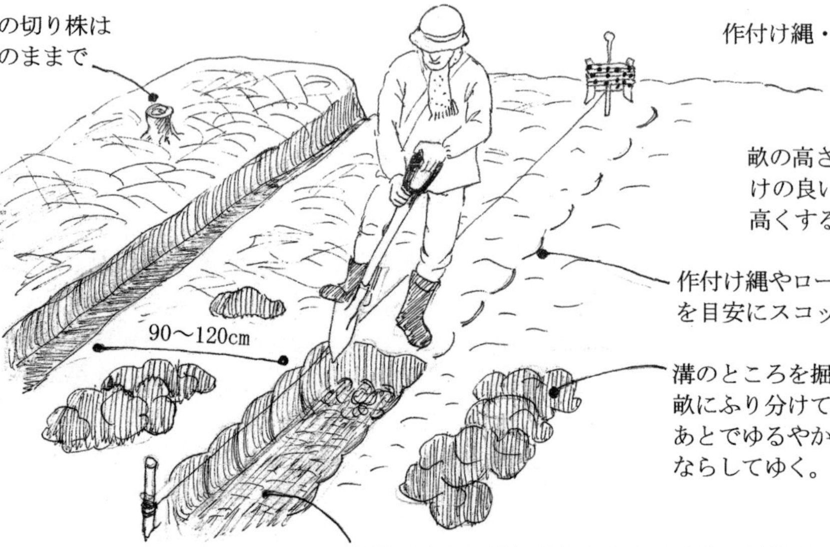

畝の高さは、湿り気に応じて水はけの良い所は低く、悪そうな所は高くする。
作付け縄やロープで直線を引いて、それを目安にスコップで切り込みを入れる。

あとでゆるやかなかまぼこ状にならしてゆく。
作業のときの通り道となるので程良い間隔で

農園全体にどんな作物をどのくらい作付けしてゆくか、大まかな計画を立てます。ほとんどの野菜は90～120cmの畝でよいでしょう。スイカやカボチャ類は、２～４ｍの幅の広い畝があると伸びやかに育てられます。

それから、畝は南北に立ててゆきます。そうしておくと、太陽が昇って日が沈むまで、作物にまんべんなく陽光が当たります。もし、東西に立ててしまうと、作物の南側だけに陽光が当たることになってしまいます。

畝の高さについては､水はけの良い所は低めに､水はけの悪そうな所では高めに立ててゆきます。

さて、具体的にはどうやって畝を立てていくのかというと、畝と畝の間の通り道となる所の土を削り､その左右の畝の上にふり分けて上げていきます｡その通り道のところを溝状に掘り上げたら､畝の上に上げておいた土をなだらかなかまぼこ状になるよう整えてゆきます。

上の絵のように、作付け縄やロープを張って、そのラインを目安に作業すると、仕上がりがきれいです。

農園での畑作付の計画に沿って畝立てをしていきますが、もし、その土地の土が粘土質が多くかなり水はけが悪いようでしたら、雨のあとに畑にたまった雨水が少しでも早く排水されるよう、畑全体のことを見渡して、排水口の溝（P21図中Ⓐ）を切っておくとよいでしょう。

そして畑にたまった水がうまくそちらへ流れてゆくように、排水口が最も低くなるように、わずかな傾斜をつけておくことです。

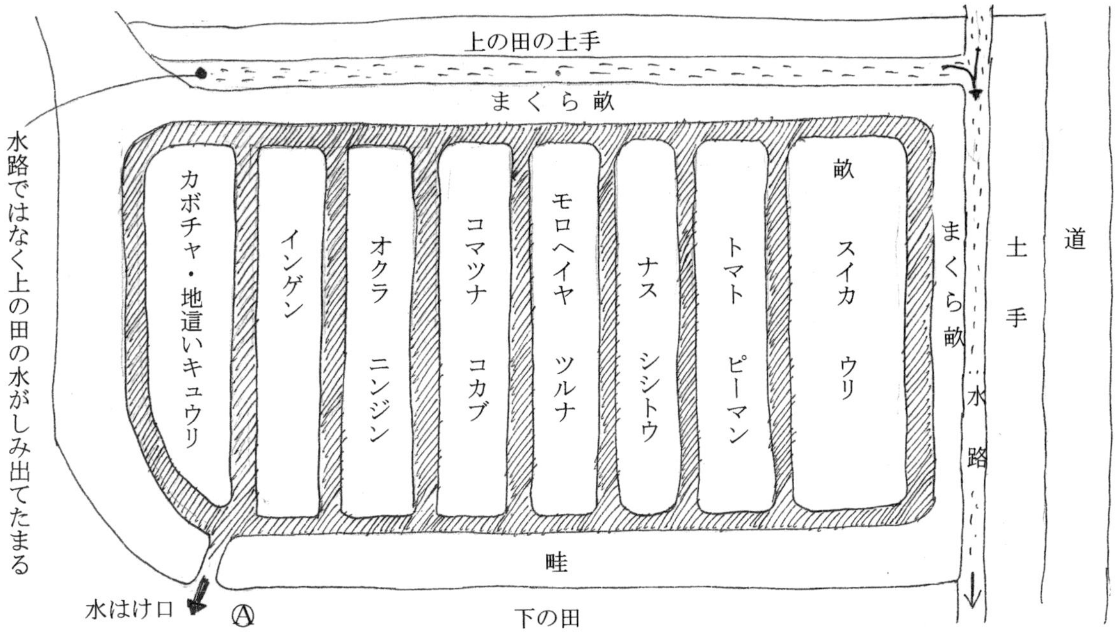

また、その畑がもともとは田んぼで、折々に上の田などの水が畑に沁み出したり、流れ込んだりするような問題のある所では、さらに畑の周囲にまくら畝と呼ばれる畝状の堤防を巡らし、水が流れ込むのを防いだりします。

この仕事は大変ですが、畑作を最善に営むためには大切な事です。もちろん水はけが良く、自然に排水できる所でしたら、こういう作業は必要ありません。

さて、畝を全部立て終わったら、初めに刈った草を（外に出して積んでおいたもの）全て畝の上に広げてゆきます。かまぼこ状の畝の上一面に一様に被せていきます。また、畝と畝の間の溝状のところも敷きつめてゆきます。畝の上も下も土が裸のまま見えている部分がないようにしておきます。

もしも開いた土地が極端にやせているようだったら、この時に油カス・米ヌカなどを少しふりまいてから、刈った草をのせておくとよいでしょう。その場合、春の野菜の種降ろしの約２ヶ月前にこの作業を終わっておくようにします。

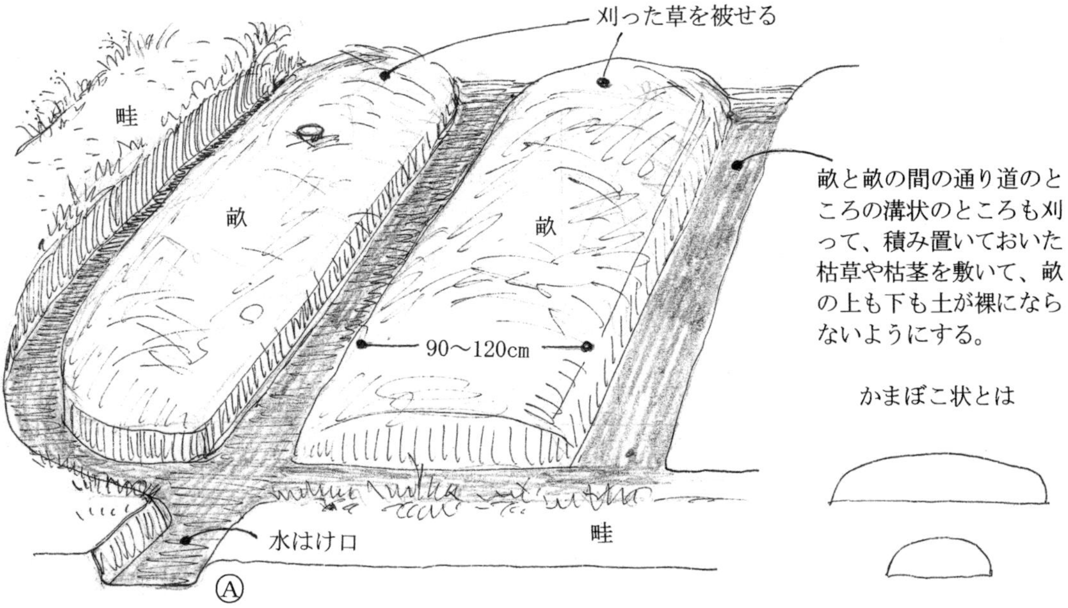

■　田んぼの畝立て

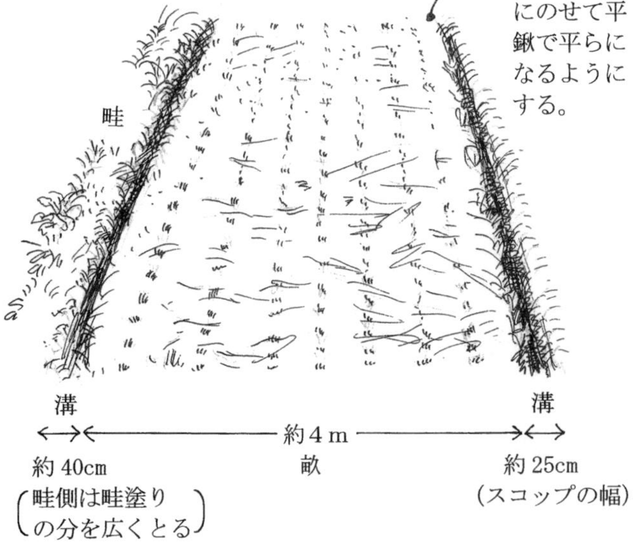

溝を掘って出る土は畝にのせて平鍬で平らになるようにする。

・自然農での米づくりでは、田んぼの中に溝を掘って、溝を掘ることによってできる畝に田植えしてゆきます。自然農では耕さないので、初めに作った畝がお米の生命の舞台となって、年々亡骸の層を重ねてゆくことで豊かになってゆきます。

・田んぼの畝の立て方は、平地の広い田んぼであれば、南北に４ｍおきに溝を掘って作ります。掘る時に出る土は、畝の上に平らに広げます。畑の畝作りはかまぼこ状に盛り上げますが、田の畝は平らにし、水を入れた時に高低の差がないようにします。田の周囲もぐるりと溝を掘り、その土は畝の上や畦に載せ、低くなっている所を修復するように整えるのに使います。

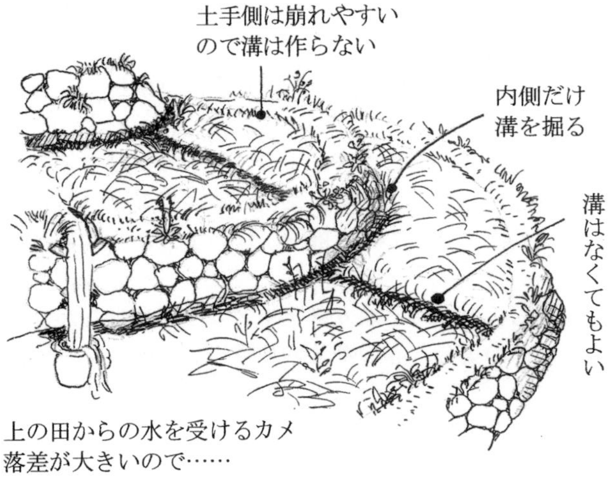

・田の畝作りの目的は、乾燥を好む麦を冬に栽培するのに水はけを良くするためと、水田に水を張った場合、深々と水を入れなくても溝にさえ水が入れば充分水分が保てて、田植えや草刈りの作業もやり易くなるためです。

・山間地、中山間地の棚田では、１枚の田の広さが狭いうえに形も様々です。畝幅は基本の大きさにとらわれず、畝作りの目的をふまえた上で自在に工夫する必要があります。

例えば、上の絵のような棚田では、田の淵の方の溝は掘らない方がいい場合もあります。溝を掘ることで畦が崩れ易くなりますので、掘らないかあるいは畦の幅を広くとって、モグラ穴が空いたとしても土手そのものが崩れることのないようにしておきます。畝幅は４ｍにとらわれず、状況によっては 10ｍに１本という事も考えられます。
また、溝を深く掘り過ぎないことも棚田においては大切なことです。棚田における耕作土は 15～20cm 位が多く、その下は床（とこ）になっており、その床を破るとザル状になって水もれを招くことになります。また、モグラの小さな穴でも、溝が深く水圧が高いと一気に広がることが考えられるからです。
さて、大まかに田んぼの畝の立て方について説明しましたが、この作業は冬の間、草の枯れている時期に行うとよいでしょう。
また、５～６年すると溝が自然に土に埋もれてきますので、その時は溝を掘り直すという作業をやるようにします。

第 2 章

お 米 を 作 る

冬の仕事

苗代の準備

〈12月～１月に〉

毎年のお米づくりは、実はこの寒い冬の時期にその準備が始まります。お米の種籾を苗代に降ろすのは、４月中旬以降ですが、その時発芽する幼苗が健康に丈夫に育つよう、冬の間にあらかじめその生育の舞台を整えておきます。自然農では水稲も陸稲も苗代期間の２ヶ月は水を必要としません。その方が苗は健康に丈夫に育つからです。
この方法を陸(おか)苗代あるいは畑苗代と言います。

● 苗代づくりの目安

一反につき（300坪あるいは1000 ㎡）	苗代の大きさ 1.4m×18m（25 ㎡）	種籾の量（６合～７合）（田植えの間隔 40cm×25cm の１本植え）

・一反は 10 畝になります。各々の田んぼの広さに応じて計算してみて下さい。

・この幅は両側からいろいろな作業（土をかけたり草を抜いたりの…）に都合のよい手の届く幅としての目安です。私は手が短いので 1.2m が楽で苗代の長さは 21m 必要ということになります。

・川口さんのところでは、近年田植えの間隔が 40cm×40cm の１本植えにされておられるので、種籾は４合～５合で充分ということです。その場合、苗代の大きさも 1.4m×15m でよいそうです。

● 田んぼが広い場合、あるいは棚田のように何枚にもまたがっている場合、苗代は一ヶ所にまとめて作るより、分散して点々と分けて作るようにします。
いざ田植えの時、苗を運ぶのに距離が短い方が楽ですし、棚田は段差があるので大変です。

① 冬の草を刈る

・苗代の大きさとどこに作るかが定まったら、まず、その大きさがわかるように目印をつけ（４隅に棒を立てたり、ひもを張るなど）冬草を地面のすれすれのところで刈ります。
刈った草や麦は苗床の外側に出しておきます。

② 表土を削る

・冬草や夏草の種子をとり除くために表土を薄くはがしてゆきます。はがした土は苗代の両側においておきます。

・初めての場所で宿根草(例えばヨモギ、せり等)がないようなところを選ぶべきですが、もしあれば根もノコ鎌の先を少し地中に入れて切り、とり出しておきます。徹底的にとり除く必要はなく、また出てしまったらその時点で刈れば良いのです。

③ 米ヌカを補う

米ヌカをふりまいてその上にワラをきれいに並べて被せておきます。この状態で４月の種降ろしの頃まで待ちます。

草の種のまじった表土
麦や冬草
藁
(ワラ)
ワラが風で飛び
散らないように
竹や棒などを置く。

・表土をはがすことになるので、少し補ってやる必要があります。
昨年収穫したお米のヌカがよいでしょう。
量はけっして多すぎないようにし、うっすらと地面がかくれる程度がよいです。

・耕さない状態で 10 年以上経過してくると、削りとった後の土は腐葉土ですから補う必要がなくなり、むしろ補うと発芽や苗の生育に障害がおこる場合があります。川口さんのところでは、12 年目頃より、苗代は種降ろしの直前に何も補うことなく作られて、発芽して苗が３～５㎝になったころ、必要があれば少しの米ヌカをふりまく（苗にかかった米ヌカはそっとはらって落とす）というやり方に変えておられるそうです。

春・種降ろし

種籾の選別

種を降ろす前日に種籾の準備をしておきます。
１反に６～７合を目安に必要な量を計算し、それより少し多めの量をとり、水につけて浮いた種は捨てます。（塩水選の必要はありません）

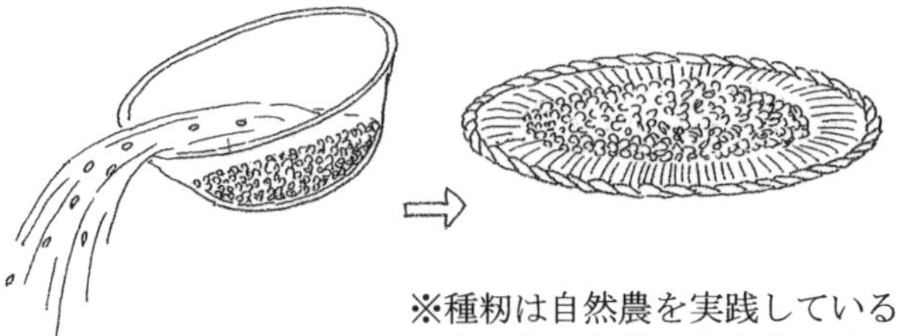

濡れていると蒔きにくいので水を切ってさっと乾かしておきます。

※種籾は自然農を実践している方から、少しであれば分けてもらうことができます。次の年からは、育てた稲の中から健康に育った株を選び、稲刈りの時に種籾用の株として、別に大切に保管しておきます。

種降ろし

〈４月中旬
～５月初旬〉

いよいよ種降ろしです。
前日が雨でない天気の良い日を選び（土が湿っていると覆土がやりにくい）、冬の間、準備し眠らせておいた苗代へ向かいます。

① 稲ワラを取り去り（後で用いるのでていねいに脇に置いておく）、周囲の草を刈っておきます。苗代の表面にふりまいた米ヌカは、すでに朽ちています。唐鍬などで表土の３～５㎝程を軽く耕し、土を砕きながら平らにしてゆきます。そのあと種が均一に落ち着くように鍬の裏側や板などでとんとんとたたいて平らになるよう軽く押さえます。

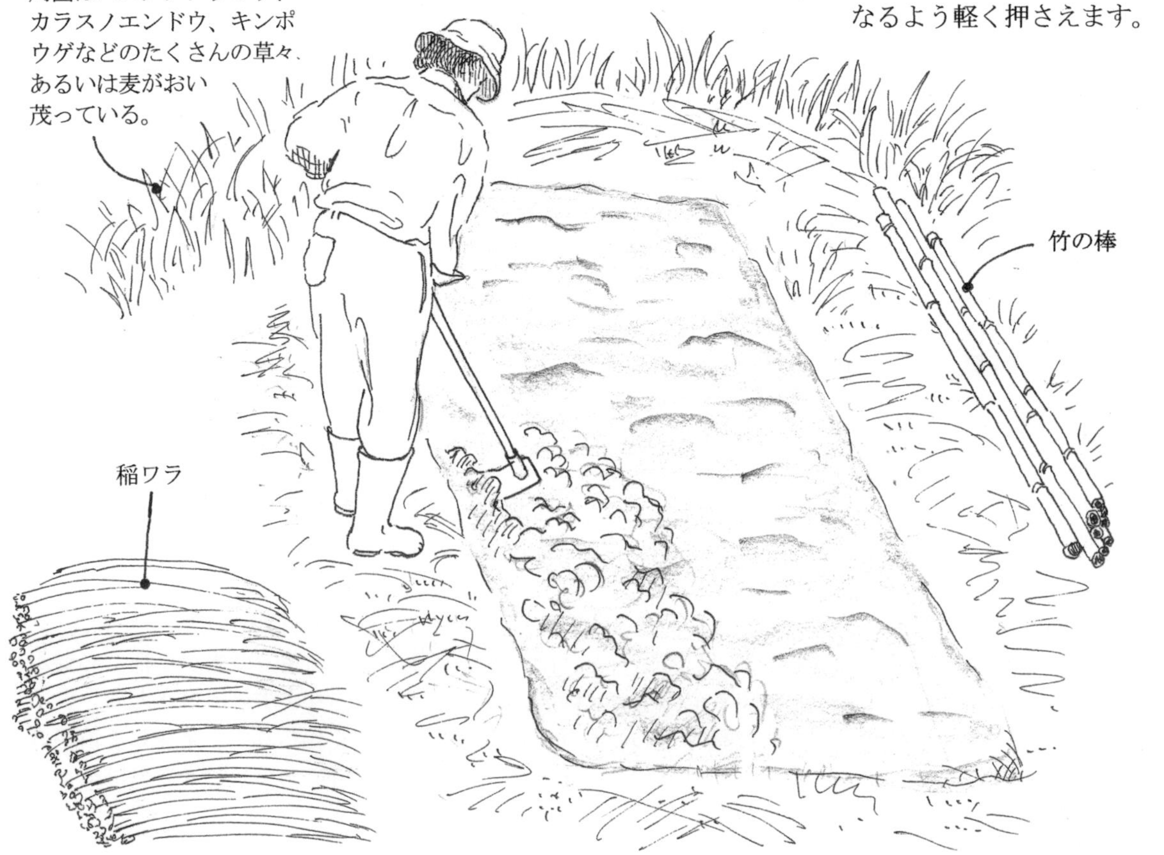

周囲はスズメノテッポウ、カラスノエンドウ、キンポウゲなどのたくさんの草々、あるいは麦がおい茂っている。

② 種を降ろします

・種籾は苗床の広さを考えて少しずつふり蒔いてゆきます。苗代の端から端まで２～３回行き来して、全部蒔き終わるくらいていねいに少しずつやります。

・種籾を握る手は図のように軽くひとにぎりして、指のすきまから少しずつ振り落としてゆくようなつもりでやるとうまくいきます。

・最後に均一でないところの種籾を手でつまんで置き直してやります。（３㎝間隔くらい）

③ 土を被せます

・全ての種籾がかくれるよう、種籾と同じくらいの厚さ（つまり５～７㎜くらい）が適当でしょう。ふるいでやるか、手でもむようにして土をほぐしながらかけてゆきます。

・土は雑草の種子の混じってない所のものを使います。

④ 土を被せ終わったら、再び鍬の裏側や図のようなたたき板で、トントンと軽くたたいて土を押さえます。
こうやると、幾分か土の乾燥を防ぐことができます。

⑤ 草を被せます

周囲にある冬草を利用するか、昨年の稲ワラがある場合はそれを使います。

はじめは10～15㎝くらいに短く切って（ノコ鎌やハミキリで）少し高い所から不規則に重なるようにふりまきます。

草の場合、幅の広い葉っぱや、茎の太いものは適しません。空気の通るすきまがなくなり発芽を悪くします。その上から、冬の間、苗床に被せておいた稲ワラの長いのを、再び苗床の上に被せます。こうすると、乾燥と寒気、そして鳥からもお米を守ってくれます。

⑥ モグラやスズメなどの対策をします

モグラやノネズミなどが苗床の下に侵入してくることがあるので、最後に周囲をぐるりと溝を掘っておきます。

スコップの幅で約20㎝の深さに掘ります。その土は周囲に掘り上げて積み並べておきます。

この作業を冬の苗床の準備の時にやっておくと、掘り上げた底の土は草の種子が混じってないので、覆土用の土に使うことができます。

また、田植えの最後に苗代にも植えてゆきますが、その時、またこの土をもとにもどし、平らにしてあげるのです。

⑦ 灌水について

自然農ではけっして土を裸にしないので灌水の必要はありませんが、あまりにも日照りが続くような時は１～２回たっぷりと水をかけてやります。

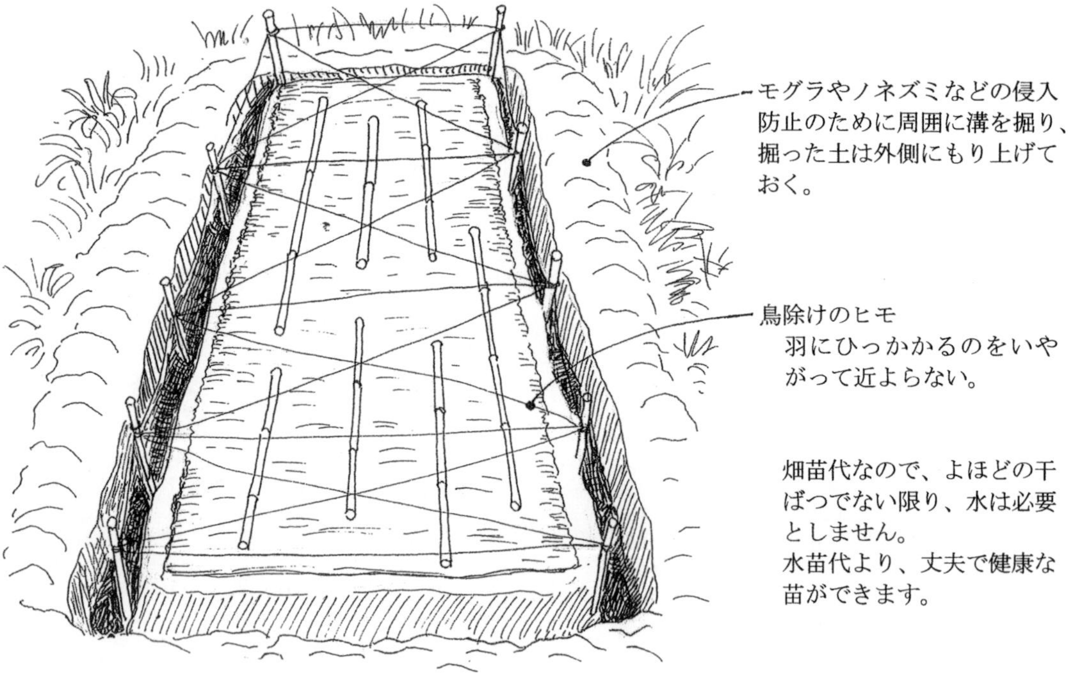

畑苗代なので、よほどの干ばつでない限り、水は必要としません。
水苗代より、丈夫で健康な苗ができます。

深さは約20㎝ほど必要

⑧ スズメなどの鳥が発芽した籾をねらうのは発芽の長さが３㎝くらいまでの時で、それ以上大きくなれば心配ないのですが、それまでは守ってやる必要があります。

ヒモを周囲、そして縦、横、ななめに張りめぐらすとよいです。

また、場所によっては、ネコ、イヌ、ウサギ、イノシシなどの対策も必要で網を張ったり、枝のたくさんついた竹を苗床の上においたりして、侵入を防いでおきます。

⑨ その年の気温により多少異なりますが、２週間ほどを目安にして、時々発芽の状態を確かめ、ワラが多いと思われる時は少し除いてやって、暖かい陽射しが当たるようにします。けっして土を裸にしないことです。

苗の生長

● 約２週間後のようす
つんと伸びた芽が出てくる。
ワラが多い場合は少し除いてやります。

● 種降ろし後 30 日くらい
草が生えた場合は稲を傷つけないようにこまめに抜いてやります。

（写真提供 ： 川口由一）

種籾について

・種籾は、自然農を実践されている方に相談されてみたら、お米の場合１反に６～７合でよいので、分けて下さる方がおられると思います。
また、初めの種は近隣の農家の方に分けてもらって、それから種をとり続けるのも一つの方法ですね。

・お米の種類は、水稲、陸稲の別、ウルチ、モチの別、それから生育期間の長いか短いかで極早生→早生→中生→晩生といろいろな種類が豊富にあります。
寒い地方や水の冷たい標高の高い棚田などでは、晩生種ですと登熟が遅くなる心配があるので、早生種を選ぶとか、（棚田でどうしても水がたまらないような場所では、陸稲を選ぶとか）与えられた土地の条件、気候などに配慮して品種を選びます。
その上であとは、好きな品種を選ばれたらよいと思います。

・食味や収量を競って、近年、様々な品種が作られていますが、昔からある品種は長い年月に耐えてきた品種ですから、そういう種も大切にしたいものです。

・お米の品種について主なもの、自然農を実践されている人が作っている品種を何人かにお尋ねして、少しわかり易く表にしてみました。よかったら参考にされて下さい。
（附録参照）

夏の仕事

田植えの準備

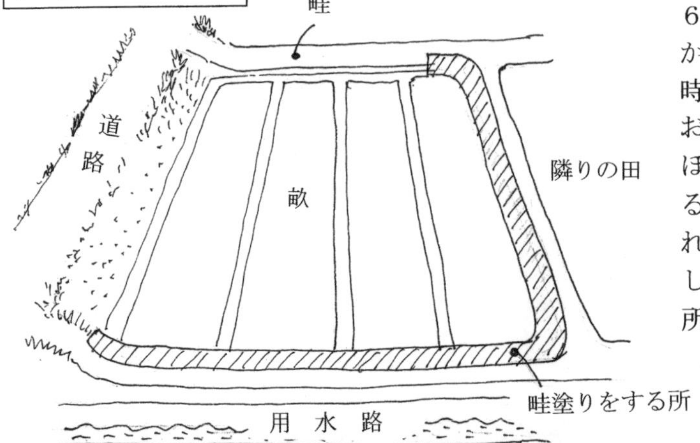

6月、水も温み、苗床の幼い苗もしっかりしてきました。いよいよ田植えの時が近づいてきました。
お米作りの中で、これからの3ヶ月半ほどは田に水を入れます。よく水が廻るよう、水洩れを少しでもなくし、これからの3ヶ月半の田んぼのお世話がしやすいように水廻りを整え、必要な所は畦塗りの準備を始めましょう。

① 畦草を短く刈る

田の周囲の畦と棚田であれば、それに続く土手も短く、美しく刈ります。刈った草はできれば畑や田にふり入れておきます。この作業を怠ると水洩れの箇所が見つけにくいことがあります。

② 水口や田んぼの水の取り入れ口の整備をする

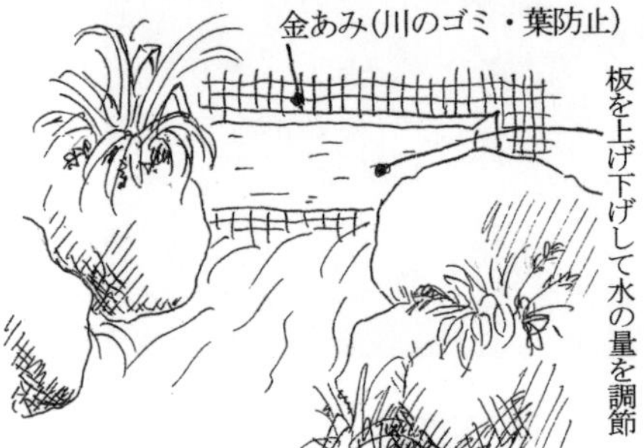

去年、秋に水口を閉めたあと、枯葉や小石などが詰まっているものです。井関などが取り入れ口となっている所などでは、できるだけきれいな水が流れるよう、ゴミなどを取り除き、取水しやすくしておきます。
また、棚田が何枚かある時は、1枚1枚の田の水の取り入れ口も整えます。石の下にモグラ穴が空いていたりするからです。

③ 水を引いて田に水を入れる

ひととおり整えて、全ての水路に今年の初めての水が流れ始めると、なんだかワクワクと心うれしいものがあります。いよいよ次は田植えだなあという少し心が引き締まるような……。棚田はこの瞬間とても美しい水のある風景へと変わります。
さて、田んぼの準備はまだあとひと仕事、畦塗りは2日がかりでやりますので、段取りよく計画的に進めていきましょう。

<農具>

平ぐわ

・ドロで畦塗りの時使う。

40〜60度くらいのものが使い易い。

スコップ

・溝はスコップの幅に掘る。

土や刈った草を運ぶときに。

しょうけ

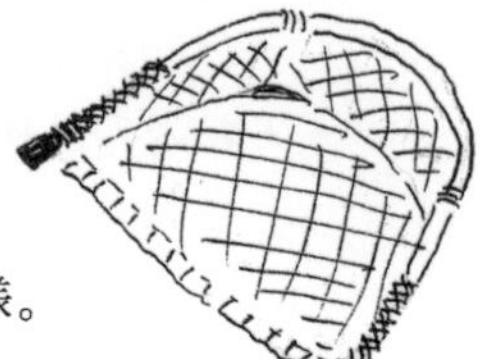

手箕やしょうけの使い方はまだまだ多様。

④ 畦塗り

・畦塗りは何のためにするのでしょうか。答は水が洩れないよう完全にプールとなるようにすることです。

・田んぼそのものが昔、最初につくられた時は、水がよくたまるよう粘土質の土を下において、その上にその土地の土を入れていったと聞きます。

・それでもモグラなどにはすぐに穴を空けられがちなので、工夫と手入れが必要になってきます。

この畦塗りの作業は毎年必要ですので早く上手になりたいものです。美しく塗り整えられた田んぼは、見ていて気持ちがよいものです。

1日目（図1）

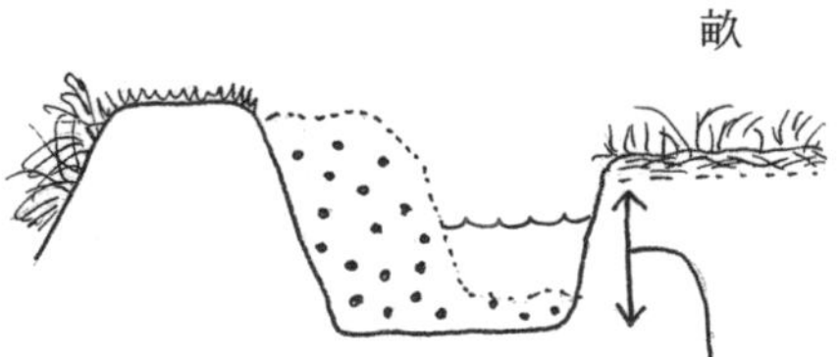

20cm くらいと
思われる。

・まず、畦草を短く刈る。畦と畝の間の溝は畝と畝の間の溝より畦塗りをする分だけ幅広く掘り、畦側の斜面の形をきれいに整えるように削り、溝の水の中で耕しながら、また足でふみ、練って畦側に半分寄せるようにして盛り上げておく。（図1）

2日目（図2）

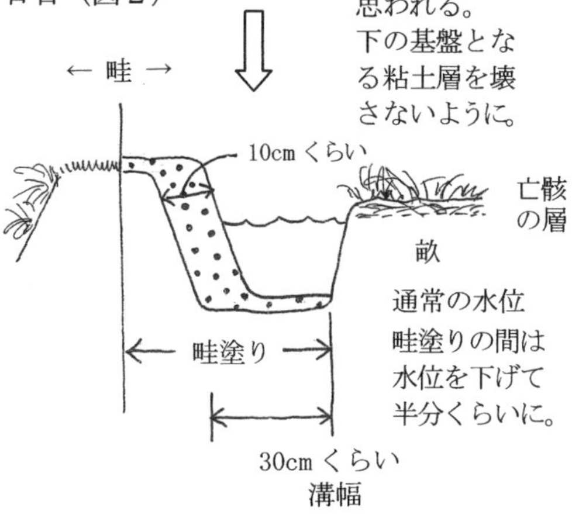

・1日そのままおいて、次の日少しかたくなった泥土で図2のように、畦の上半分と溝側の斜面を塗ってゆく。平鍬の裏をうまく使って、左官仕事のように塗り上げておく。

田に水を入れる6月から8月までの間、平地の田んぼはさほどないようですが、山間地の棚田ではよく大きな穴が空いたり、それがさらに土手を崩してしまったりすることがあり、小さな穴でも用心が必要です。
いくら手入れをしてもなかなか水のたまらない田んぼでの水稲は困難さを極めますが、一つの方法として陸稲に切りかえることも考えられるでしょう。

＜畦を利用して作物を育てることができます＞

・里いも

棚田の土手側でなくて、その反対の奥の畦は、湿り気も多く、おいしい里いもができそうです。稲刈りの時、おいももとれたら楽しいですね。（株間約 60cm）

・大豆・小豆

川口さんは、畦塗りの終わった清々しい畦の上に 40cm くらいの間隔で、コトンコトンと実にリズミカルに大豆の種を降ろしてゆかれます。その場合、土は被せず、刈った草を少しずつのせておくだけにされるそうです。

田植え

いよいよ田植えです。苗はつらつと元気に育ったでしょうか。
自然農の田植えでは、草のおい繁った田んぼの中に草を押し倒し、苗を１本ずつ植えていきます。その時の田の草への応じ方がその後の稲の生長に大きく関わります。理に気づいて、その時々、その場所場所で、うまく応じられるようになりたいものです。

・**春の草から夏の草へゆっくり交代**が大切です。

冬の草はすでに枯れ、春の草はやがて放っておいてもその一生を終えます。お米は夏の草ですから、同じ夏を生きる草が強くなった時、人が手を貸すことになります。
また、同じ夏草でもヨモギやアカザなどは陸の生命ですので、水田の中ではやがて枯れてしまいますので問題にすることはありません。
水の生命であるミゾソバやセリ、アゼムシロなどは水が入るとますます元気になりますので、稲との関係を見ながら、稲が負けないよう手を貸してやる必要があります。
こうした夏草に対する応じ方については、田植えの前にいったん刈る、あるいは田植えをしながら必要な部分だけ刈りながら植える、倒すだけで刈らないで植える等、それぞれの田んぼからいろいろな状況を読みとって感じて、最善の答えを出してゆかれますように。

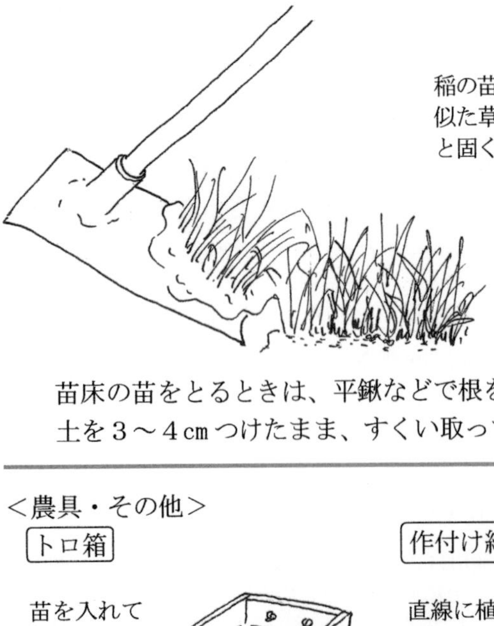

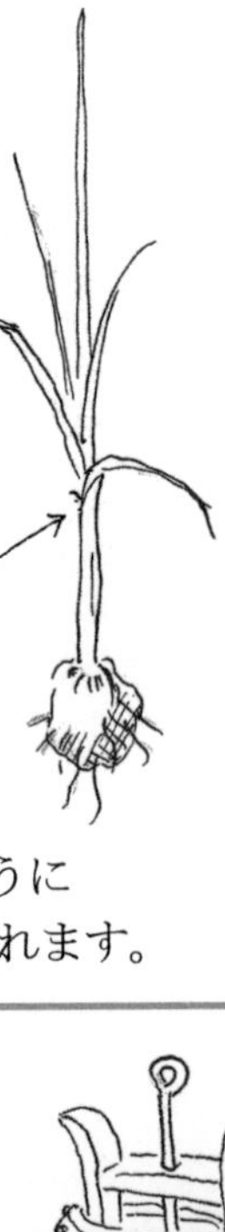
稲の苗は他の
似た草と比べる
と固く茎は扁平
このへんに
わずかにヒゲ
がある

苗は１本だけを取り、根がしっかり治まるほどの穴を空けて、その中において土を寄せて軽く押さえてやります。
また、浅すぎず、深すぎず、ちょうど根と茎の接点が地面と同じになるよう植え、苗の周囲直径７～８cmくらいは草を被せないでそのままにしておきます。
そうすると分けつがスムーズにゆきます。

苗床の苗をとるときは、平鍬などで根を傷めないように土を３～４cmつけたまま、すくい取ってトロ箱に入れます。

<農具・その他>

トロ箱

苗を入れて運ぶ。

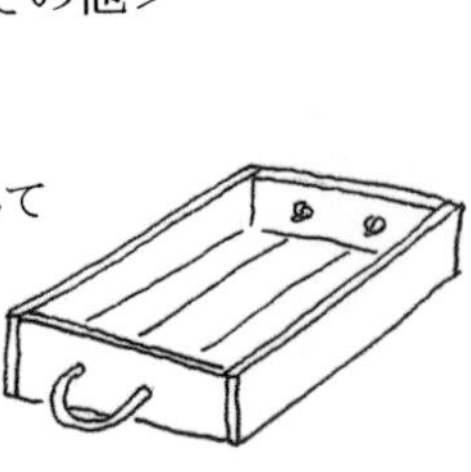

作付け縄

直線に植える時苗と苗の間隔の目安となる。

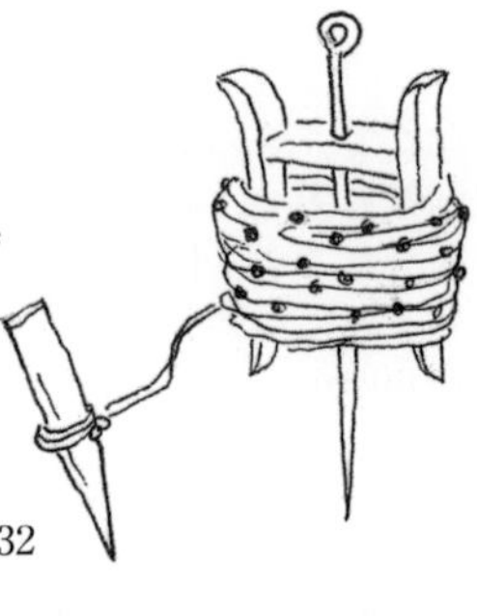

移植ごて

重なりがまだ薄く土が固い場合必要。

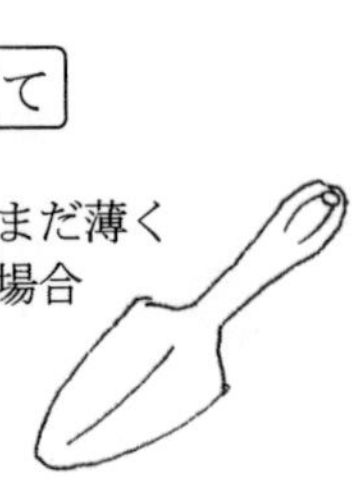

次の条を苗箱を引いて草を倒しながら植え進む

・暑い陽射しの中、水の入った田んぼへ入るのは、なかなか気持ち良いものです。稲と同じ夏の水草のミゾソバやセリなども、花は美しく見とれてしまいます。１本の稲の苗を草の中に田植えしていった時は心もとなく見えますが、１～２週間もすればしっかり根が活着し、それからは勢いよく分けつを始めます。稲の葉の黄色味が強い場合は、根が活着したあと米ヌカなどで補ってやるとよいでしょう。

・最初の１列目は作付け縄を張り、その縄の下の植える場所の草を足でふんで倒し、植え易くした後、草をかきわけて苗を植えてゆきます。

２列目は１列目を植える時に苗の入った箱を引いていき、２列目の草を倒してゆきます。

◎ 条間《すじま》・株間について

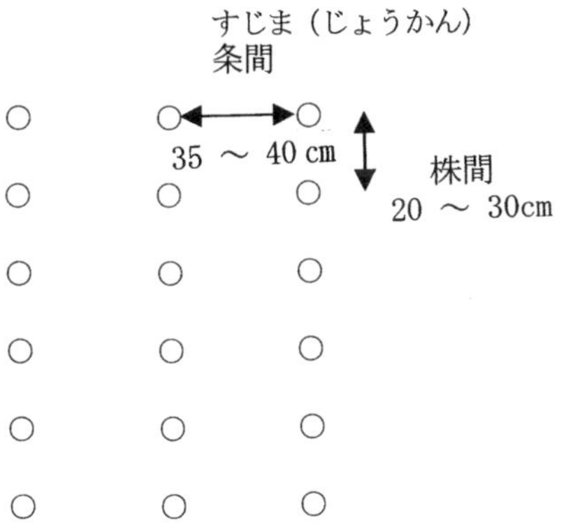

・左は、一応の目安として経験している人たちの実際のところを示してあります。
・条間は後に草の世話で株間に入ることになるので、あまり狭いと作業がしにくいです。
・年々土の重なりができてくると、株間が広い方がむしろ１株が大きくなり、結果として収量は多くなることが考えられます。
・ちなみに 1997 年（自然農20年目）の川口さんの田植えは、40cm×40cm だったとうかがっています。在来の田んぼでは考えられない株間のとり方です。
見事に育った川口さんの田んぼの稲は、まるでお祭りのように豊かに黄金色の穂をたらしていました。

のこぎり鎌

はじめての人にはとても使い易い鎌です。

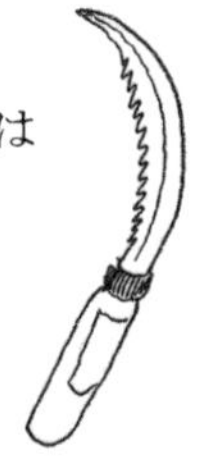

田植えたび

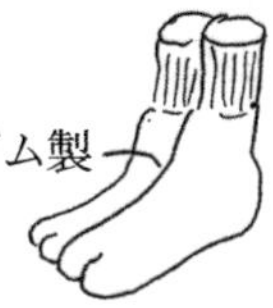

素足で入るのが苦手な人にはこんなのがある。長ぐつよりずっと動き易い。

その他

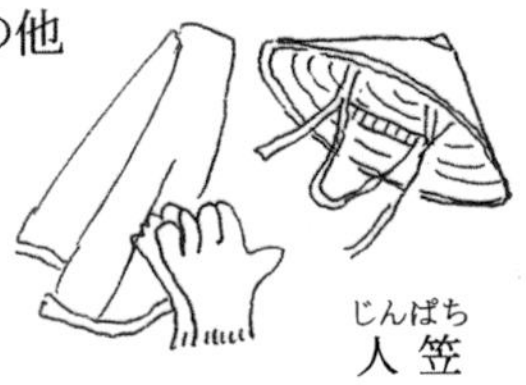

田の草に応じる

梅雨の頃にもなると気温も高くなり、草の勢いにはすごいものがあります。稲も田植えして２週間もすると分けつを始めますが、周囲の草との関係をよく見て、稲が負けそうであれば夏草に手を加え、その勢いを押さえてやります。

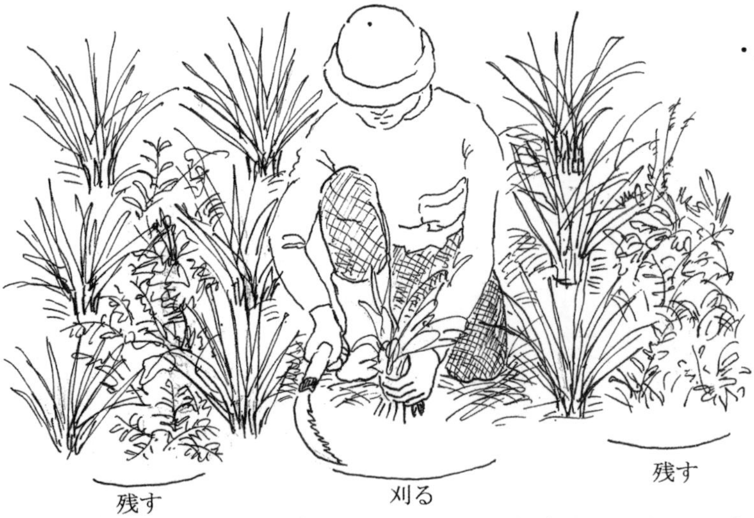

・草刈に入る時は、田植え後 10 日ほどたって稲が充分活着してからにし、１列おきに刈るようにします。一ぺんに全部を刈ってしまうと、それまで草を食べていた虫が稲を冒してしまうからです。
また、活着しないうちに田に入ると、稲の根の生長を阻害するので気をつけましょう。
基本的には田の草刈りは、稲が負けそうになっているところを少し手を貸して助けてやるという心持ちで行います。

・水草の中には水面を横にはっていくものも多く、セリ・ミゾソバ・アゼムシロ・イヌビエなどは刈っても刈っても根で広がっていくことがよくあります。しかし、刈っては敷き、刈っては敷きを２～３回繰りかえせば、そのうち稲の方が草に負けない姿に生長してきます。また、永久にセリがはびこり続けることはなく、永久にミゾソバに占領され続けることもないようです。

①まず、一直線上に扇のように分けつする ▼

・ミゾソバなどは根が浅く、ひっぱると亡骸の層をこわさずともはがれるので、引いては裏返しにして敷いてやる（そのままおくとまたすぐ根が活着する）ことを繰り返して草を押さえるとよいようです。いずれにしても、この時期の草への処し方は、その土地、その場所ごとの状況に自分がどう応じてゆけるかが最大に問われる過程です。
尚、除草の作業時には畝の上の水をなくし、溝だけにすると作業がしやすくなるのと同時に、刈った草が枯れ、水の中で再び根をはるのを押さえることができます。

マムシに注意！

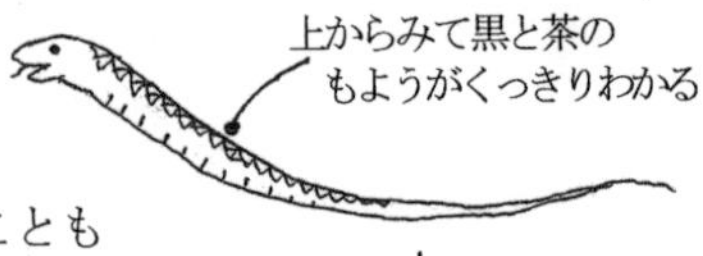

マムシの歯形
頭の格好が三角形で
数ミリ間隔で刺し傷のような
歯形が残る

マムシなどの毒ヘビに出会うことも当然予想されます。草むらへは急に駆け入ったりせず、少しずつ近づいて、マムシにこちらの存在を気付かせてあげるようにしながら進むとよいそうです。
又、マムシの生命を断つ場合には確実に行って下さい。生殺しの場合は人間の聞こえない音を発して仲間を呼ぶと言われていて、二次的な危険を招くことにつながる恐れがあります。

・腫れ、痛みが強くなり、体の中心部へ腫れ広がる。
・吐き気、嘔吐、腹痛、下痢、脱力感、頭痛などが現われる。
▶ 以上の場合、毒ヘビの可能性大、生命にかかわる事もあります。落ちついて的確な処置をしてから病院へ急いで下さい。

（最悪の事態にそなえて、血清の常備してある最寄りの救急病院を調べておくとよいです。）

○　予想される田の草

◎セリ　　◎イヌビエ

◎ミゾソバ

◎アゼムシロ

◎チドメグサ
◎イヌタデ
◎イヌガラシ
◎タガラシ
◎メヒシバ
◎コゴメカヤツリグサ
etc

○　畦の草刈りについて

草刈り時期の目安
（５月末・８月末・10月末）…年３回

・畦の草はどこの畦でもお百姓さんは実によく手入れをされています。畦や田はヘビも多く、また山の棚田の畦は土手となっていますので、土手崩れを防ぐためにも重要な仕事です。
階段状に美しく田畑が保たれているのは、また草の根の働きによります。短く刈られた草は、たくましく根をはって元気よく生き続け、そのことが畦の形を保つことにもなるのです。
刈った草は田畑にふり込んでおきましょう。
・草刈り払い機を使用する場合は、くれぐれも安全に、を心がけましょう。

分けつの様子

②立体的に円形に分けつが進み広がってゆく　▼

写真　川口由一

③８月 10 日ごろ、分けつは終わり▶
茎に丸みが出てきて出穂の準備

万一、マムシにかまれたら

①駆血帯をかける　　かまれた所から数センチ、心臓に近い部位を静脈が圧迫される程度にゆるくひもでしばる。指ならば、根元を手指でしっかりにぎる程度に。
②毒を吸い出す　　できるだけ早く、口で傷口を吸い、血液といっしょに毒素を吸い出す。（注：のみこまないように!!）
（専用の器具が市販されています）
③冷やす　　痛みが和らぎます。
④安静にして一刻も早く外科医へ

≪ハチやムカデ≫

応急処置としてはアンモニアが良いようです。
私の体験ですが、ハチにさされた小指にすぐ、娘におしっこをかけてもらったら、痛みがうそのように引いていきました。

≪セセリ・ブヨなど≫

←これでも実物より大きい。
小さなくせして、夕方や曇や雨の日、しきりに顔面にまとわりつくようにとびまわります。
そしてチュクン。人によって差があって、ひどい人は人相が変わるくらい腫れ上がる。
さされてすぐ、ビワの葉のアルコール漬けをつけておくと、ひどくなりません。

水の管理とその周辺のこと

田植えの終わった田んぼには、様々な小動物たちもいつの間にか集まってきていて、たくさんの命が息づき始めます。オタマジャクシ、カエル、ヤゴ、ゲンゴロウ、アメンボ、タイコウチ、ミズスマシ、タニシ、ヒル…、所によっては絶滅の危惧のあるタガメや、めずらしいカブトエビなども見られることでしょう。

水稲はたくさんの命とともにここで育ってゆきます。

昔は、田んぼでドジョウやフナも飼っていたとか言われています。そういう意味でも夏の間の田んぼの水の管理は、大切な仕事となります。

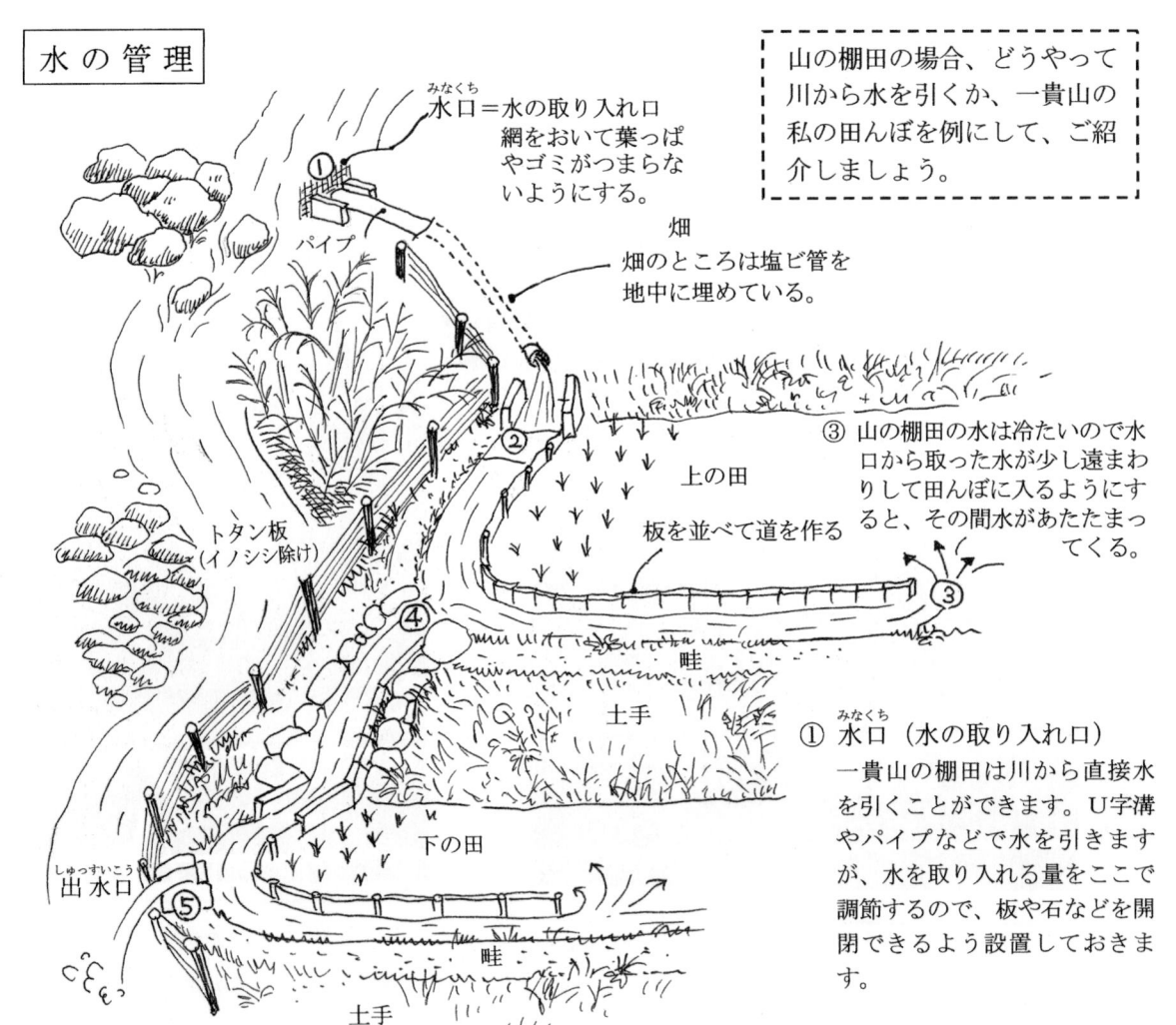

水の管理

山の棚田の場合、どうやって川から水を引くか、一貫山の私の田んぼを例にして、ご紹介しましょう。

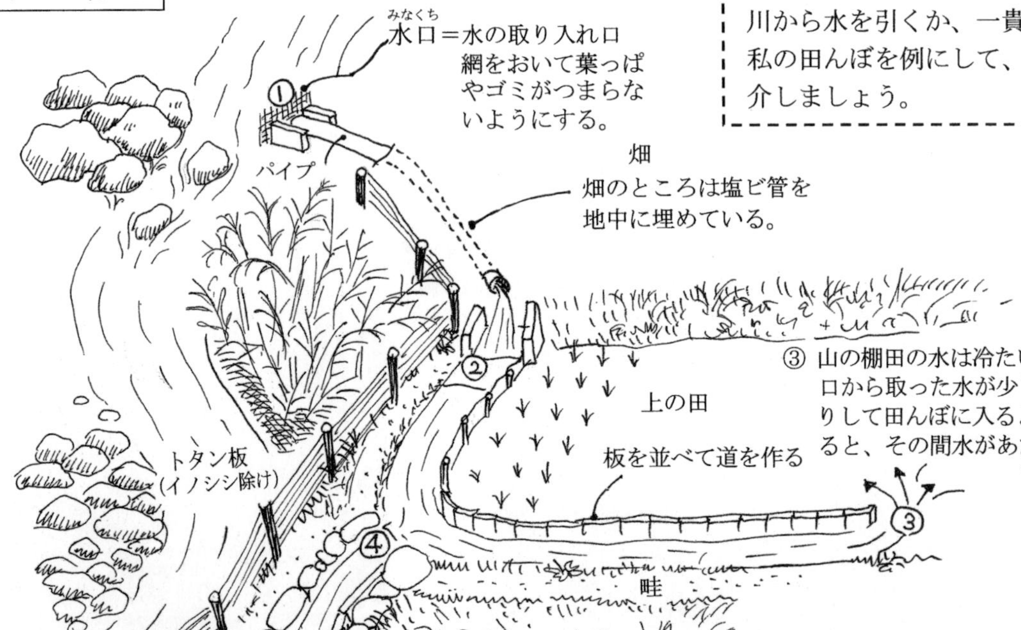

① 水口《みなくち》（水の取り入れ口）
一貫山の棚田は川から直接水を引くことができます。U字溝やパイプなどで水を引きますが、水を取り入れる量をここで調節するので、板や石などを開閉できるよう設置しておきます。

② 上の田の水口
畑の地面下を通って出てきたパイプの水は、上の田に流れ込みます。
高さがある場合、水の勢いで地面がえぐれないよう瓦や石を置いたり、もっと高い場合は、こわれた水ガメなどでいったん受けて、あふれた水をめぐらすようにするとよいでしょう。

④ 井手《いで》板
板を上げ下げして水量を調節します。うちではレンガなども使っています。

⑤ 出水口
下の田まで廻った水は再び川へもどします。
雨が降ったりしたら田に水がたまりすぎて土手にあふれないよう出水口の井手板の高さで調節します。

お米の一生のうち苗を育てる時期約50日と後半約50日は水を入れません

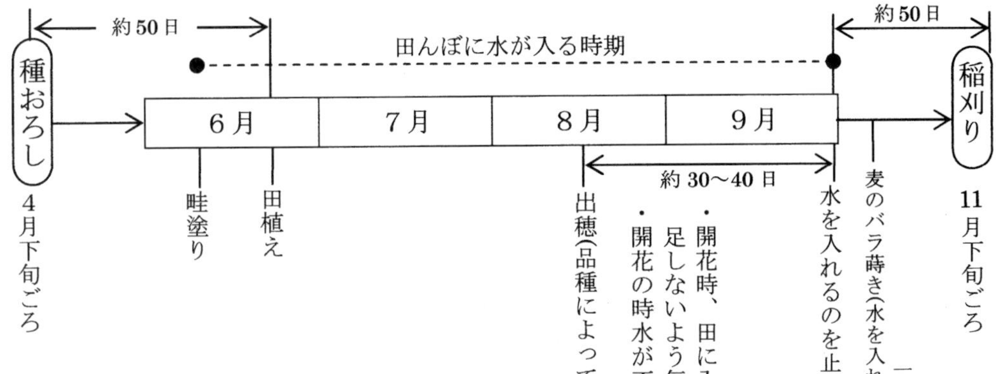

●田んぼに水をはる量

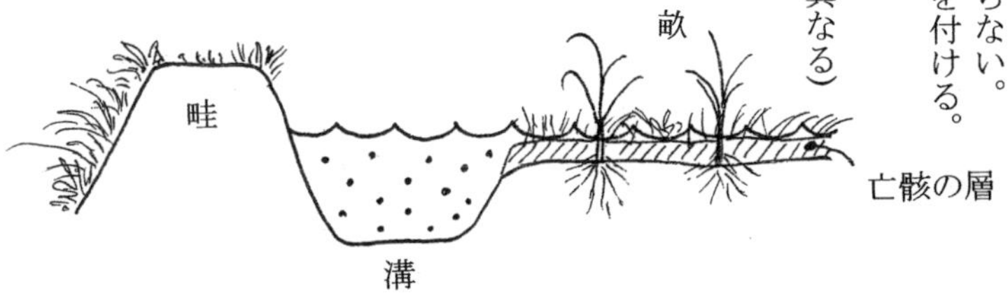

・上の断面図に示したように、溝にはいつもいっぱいたまるよう畝の上はひたひたでよく、水の量が減ったらまた水口を開いて入れます。水が田の中で停滞すると、水温が上がって稲の育ちがよくなります。水がたまりにくい所は必要量を少しずつ入れ続けます。また生活排水が流れ込むような田では夜の間に水を入れ、日中は取水口を閉めておくというのも一つの方法ですね。

・山の棚田では、このように順調に水がたまらず、あちこちで洩れたり、どこからともなく沁み出して、いっこうに水のたまらない田んぼがあります。
田植えの時、注意深くしてモグラ穴などを完全に防ぐ必要があります。また田植えが終わってからも、毎日、溝や畦塗りのところや畝のところで洩れるところがないか、こまめに点検しましょう。

・よく土用の頃、田んぼを干す習慣がありますが、自然農では初めから深水にしないので根のはりも良く、干す必要はありません。
それに田の水を落とすと、水中の小動物たちはいっぺんに死に絶えてしまいます。

● 大雨が降ったら

・すぐに水口を閉めて水の入るのを止め、出水口を低くするか、開けておきます。こうしないと田からあふれ出た水が土手や水路をこわしたり、大穴が空いたりします。平地の田んぼではそれほど心配ないですが、棚田でしかもざる田と言われているような所は注意が必要です。

● 水がたまらない時

・とにかくもぐらなどによる地下の穴の入り口を捜して埋めるしかありません。
それでも水がたまらない、あるいは水そのものが入りにくいような田んぼでは、陸稲に切りかえるのも一つの方法です。

● 取水を止める

・稲の花が咲き終わって１ヶ月ほどしたら（９月後半）水はもう入れません。雨が降った時、溝に５割ほどたまる程度に出水口の井手板の高さを調節しておきます。そして稲刈りの１週間～10日前になって、溝にまだ水が残っていたら完全に水を落とします。

● 稲刈りの前の麦のバラ蒔き

・水を完全に落として４～７日ぐらいのまだ地面に湿り気が残っている時に、麦の種をバラ蒔いておくことができます。
こうすると発芽もよく、稲刈り後の麦蒔きのように鳥に種を食べられる心配がありません。
ちょうど稲刈りのころには、すでに３～５cmくらいに麦の芽が伸びているからです。

田んぼの修復

これから自然農を始める場合、中山間地の棚田は最も求め易い所だと思われます。ただ、山の棚田は水が入らなかったり、ざる田のため突然大穴が空いたり、水の管理と対策が難しい面もあります。もし、うっかり大穴を空けたりした場合の修復の仕方の一例をご紹介します。

・左図は畦ぎりぎりのところで直径１m深さ１m程の穴が空いてしまった様子です。

・私たちはこれを２度経験しました。当時、地主のお百姓さんは、マルチに使った後のビニールの残骸を埋めるようにと持ってきて下さったのですが、やってみるとある部分を完全に止めるため、地下の水が他の所をまわり再び陥没、面倒ですが次のようにやると良いです。

①

土のうあるいは土を盛って
穴の淵をせきとめる。

②

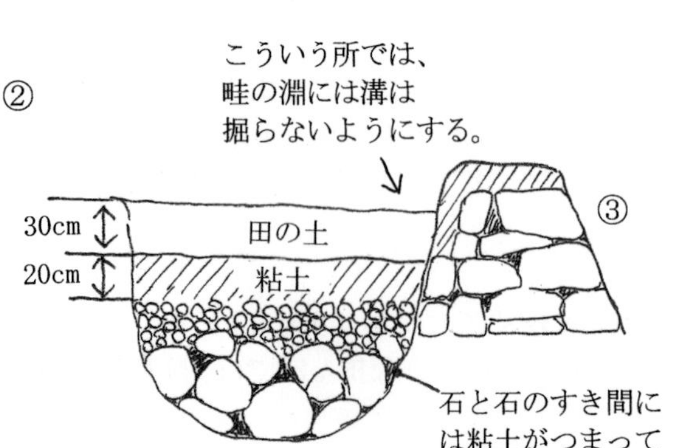

① まず水を止め、土のうや粘土質の土などで穴の周りを盛って水が穴に入らないようにする。
この状態で秋までほったらかしにしてある田んぼを一貴山ではたまに見ますが、雨が降った場合の事を考えると早く修復する方がよいでしょう。

② 次に川から大きな石と小石、それと粘土質の土を準備します。
初めに穴の中に粘土質の土を入れ、水を入れて足で踏み、ドロドロにしてそこに大きな石をほおり込みます。底には大きな石、その上に小石を入れ、石と石の間はすきまなく粘土が入るようにします。
その上に粘土を入れ、少しの水を入れ足で踏み練ってから、さらに踏み固めておきます。（約20cm）最後に田の土を 30cm 以上は入れるようにします。

③ 畦である土手も崩れそうになっている場合は、思い切ってその部分を削り取り、石を動かないように組んで、土手そのものの修復もやります。一度にやらないで天気の良い日に、塗った土を乾かして固めては次の土を盛るようにします。

水 稲 の 一 生

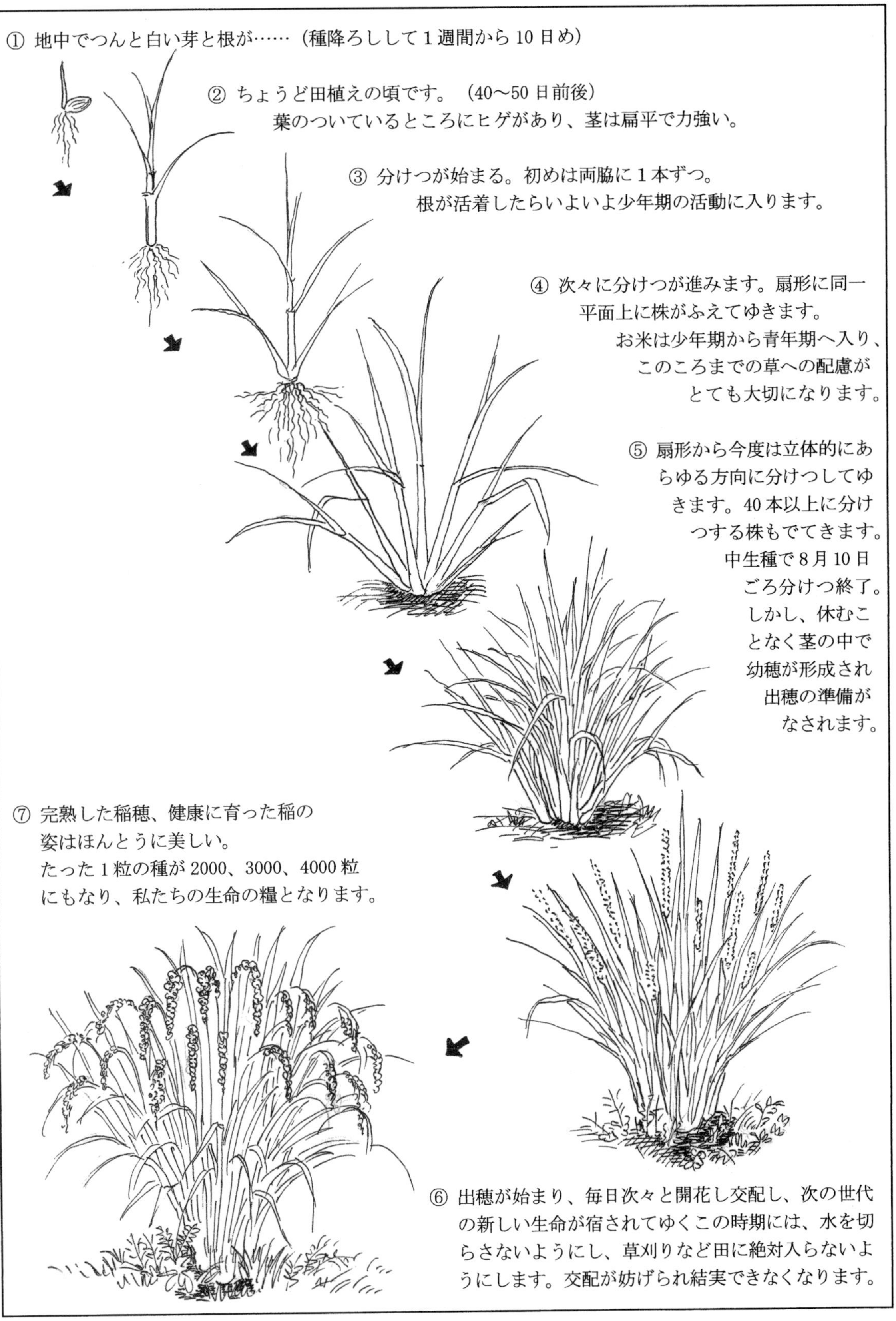

① 地中でつんと白い芽と根が……（種降ろしして１週間から10日め）
② ちょうど田植えの頃です。（40〜50日前後）
葉のついているところにヒゲがあり、茎は扁平で力強い。
③ 分けつが始まる。初めは両脇に１本ずつ。
根が活着したらいよいよ少年期の活動に入ります。
④ 次々に分けつが進みます。扇形に同一平面上に株がふえてゆきます。
お米は少年期から青年期へ入り、このころまでの草への配慮がとても大切になります。
⑤ 扇形から今度は立体的にあらゆる方向に分けつしてゆきます。40本以上に分けつする株もでてきます。
中生種で８月10日ごろ分けつ終了。
しかし、休むことなく茎の中で幼穂が形成され出穂の準備がなされます。
⑥ 出穂が始まり、毎日次々と開花し交配し、次の世代の新しい生命が宿されてゆくこの時期には、水を切らさないようにし、草刈りなど田に絶対入らないようにします。交配が妨げられ結実できなくなります。
⑦ 完熟した稲穂、健康に育った稲の姿はほんとうに美しい。
たった１粒の種が2000、3000、4000粒にもなり、私たちの生命の糧となります。

秋の仕事・収穫

稲刈り

さわやかな秋晴れのもと、いよいよ稲刈りです。喜びの大きい作業です。
最後の心配りも怠らないでやりとげたいものです。

・まずは天気の良い日を選びます。稲を刈って、稲木にかけるところまでは一気にやってしまわないといけないので、量が多く何日かに分けてするにしても、刈った稲をしばってその日のうちに干すことのできる量を刈ります。

・前日雨が降った場合は、午前中風に当てて午後から。また朝露の多い日もしばらく風に当て、乾ききってから刈るようにします。

・稲を刈ってそれを自分の左横（右から左へ刈って左横に）に１束分（３～６株）を積み重ねながらおき、刈り進んでゆきます。無理なく能率よい体の動きをそれぞれ工夫してみてください。

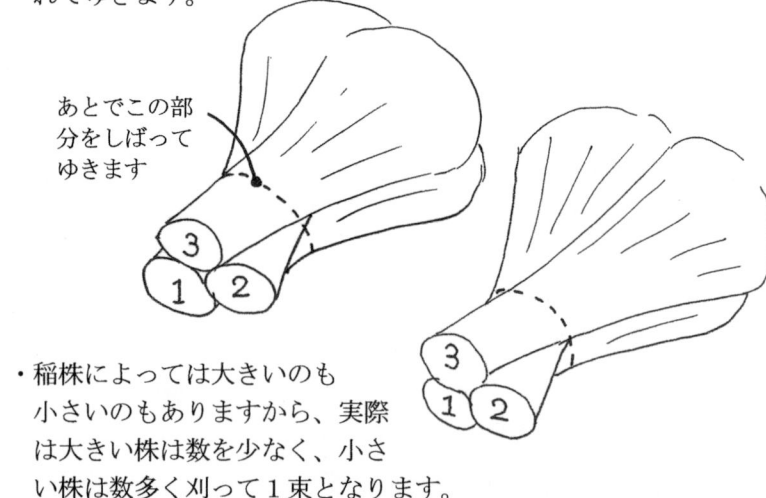

● 刈る時期の目安

稲穂についたお米がほぼ黄金色になっていて、それをささえる茎穂の部分が三分の二以上黄色く色づいていることが目安になります。

・川口さんの刈り方を紹介しますと、川口さんは立ったまま３株ずつ（３条ずつ）刈り進んでゆかれます。稲株は下図のように扇形に交互に２～３株ずつ、１回目、２回目、３回目と重ねられてゆきます。

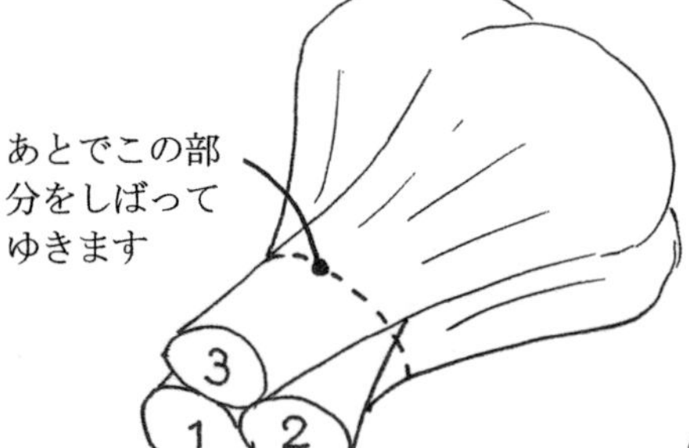

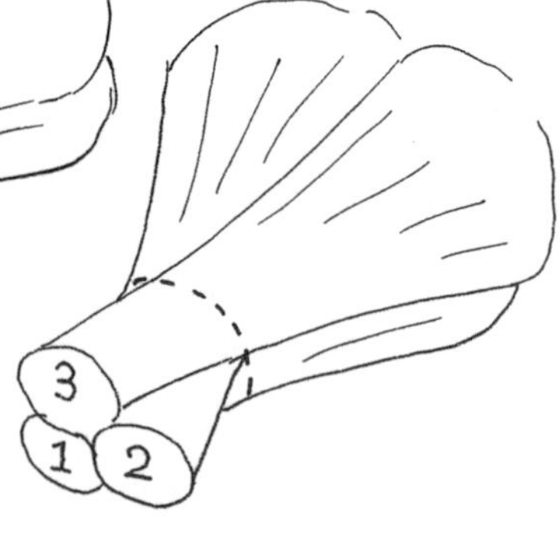

・稲株によっては大きいのも小さいのもありますから、実際は大きい株は数を少なく、小さい株は数多く刈って１束となります。

・刈りとった稲のおき方もバラバラに気ままにおくより、きれいに並べていった方が後の作業がしやすいのは言うまでもありませんが、特に、作業をする人の通り道なども配慮して置いていくといいです。

・また、稲穂の部分は踏まないよう気をつけましょう。

・稲刈りの作業の時、下草もたくさんあると思いますが、多少いっしょに混ぜて刈っても脱穀の作業には、それほど影響しないと思います。子どもたちにも大いに手伝ってもらいましょう。

・稲刈りはたった一人でもできる作業ですが、人手があれば次の作業をやってもらいます。
去年の稲ワラ（ない場合は近くのお百姓さんに分けてもらうとか、ホームセンターなどで売っているワラ縄で代用します）を２～３本ずつ束ねて、地面に並べられた稲束の上に斜めにおいてゆきます。
このワラで稲束をしばってゆきます。

※稲ワラは案外農作業には必要です。苗床づくりにも使いますし、えんどう豆などの支柱がわりにもなりますので、今年収穫した稲ワラの一部を来年のために残しておくようにします。

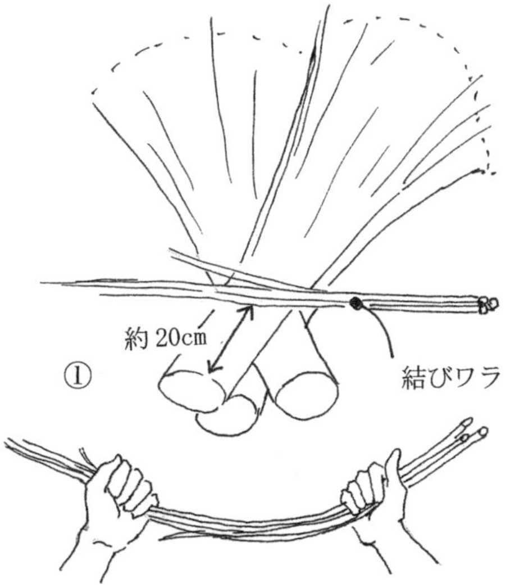

● 稲束のしばり方

これも地方によっていろんなやり方があるようですが、川口さんのしばり方をご紹介します。

・まず、稲束の上におかれた２～３本の稲ワラを図①のように持ち、稲束に向かい上から両手でぐるっと稲束をかかえ、結びワラを持ったままうら返しにする。

・図②のように結びワラの根元の方を長く出して、それでもう一方の穂先の方をきつく１回まわしてしめつける。
（この時、かなりきつくしばらないと後で干そうとした時にゆるんでしまって脱穀の時やりにくい）

・結びワラの根元の方を図③のように折り曲げて、しばった輪の中にさし込む。きつくしばってあるので、そのところの稲束の部分を指で押してはいるすきまをつくってやるとよい。最後にさし込んだ先を再度ぎゅっとしめて終わり。
終わったら、今度はおいてあった面を裏にかえして、反対側を日に当てる。

稲 束 の し ば り 方

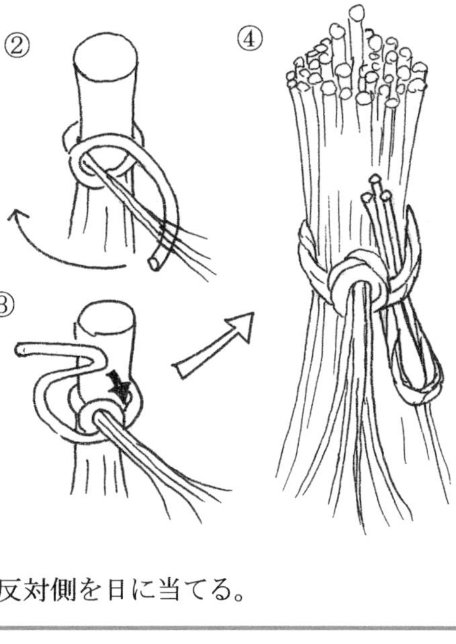

道 具　・鎌

右きき用、左きき用それぞれあります。

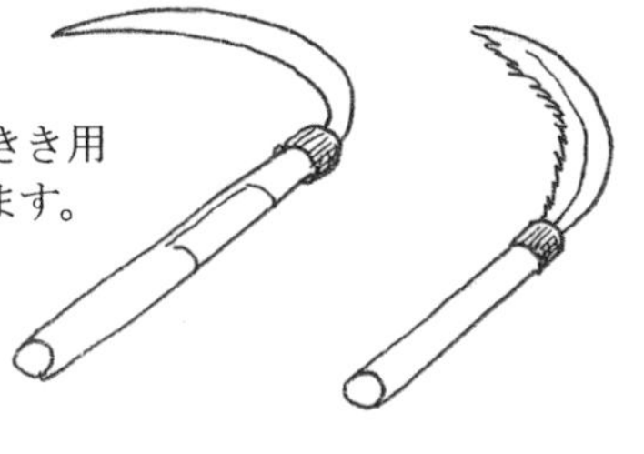

・ワラ縄

いろいろな太さがあります。しばるには小指ぐらいの（2分）、稲架かけの稲木をしばるには、やや太いもの（3分）が一応の目安です。

稲架（はざ）かけ

お米はとれた田んぼで稲架かけをし、自然乾燥させます。
石油や電気で乾燥させるより、お米の味わいは深くおいしくなります。

図１

図１のように、３回束ねた稲束を２：１に分け、交互にかけていく。こうすると稲束がゆれたりせず重なり合いながらしっかり固定される。

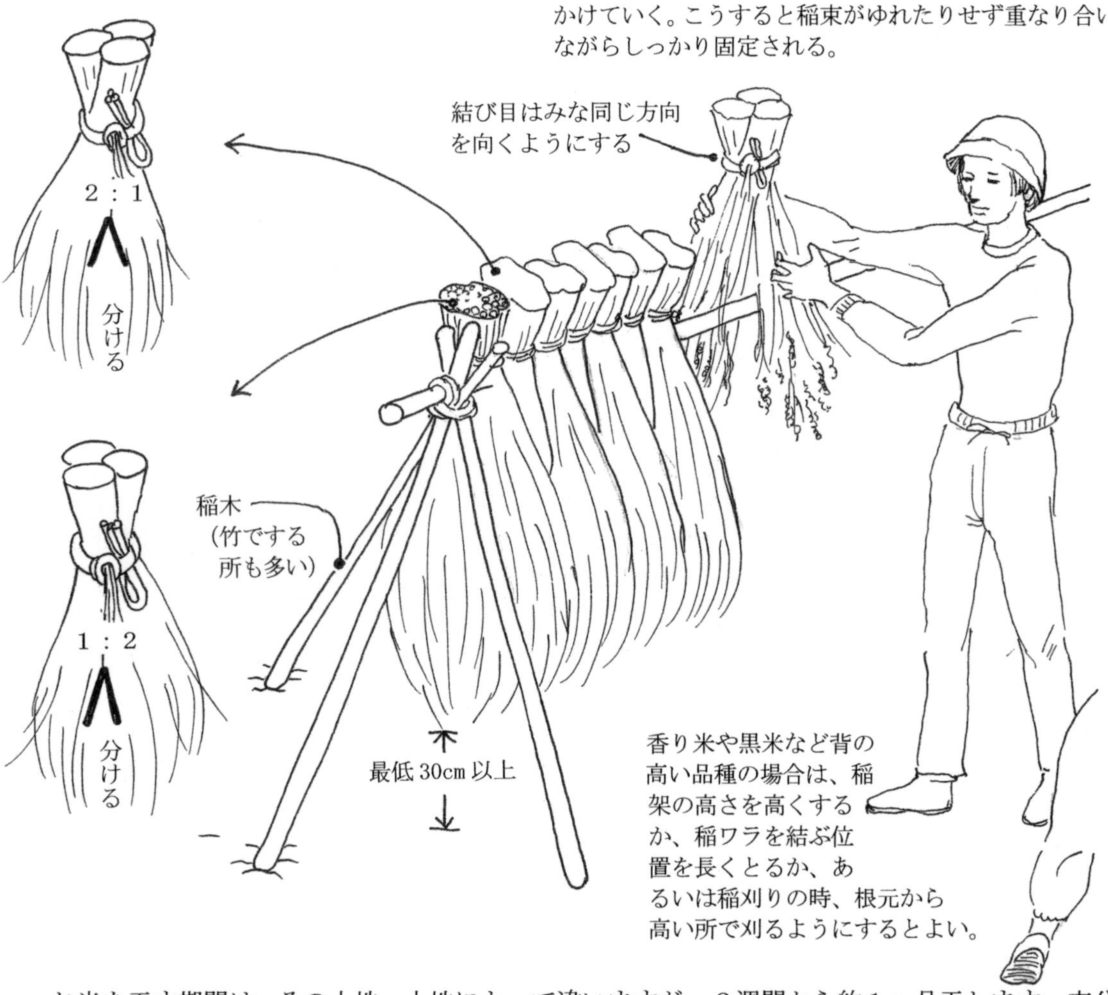

・お米を干す期間は、その土地、土地によって違いますが、２週間から約１ヶ月干します。充分干している間にもお米はさらに熟し続けます。
また、脱穀する前に雨が降ったりしたなら、さらに晴れの日が２〜３日続いてから脱穀するようにします。
・乾燥の目安は、お米の粒が透明になり（うるち）、歯でかんでかりっという固い歯ごたえがあること、初心者は近所のお百姓さんにたずねてみるのもいい方法かも。
・稲架かけが終わったら、鳥の来る所ではちょうど穂のついている高さのあたり、稲穂から約10cm離した所に糸を１本張っておくと、鳥は羽がかかるのを恐がって来なくなります。

道具

・横づち
（かけや）
（木づち）
手ぶりの小さいもの

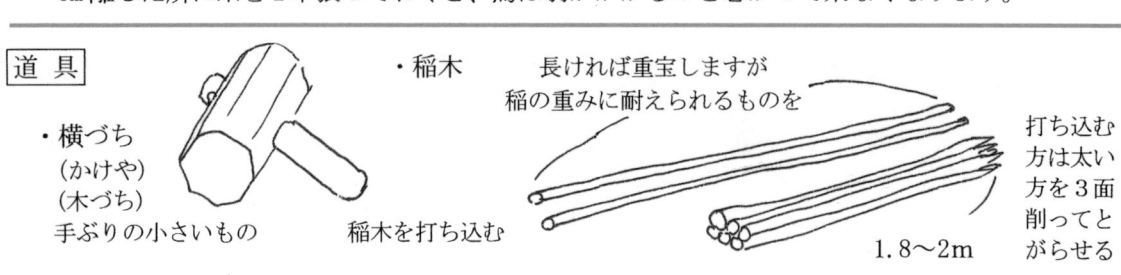

稲木を打ち込む

・稲木

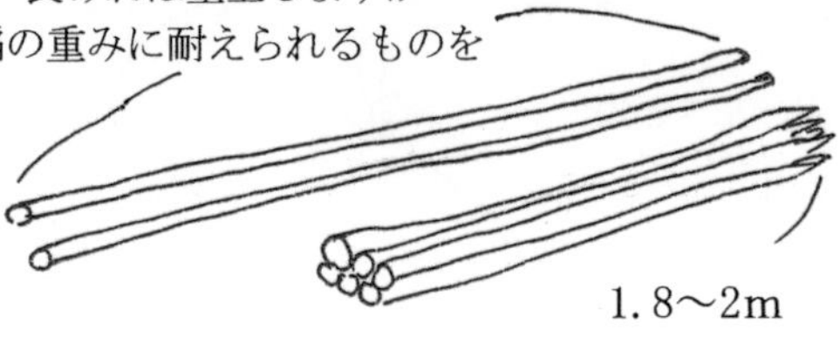

打ち込む方は太い方を３面削ってとがらせる

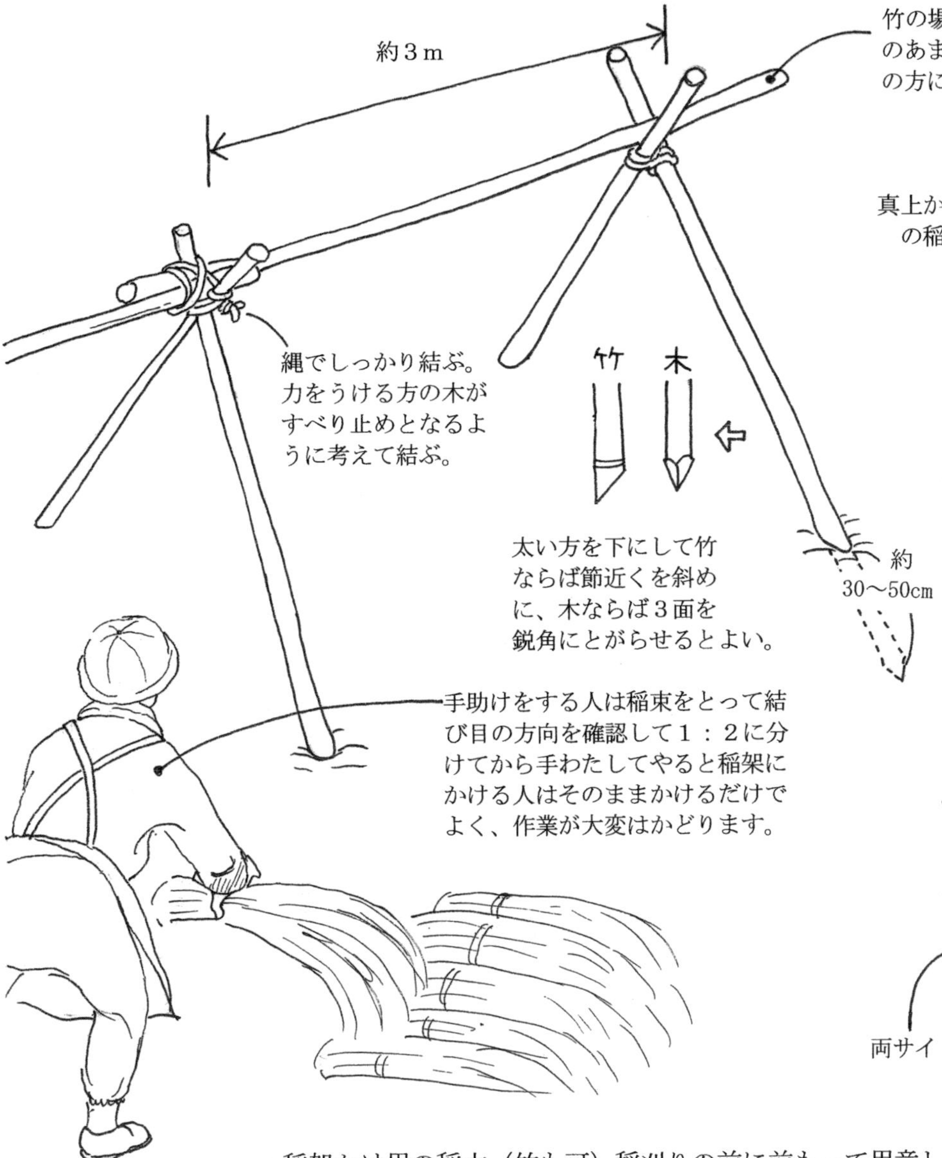

竹の場合は細い方を重みのあまりかからないはしの方にもってゆく。

図②
真上からみた稲架かけの稲木の組み方

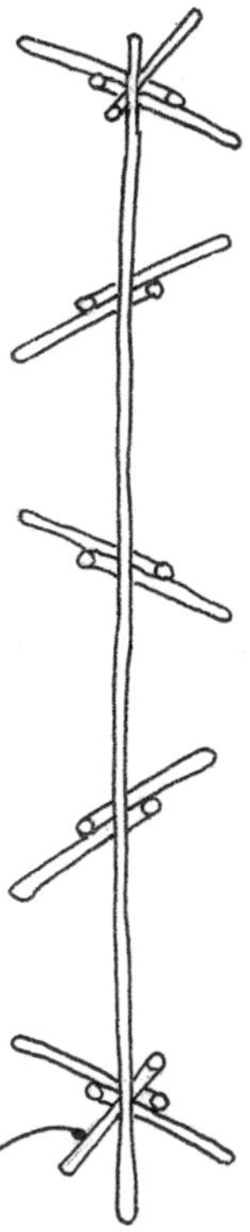

両サイドは３本で支える

・稲架かけ用の稲木（竹も可）稲刈りの前に前もって用意しておきます。
・稲刈りが終わって、あるいは稲架かけのできるスペースが刈り終わった時点で稲架を組みます。
かけやなどで、稲木は地中に 30〜50cm くらいは打ち込むようにし、強い風などでも倒れないよう丈夫にしておきます。
また、お米のいっぱいついた稲束は案外とても重いものです。
・稲木は図②のように、互い違いにハの字に組んでゆきます。
こうすると横風に対し強くなります。間隔の目安は約３〜４ｍおきにしていき、１反のお米を全部干すのに約 40m必要でしょう。
束ね方、稲架かけの時きついかゆるいか、もちろん収量によっても異なりますので、自分なりの経験でわかるようになるといいですね。
・縄で結ぶ時はただまきつけるのでなく、下になって力を受ける方の稲木にすべり止めをつくるようにして１回巻きつけてからしばってゆきます。
・稲架かけの高さは、高いとよく乾燥するけど作業がしにくくなるので、よく考えて作業のしやすい高さで……香り米など丈の長い品種も留意します。

脱　穀

充分に自然乾燥させたら脱穀の作業に入ります。現代ではコンバインが主流ですが、自給程度の量であれば、動力を使わない足踏み脱穀機が思った以上に力を発揮してくれます。

○ 足踏み脱穀機は、農家の納屋の奥にねむっていることが多く、親しい農家の方に相談してみたり、あるいは大型ゴミの日に気をつけておくと見つかる場合があります。
（福岡の学びの場の足踏み脱穀機は捨てられていたものを修理して使っている。）

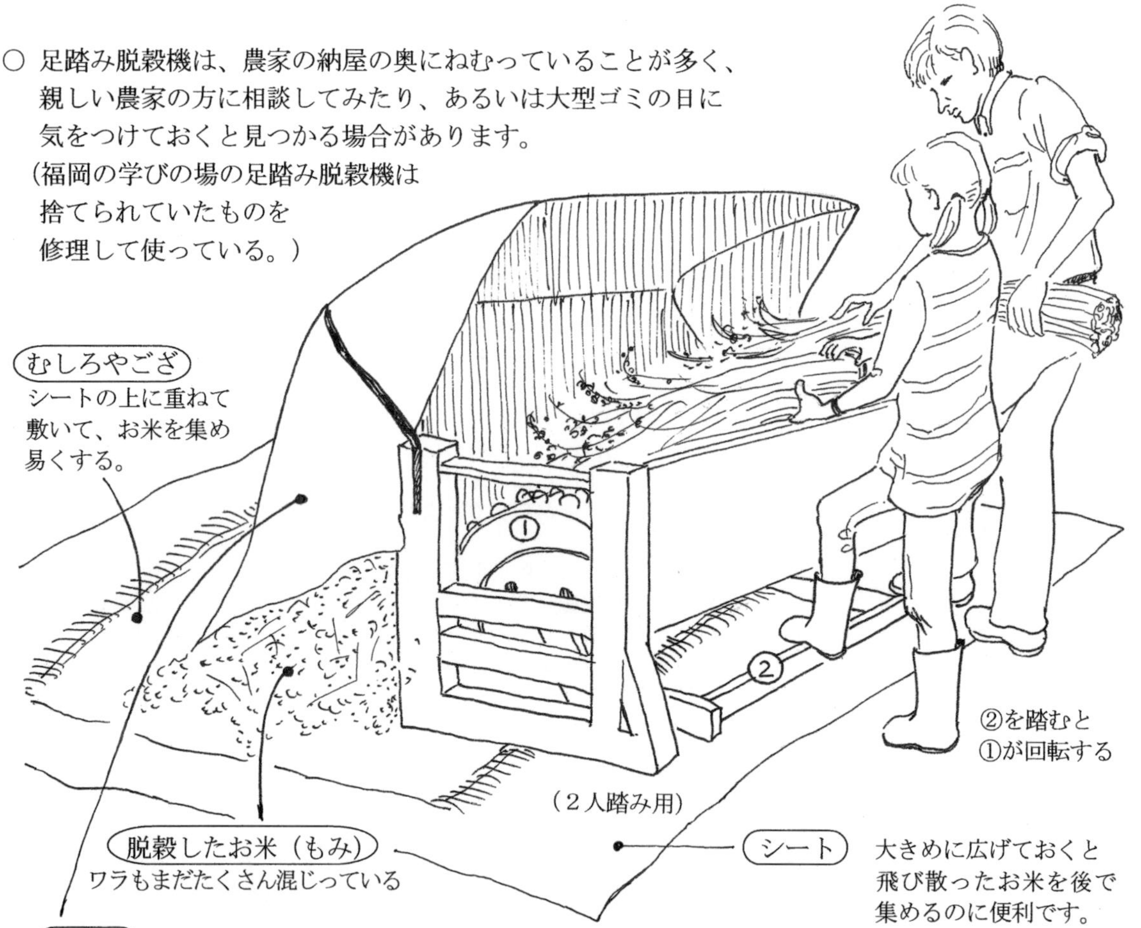

金網や布でつくられています。
お米が飛び散らないようにと危険防止を兼ねています。

もみどおし

① 足踏み脱穀機は、円柱の表面に鉄の太い針金でひっかかりをつけたものを回転させながら、籾を稲茎からはずすしくみになっています。
足で踏みながら機械を廻し、手で稲束をさしこんでゆきますが、子どもにもできる楽しい作業です。

② 脱穀した籾には、まだかなりの茎ワラが残っているので、いきなり唐箕にかける前に、もみどおし（ガラ落とし）で大きな茎ワラを取り除いておくとよいです。

・ここまで終わったらとり合えず袋詰めしておきます。

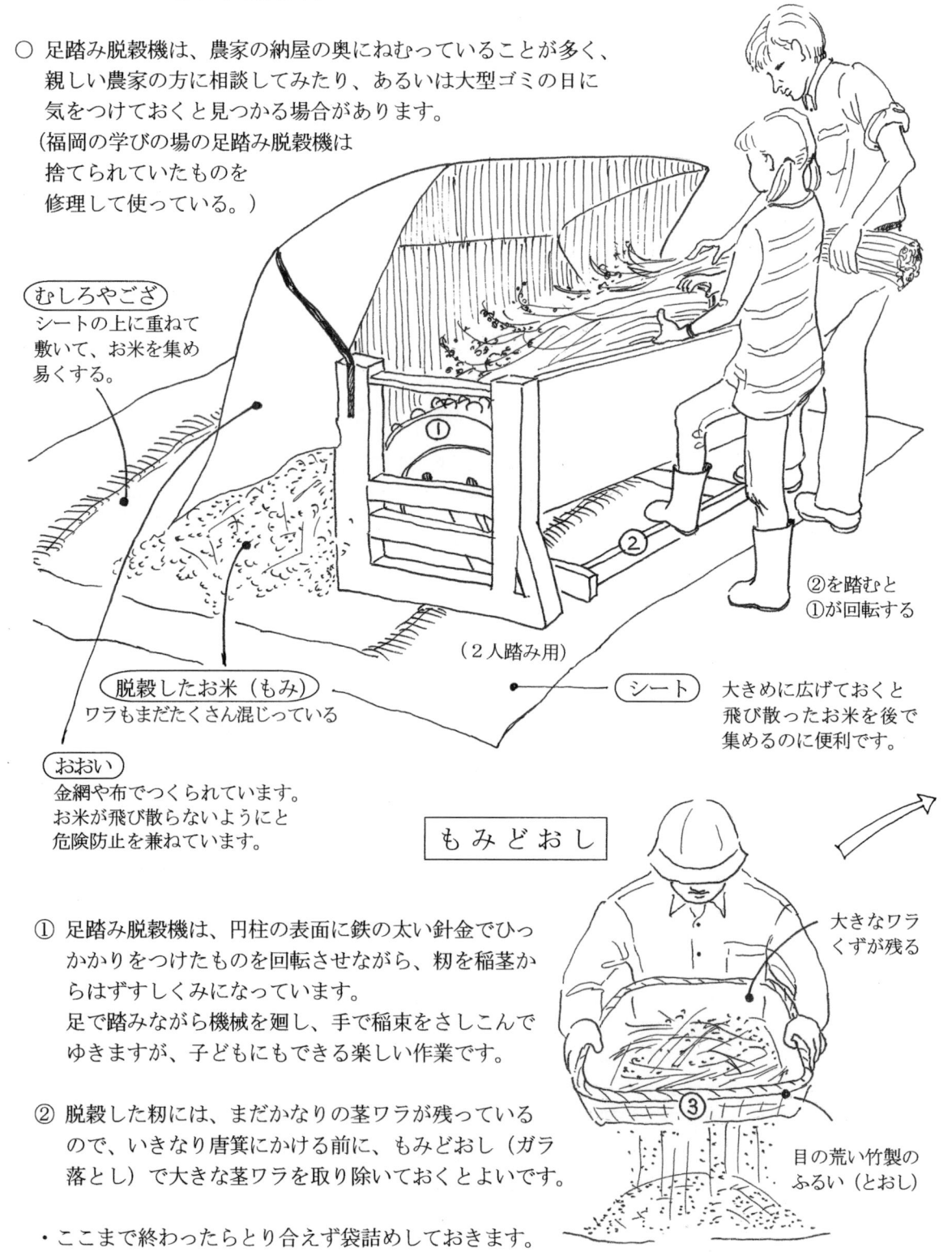

唐　箕

唐箕の機械も他の道具と同様、地方によって異なるようです。下記のものは一貴山地区の農家からお借りしているもので、福岡ではたいていこのタイプのようです。

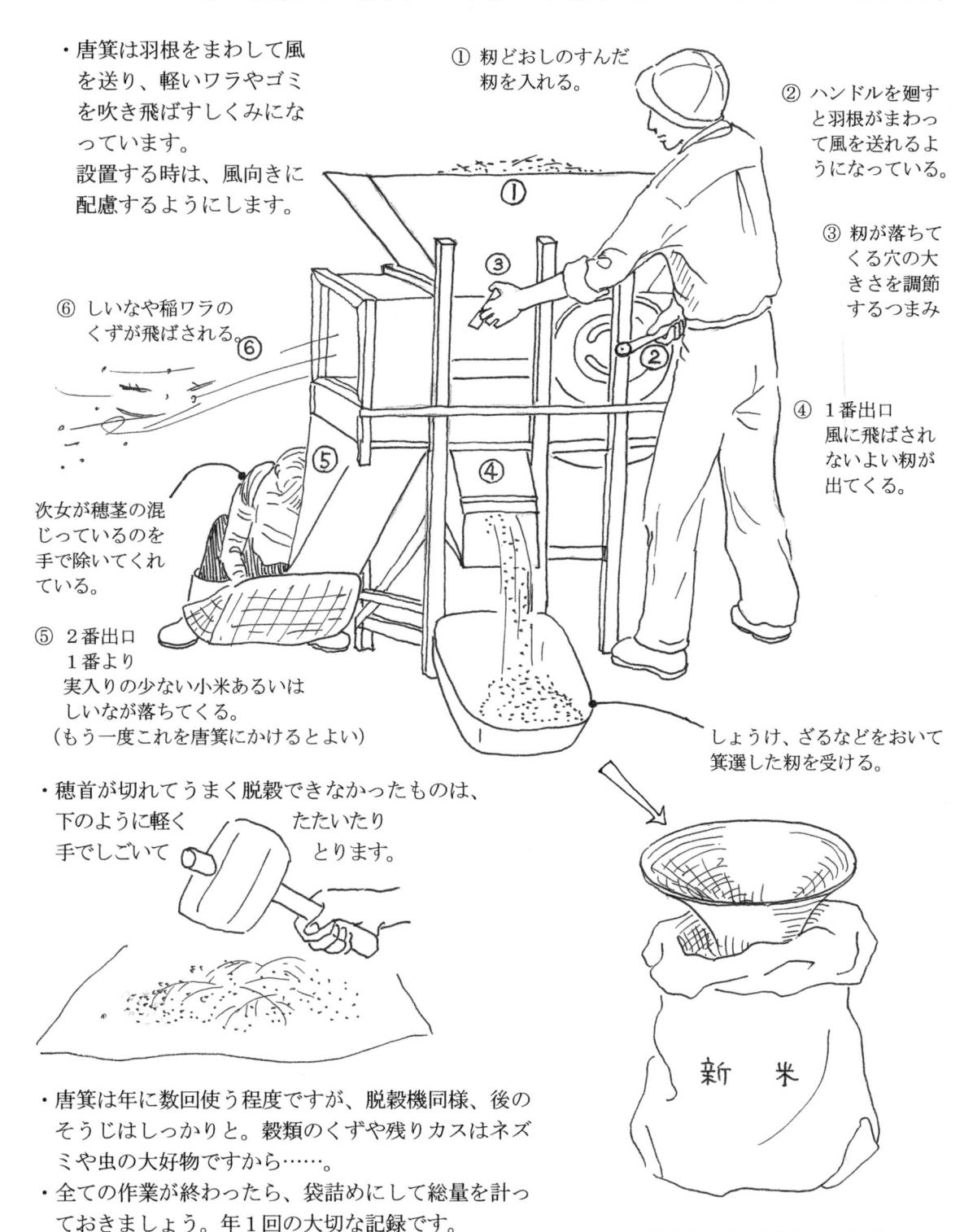

・唐箕は羽根をまわして風を送り、軽いワラやゴミを吹き飛ばすしくみになっています。
設置する時は、風向きに配慮するようにします。

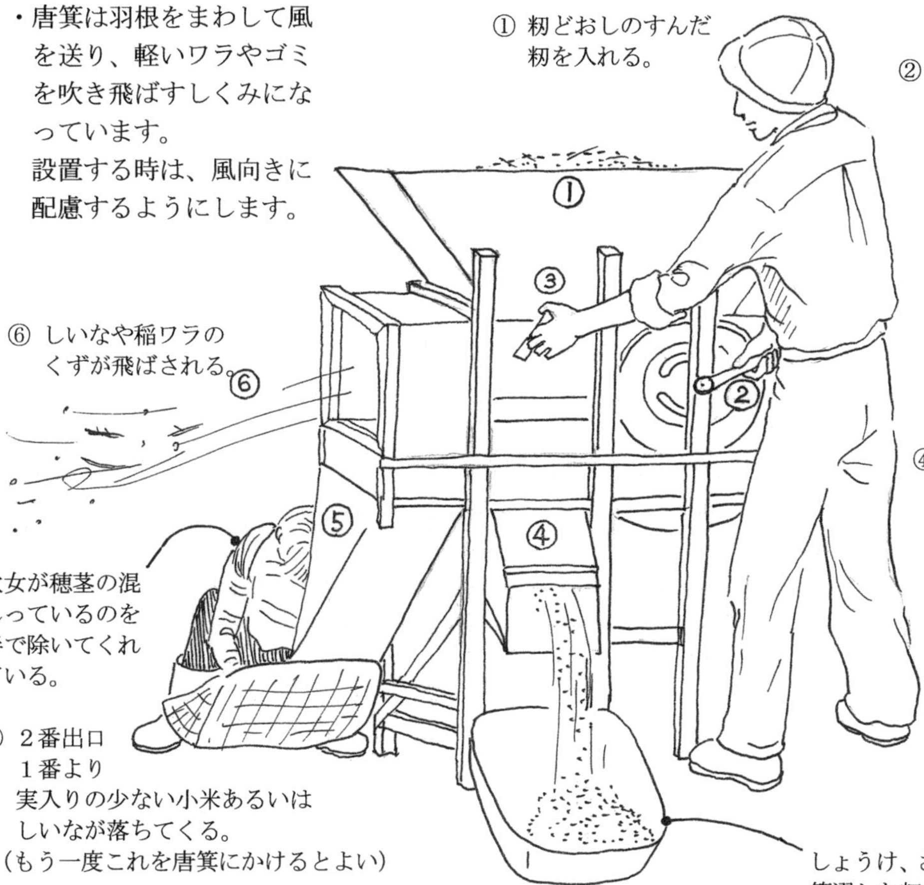

① 籾どおしのすんだ籾を入れる。

② ハンドルを廻すと羽根がまわって風を送れるようになっている。

③ 籾が落ちてくる穴の大きさを調節するつまみ

④ 1番出口
風に飛ばされないよい籾が出てくる。

⑥ しいなや稲ワラのくずが飛ばされる。

次女が穂茎の混じっているのを手で除いてくれている。

⑤ 2番出口
1番より
実入りの少ない小米あるいはしいなが落ちてくる。
（もう一度これを唐箕にかけるとよい）

しょうけ、ざるなどをおいて箕選した籾を受ける。

・穂首が切れてうまく脱穀できなかったものは、下のように軽く手でしごいて たたいたり とります。

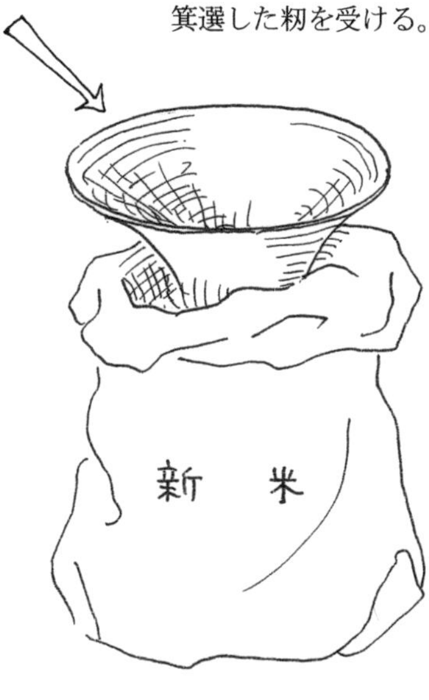

・唐箕は年に数回使う程度ですが、脱穀機同様、後のそうじはしっかりと。穀類のくずや残りカスはネズミや虫の大好物ですから……。

・全ての作業が終わったら、袋詰めにして総量を計っておきましょう。年1回の大切な記録です。
また、袋のまま保管もできますが、虫やネズミの心配があるので、ブリキで作った貯蔵缶に入れると長もちします。

袋づめの時、大きなじょうごのようなものがあると便利。
これはスピーカーの廃物利用。

調　整

① 籾摺り機

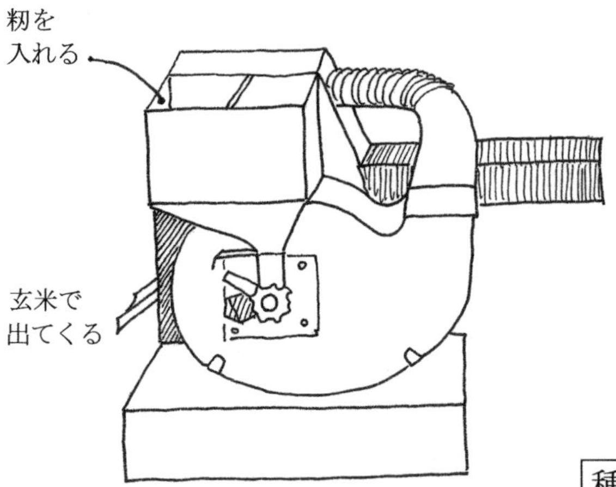

② 籾摺り精米機

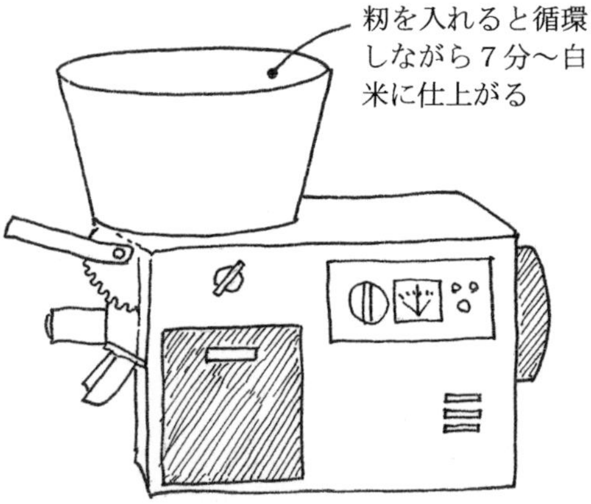

③ 精米機
（家庭用）

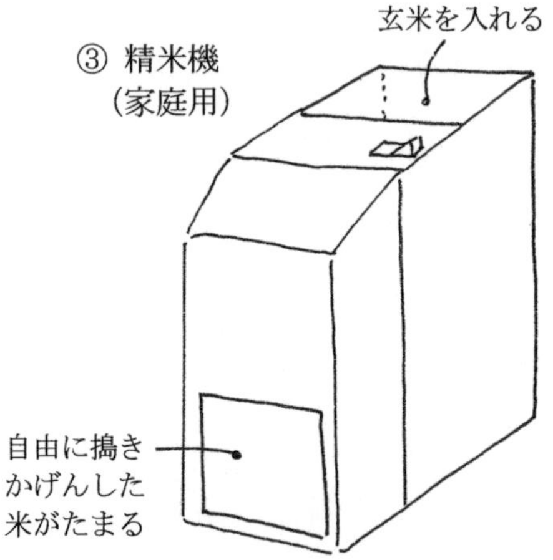

④ 貯蔵缶

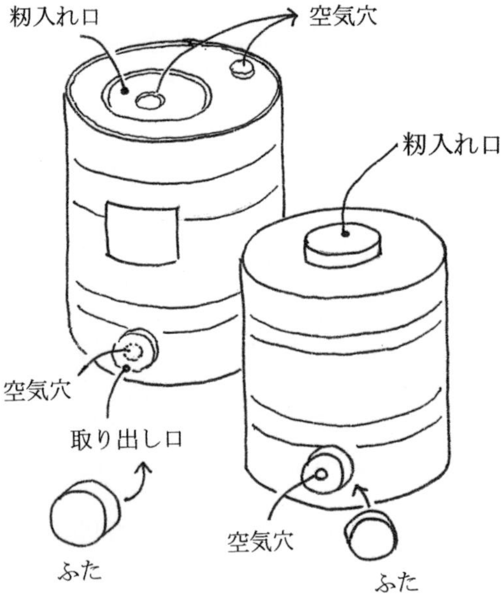

種籾を確保する

来年の種籾を選別して、あらかじめ保管しておくことを忘れてはいけません。
稲刈りの時、健康に育っているよい株の中から選んで、別に刈りとっておくのが一番良く、脱穀したものの中から選ぶ場合は、唐箕にかけた時、１番出口から出たものの中から選んでおきます。

・①の籾摺り機に通すと玄米で出てきます。赤米、黒米などは玄米で利用するときれいです。

・②の籾摺り精米機は、籾摺りと精米をゆっくり循環させながら一度にやる機械です。したがって、玄米や玄米に近い搗きかげんにするのは無理です。

・③はコンパクトな家庭用の精米機で少しずつ搗くのには便利ですが、①の籾摺り機が必要です。

・④は一年間のお米（籾の状態）を保管しておく貯蔵用のブリキ缶で、貯蔵してから３月ごろまでは空気穴は開けておき、４月にはいったら閉める。

籾 ⇒ 玄米 ⇒ 3分搗き ⇒ 5分搗き ⇒ 7分搗き ⇒ 白米

田んぼにワラを返す・麦蒔き

持ち込まず、持ち出さずが原則の自然農では、ワラは田んぼにふりまいてもどします。

・稲ワラは来年の苗床作りと稲刈りに必要な分は保管しておきます。残りを田んぼ全面に切らずに不規則にふりまいておきます。

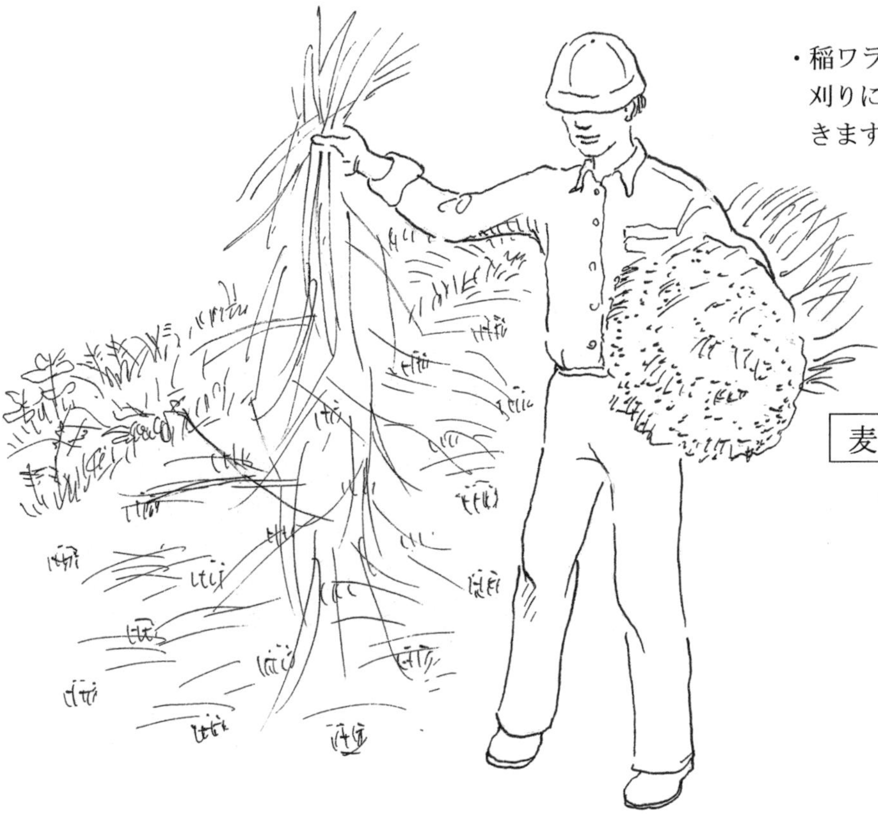

麦蒔き

・稲の裏作として麦を作ることができます。種は全面バラ蒔きの場合、１反につき約８升必要です。

１升 → 約 1.5 kg

８升 → 12kg

A　稲刈り前に蒔く

田んぼの水は出穂が終わってから約１ヶ月から 40 日は入れておきます。
田の水を落としてから、何日かおいて上からバラ蒔きにします。
麦の種は稲刈りの時に踏まれても大丈夫です。
田の草がたくさん生えている時は、稲刈の時いっしょに刈って、そこに敷いておく程度でよいです。
稲刈り後はすでに芽が出ているので、鳥対策の必要はありません。

B　稲刈り後に蒔く

麦の種は11月いっぱいまでは蒔けるようです（遅すぎると田植えに影響する）。
草がたくさんある場合は、バラ蒔きにしたあと草を刈って上からふりまいておけばよく、草丈が短い時は、バラ蒔きのあと棒でたたいて、種を地面に落としてやる程度でよい。
バラ蒔きだけでなく、少し土を削って条蒔きにしたりもできる。

麦の種類

（小麦）

・農林 61 号（中力）
・こうのす 25 号（強力）
・白金（薄力）など
※グルテンの含有量に違いがある

（大麦）

・麦茶・味噌こうじ

（はだか麦）

・ご飯に混ぜる

（ライ麦）

・パンに

裏作に麦をつくる

麦

稲の収穫が終わったら、その同じ田んぼで麦を作ることができます。麦は冬から春にかけて育ち、初夏の頃収穫に至りますが、その亡骸がさらに田んぼに重なることで稲にとっても有難い作物ということになります。

田んぼで稲の後に麦を作る場合、麦の収穫期と田植えの時期が接近しているので、作業の段取り、麦の品種選びなどの配慮が必要ですが、麦は加工することで数多くの食品を作ることができ、食の楽しみも幅の広い作物です。

■ 品種について

○ 小麦（原産は中央アジアのコーカサス地方）
パン・麺・お菓子・天ぷらなど
・硬質（ガラス破片状の結晶体を多く含む）か軟質かで分ける。
・グルテンの含有量で多いものから強力、中力、薄力に分ける。

○ 大麦（原産は中国の奥地・中央アジア）
- カワムギ
  - 六条種
    麦茶・押麦・麦飯
  - 二条種（ビール麦）
    ビールの原料に
    味噌・醤油の原料
- ハダカムギ
  - 六条種
    押麦・味噌・麦粉
  - 二条種
    日本ではほとんど育成されていない。

○ ライ麦（原産は西アジア）
麦の中で最も耐寒性が強い。
・黒パンの原料
・ウィスキー、ウォッカの原料に

○ エンバク（原産はコーカサス、中国、北アフリカ、ヨーロッパと多元的）
・オートミールなどの食用
・飼料用も多い。

写真：「転作全書　第１巻　ムギ」農文協より

穂の形態と品種

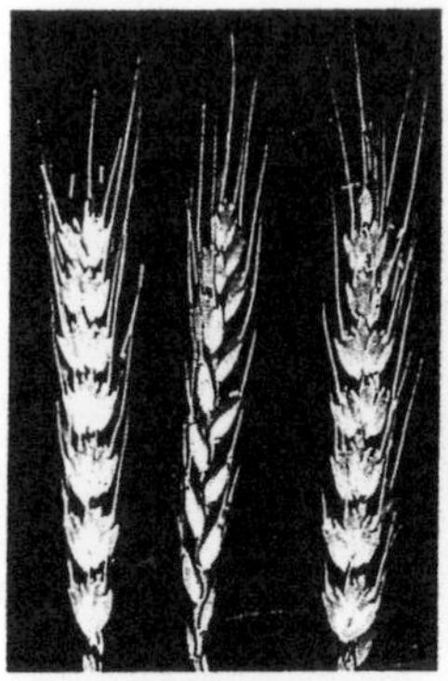
コムギの穂

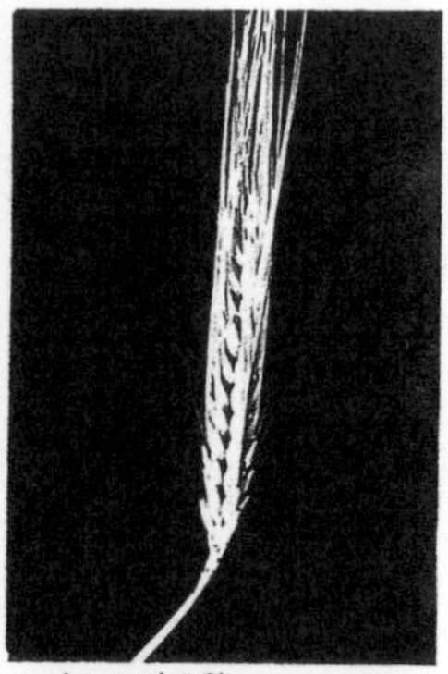
ハダカムギの穂

オオムギの穂

ビールムギの穂

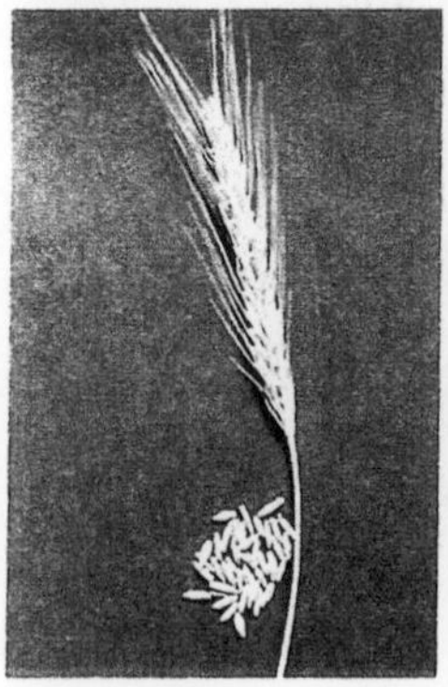
ライムギの穂

エンバクの穂

■　性質について

麦を栽培する上でとらえておきたい性質としては、まず乾燥地を好む畑作物だということです。自然農の田んぼでは約４mおきに溝を切って畝を作りますが、この畝を作る意味は、麦作の時、水はけを良くするためでもあるのです。

また、麦は好光性なので、草の中にバラ蒔くだけでもよく発芽してりっぱに実ります。もちろん条蒔きも良く、条蒔きの場合は稲と同じように刈って脱穀できます。バラ蒔きの場合は穂刈りして振り木などでたたいて脱穀します。

── 麦を育てる ──

1．種子の用意

お米と違い玄麦（芒や穎(エイ)のついていない状態）で種となります。

必要な種の量は

・全面バラ蒔きの場合

　　１反につき　８升＝約12kg

・条蒔き（50cm前後の条間で）の場合

　　１反につき　３kg～４kg

　　　　（全面バラ蒔きの⅓～¼）

2．種降ろし

（全面バラ蒔きの場合）

● 稲刈り前に蒔く

田んぼの水は出穂が終わって約30～40日は入れ続けますが、その頃になったら水を入れるのを止めます。あとは自然に雨が降った時、溝に半分くらいたまる程度に井手板を調節しておきます。

品種によっても異なりますが、10月から11月にかけて稲を刈る半月前に田にバラ蒔きます。田の上に適当に湿りがある時に蒔くと発芽が良いようです。稲刈り時にすでに３～４cmに発芽していることになるので鳥対策は不要です。

稲刈り前に蒔く場合は、冬草より先に麦が生長するので草に負けることもあまりなく、収穫まではいっさいまかせることになります。

● 稲刈り後に蒔く

麦の種降ろしは11月いっぱいを目安にします。しかし、品種や地方によっての田植えの時期を考えて、遅くならないことが大切です。

草の様子を観察して、つるが伸びて生長していくようなカラスノエンドウやスズメノエンドウなどが見られるようだったら、あるいは土の表面で根が網目状に広がるような草がはびこりそうな所は、草に対する配慮が必要です。

カラスノエンドウなどの草の場合は、バラ蒔いた後に軽く全体を刈って、刈った草はそこに均一に敷いておきます。

宿根草の場合は、鎌を少し地面にさし込んで、パラパラとはがせるような草は少し抜いてそこに敷いて、草の処し終わってから麦をバラ蒔きます。その後、棒などで軽くたたいて種を地面に落ち着かせます。

（条蒔きの場合）

・条蒔きにする場合は、稲刈り後の稲の切株の跡を利用して、その間に麦の種を降ろしてゆくと作付け縄を張る必要がありません。

・鍬であるいは曲がり鎌などで表土を２㎝くらい一定の幅をもって削っていきます。

・その蒔き溝に麦を薄くバラ蒔きますが、蒔き過ぎて密にならないように注意します。

・削った土を上から薄くかけて、刈った草も薄くかけておきます。好光性なので厚くならないようにします。

３．草に応じる

麦は冬の草ですが、麦といっしょに大きくなる冬草も春が近づくにつれ一斉に伸びだします。麦の茎にまきついてしまうようなカラスノエンドウやスズメノエンドウなどは、そうならないうちに刈っておくとよいですが、それは条蒔きの場合しかできません。全面バラ蒔きの場合は、収穫の時までその場の状況にまかせるしかありませんので、種を降ろすそのスタートの時に田に芽吹いた冬草の様子などを見極めて、稲刈り前にバラ蒔くか、あるいは稲刈り後、刈ってから蒔く、あるいはバラ蒔いてから刈る、という３つのやり方を選択するということになります。

４．収　穫

麦全体が完全に色づいてさらに少し白茶色になるくらいの頃、麦の粒を歯でかんでカリッと乾いているような音だったら収穫にかかります。

カリッと乾いてはいなくても、田植えや天候が気になる場合は刈り取った後に干したらいいでしょう。条蒔きの場合は稲と全く同じようにし、バラ蒔きの場合は穂首を５～６本つかんで鎌で刈り、右絵のようにブリ木や棒などでたたいて玄麦にします。

麦はこの方法でも充分に楽に玄麦にできます。

最後に唐箕をかけてワラをとばします。

5．保　存

よく乾燥させることが大切で、ゴザやむしろの上で直射日光によく当てます。歯でかんでカリッと実が割れるくらいなら大丈夫。穀物用の貯蔵缶など密ぺいできる容器に入れておいて、必要な時に製粉します。

6．製　粉

小麦は粉にすると様々な食品に加工できますし、また日々の食卓にも何かと欠かせないものです。

粉にする時は使う分ずつその都度挽いて用いますと、香りも良くその味は格別です。製粉するには次のような道具があります。

① 精米所に製粉機も備えてあるところがあって、有料で粉に挽いてくれます。

② 臼で挽く、または搗く。

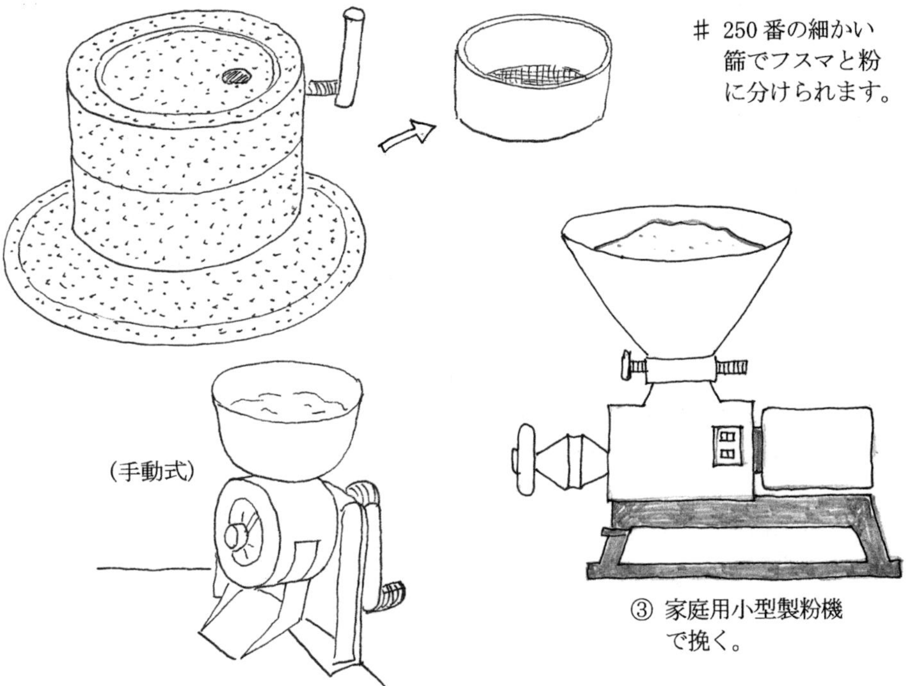

＃ 250番の細かい篩でフスマと粉に分けられます。

③ 家庭用小型製粉機で挽く。

7．強力・中力・薄力について

小麦の場合、製粉しただけの粉には皮（フスマ）が混じっています。これを全粒粉といいます。全粒粉は栄養価も高く、パンや調理にそのまま使用できますが、精白したい場合は250番くらいの細かい篩にかけて、フスマと粉に分けます。

またグルテンの含有量の違いで、強力粉、中力粉、薄力粉に分けられます。国産の小麦は薄力及び中力がほとんどです。それは日本の麦の収穫期がちょうど梅雨期にあたるので、グルテンの量が雨にあたると減るという性質もあって、パン用の強力は主に北海道となっています。国産の小麦の品種について、主なものを表にしてみましたので参考にして下さい。日本では４～５世紀頃から伝わってきている作物で、今でも全国で作られているのできっと土地土地に合う品種に出会うことができると思います。

国産小麦のグルテン含有率

1	アオバコムギ	(千葉県産)			13.4%
2	ハルヒカリ	(北海道産)			13.3%
3	タクネコムギ	(〃)			12.7%
4	ナンブコムギ	(岩手県産)			11.6%
5	ホロシリコムギ	(北海道産)			10.6%
6	農林 61 号	(茨城県産)			10.5%
	シロガネコムギ	(埼玉県産)			〃
7	フジミコムギ	(栃木県産)			10.3%
8	農林 26 号	(山梨県産)			10.2%
9	ナンブコムギ	(福井県産)			10.1%
10	農林 61 号	(愛知県産)			9.8%
11	シロガネコムギ	(佐賀県産)、	アサカゼコムギ	(熊本県産)	9.7%
12	シラサギコムギ	(岡山県産)、	アサカゼコムギ	(山口県産)	9.6%
13	キタカミコムギ	(秋田県産)			9.3%
14	フクホコムギ	(栃木県産)、	シロガネコムギ	(兵庫県産)	
	フクホコムギ	(長崎県産)、	セトコムギ	(宮崎県産)	9.1%

※上の資料は農文協刊「国産小麦でパンを焼く」より

この資料はやや古いもので、現在は強力と言われているものに、ハルユタカ、鴻之巣 25 号、農林 42 号、また中力では、チホクコムギ、ホクシン、チクゴイズミなどが加わって、それぞれの用途に応じて、品種の改良が重ねられているようです。

強力粉	グルテン含有率	10.5〜13.0%	パン・麩
中力粉	〃	7.5〜10.5%	麺類・和菓子
薄力粉	〃	6.5〜 9.0%	お菓子・天ぷら

グルテンの含有量は、品種により生まれ持った定めとして備わっていますが、同じ品種でも生産地の気候、風土によっても変動するもののようです。
自分で育てた小麦のグルテンの量を知るには、次のようにしてやります。

《グルテン量を知る方法》

① 小麦粉 20 g を正確に測りとり、12cc の水を加えてよくこねます。
② 団子状にまるめて、水をたくさん入れたボールの中でよくもみ、デンプンを出します。
③ しばらく続けると水が白くなって、指先にガム状のものが残ります。(湿麩という)
④ デンプンが流れ出なくなるまで(水が白く濁らなくなるまで)になったら、水を切ってその重さを測ります。
⑤ グルテン含有量は、湿麩の約三分の一にあたります。

※湿麩をゆでると生麩になります。ためしてみて下さい。

陸　　稲

オカボまたはハタケイネと呼ぶところもあって、今は水稲におされ栽培している所は非常に稀ですが、自然農をやっていこうとする時、水の入りにくい中山間地や畑地でも栽培ができる稲として、今後、求めてゆかれる方も多いかと思います。水稲との違い、栽培における心配りについてまとめてみました。

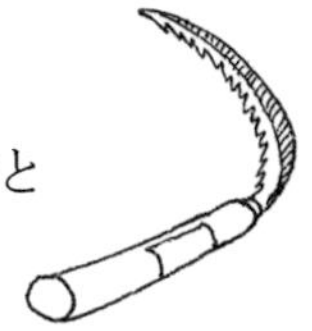

〔品種〕お米のルーツを辿ると、かつては水陸両用の未分化の品種だったようですが、現在栽培されているお米は、長い歴史の中で水性か陸性に分かれているものがほとんどです。陸稲の品種は現在でも意外にたくさんあって、最も大きな特性はその耐干性にあります。水稲と同じように極早生から晩生まであり、水稲と比較すると全体的に生育期間が短いようです。

極早生……東北中部から北海道の一部において栽培。低温での発芽と登熟にすぐれ、生育日数が最も低い。
農林22号（粳）・ハタホナミ（粳）・イワテハタモチ・ワラベハタモチ

早　生……南東北から関東の山沿い、あるいは関東以南の早期栽培に適している。
低温による発芽と冷涼下の登熟にすぐれる。
オオスミ（粳）・ハタメグミ（粳）・ナスコガネ（粳）・ハッサクモチ

中　生……関東地方山沿いから南九州の早期栽培まで最も適応地域が広い。
耐干性が最も期待される。
農林4号（粳）・ハタミノリモチ・ハタフサモチ・キヌハタモチ

中晩生・晩生…関東地方平坦部から西日本・九州平坦部の普通栽培に適している。耐干性も優れている。
農林21号（粳）・ハタキヌモチ・ハタコガネモチ・ハタムラサキ（粳）
タチノミノリ（粳）・ツクバハタモチ・ミナミハタモチ・ユメノハタモチ

〔陸稲の種降ろしの時期〕

月 / 地域	4　月			5　月			6　月		
	上	中	下	上	中	下	上	中	下
東　北	―	―	―	―	―	―			
関　東		―	―	―	―	―	―		
東海・近畿			―	―	―	―	―	―	
九　州			―	―	―	―	―	―	―

最早 ―― 最晩

■　種降ろしから移植まで

自然農では陸稲も水稲と同じように畑状で苗床を作り、それを田に（畑に）移植するという方法で行っています。その方法は「春・種降ろし」の所で詳しく述べましたが、その方法と全く同じでよいと思います。

今回、陸稲の資料を見てみますと、現在の陸稲の普通栽培と言われる方法は直蒔きで、麦の条蒔きと同じような方法で行われているようです。陸稲の性質として、水稲のように分けつが多くないこと、また、移植時に干ばつにみまわれた時の事を考えると、直蒔きの方法も一考する必要があるかもしれません。

● 直蒔き法

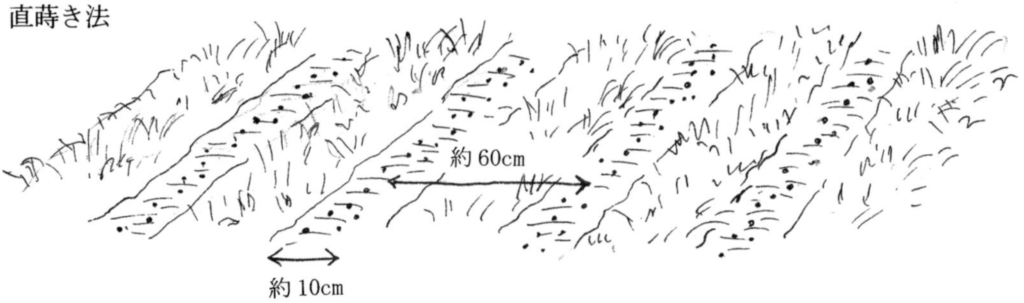

種を蒔く幅の分だけ草を刈り、表土を削り、薄く薄く蒔きます。
芽が出たら密になっているところを間引いて、30cm 間隔に４～５本くらいになるようにします。
以後の手入れは、移植法と同じでよいでしょう。

● 移植法（田植え）……分けつ・生長・収量において、こちらがすぐれていると言われます。

・水稲の場合と全く同じように考えてよいと思いますが、水稲の場合、水を田に引く事により、世話が必要なのは水の草に対してだけですが、陸稲においては、陸の草の勢いを水でおさえることができないので、そのことへの配慮が必要です。陸稲を植える場所の草は、田植え時にそれぞれの性質を見極め、宿根草などは鎌を少し地中にさし込んで深く刈るとか、あるいは必要に応じて抜くなどの手を入れることもあり得ると思います。

・陸稲に水が必要ないかというと、そんなことはありません。
野菜と同じように、移植後に雨が降ると活着を大いに助けてくれますし、出穂の時はある程度の降雨が必要です。
もし干ばつにみまわれたりしたら、その時だけ田に水を引くとか、それができない所であれば、灌水も必要になります。そのコツとしては、少しの量をたびたびやるのではなく、一気にたくさんの量を１～２回というようにします。

・その後の夏草の世話から、稲刈り、脱穀まで、水稲と全く同じです。

第 3 章

野 菜 を 作 る

野菜をつくる

お米は私たち日本人にとって欠かせない主食ですが、同じように季節ごとにいただく野菜も日々の食卓に欠かせません。お米と同じように耕さず、草や虫を敵とせず、肥料を必要としないで栽培することができます。

基本的にはお米の場合といっしょですが、生命の営みの舞台が畑となりますので、水が入る田んぼと違って亡骸の層はできにくく、また水によって陸の生命である草々がおさえられることがないので、作物の生長の過程において、お米より細やかな心配りと適切な手助けが少し必要になります。このように見守られ、自然の中で健康に育った野菜は、ほんとうにおいしく、大根は大根本来の、トマトはトマト本来の味がして、私たちの生命のすばらしい糧となります。

色とりどりの生命豊かな野菜づくりですが、野菜はその土地、土地で長い間育まれてきた長い歴史が背景にあり、ここで紹介できるのは基本的なところですので、そこそこの気候や風土に応じた知恵を加えられて、さらに自分のものとされて下さい。

種降ろしのしかた

バラ蒔き

① 主に葉もの野菜や人参などのように幼いうちは競い合って群の中でよく育つものは、バラ蒔きが適しています。畝全体の草をまず刈って、その後表土を薄く削り取ります。
草々の種を除くのと、種がたいてい小さいのでこのようにしてやると世話もしやすくよく育ちます。

- コマツナ
- ニンジン
- コカブ
- チンゲンサイ
- コウサイタイ
- ターサイ
- シュンギク
- ホウレンソウ

など

〔苗をつくって移植するもの〕

- 玉ネギ
- キャベツ
- ブロッコリー
- カリフラワー
- ネ　ギ
- ナ　ス
- ピーマン
- トマト　など

② 畝の上を平らに整えます（板や鍬の裏側でたたく）
もし、セイタカアワダチソウやヨモギなどのような地下茎が縦横に走っている場合、それがこれから初めて畝を立てる時ならば、取り除くのも一つの方法ですが、それ以外であればなるべく地上に出てきた分を刈っては敷き、刈っては敷きをくり返していくと、じき勢いは衰えます。

種のこと

現在、種をめぐる状況としては、Ｆ１といって、次の代に親と同じものができない種とか、遺伝子組み替え操作がなされていたり、種子消毒など様々な問題が指摘されています。

種は本来生命そのものです。耕さない健康なところで、最善にその生命を全うすることで、次の生命である種も最も丈夫で健やかなものとなります。

自家採種を心がけて、地域性あふれた豊かな種を確保してゆくことを大切にしたいものです。

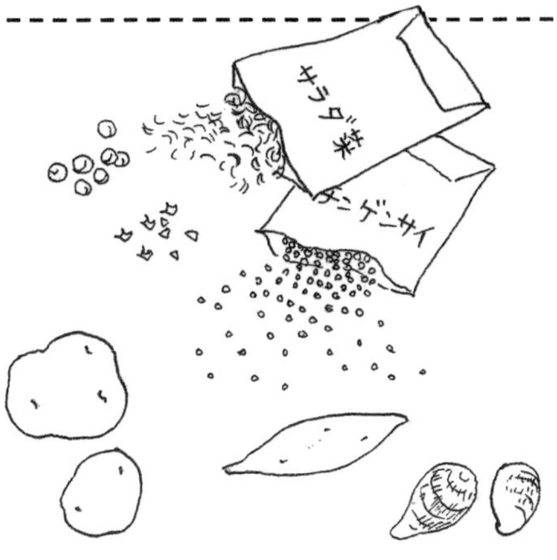

③ 種を均一に密にならないよう降ろしてゆきます。

④ 種の大きさを考えて２～５㎜（種がかくれるまで）の厚さで土を細かくほぐしながらかけてゆきます。草の種の混じらないところの土を使います。ふるいでやると速いです。

⑤ 再び左の絵のようにしてかけた土の上をたたいて押さえてやります。

こうするとポロポロの土の状態の時より乾燥するのを防ぐことができます。

⑥ そしてさらに、始めに取り除いた枯草あるいは青草を上から一様に薄くふりまき、乾燥から守ります。

自然農の場合、灌水はよほどの状況でない限りする必要はありません。

この上からかけた草は、発芽した後、必要に応じて除いてやることもあります。

条《すじ》蒔き

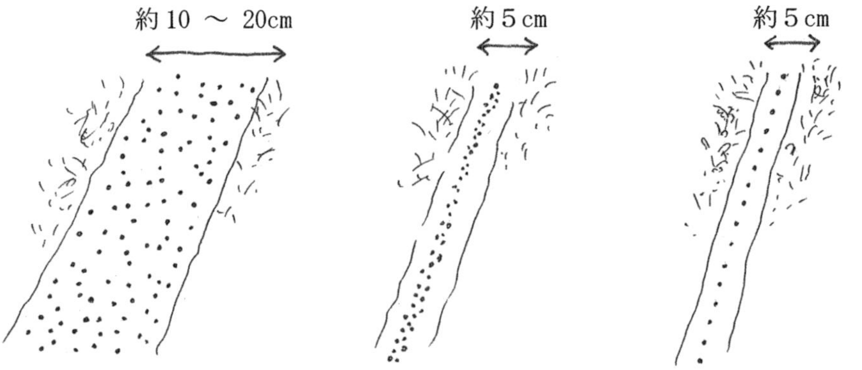

・幅 10〜20cm くらいのせまいバラ蒔きと考えてもよいでしょう。バラ蒔きと同じようにやっていきます。一つの畝に中央に１本あるいは両側に２本、そして空いている所に次の果菜類の苗を植えたりもできます。

- ・レタス
- ・ノザワナ
- ・コウサイタイ
- ・コマツナ
- ・ホウレンソウ
- ・タカナ　など

・細かい種を条状に蒔いてゆきます。その部分だけを草とり鎌などで削り取り、１条に種を降ろしてゆきます。

・芽が出て混み合ってきたら少しずつ間引いて食べてゆきます。

- ・ラディッシュ
- ・レタス　　・ハクサイ
- ・ニンジン　・コカブ
- ・ホウレンソウ
- ・ヒノナ　　・ゴマ
- ・ゴボウ　など

・点蒔きと条蒔きとを合わせたような蒔き方です。とにかくその部分だけを削って蒔けるので、条蒔き同様手間がかかりませんが３〜５cmくらい間隔に１粒ずつ種を降ろしてゆくので種のやや大粒のものがよいです。

・草をかき分けその部分を削っては蒔き、削っては蒔きできるので作業がとてもはかどります。

- ・ダイコン
- ・カブ
- ・トウモロコシ
- ・モロヘイヤ　など

・鍬でやってもよく、下図のような草とり鎌などでもできます。覆土や草をかける要領はバラ蒔きと同じ。

・畝と畝の間の通り道も畝と同じく土が裸にならないようにする。

点蒔き

・種の比較的大きなもの、あるいは夏の果菜類（ナス・ピーマン・キュウリ・トマト・オクラ・スイカ・カボチャなど）、豆類などは地上部が大きく茂るので適当に間隔を保って、直に種を降ろしてゆきます。その際、それぞれの性質（オクラなどは１本では育ちにくいと言われている）や、虫などに幼苗を食べられることもあるので一ヶ所に３～６粒ぐらいずつ降ろしてゆきます。

・ナス	・カボチャ	・インゲン	・ダイコン
・ピーマン	・スイカ	・エンドウ	・トウモロコシ
・オクラ	・ウリ	・サヤエンドウ	・ハクサイ
・トマト	・ズッキーニ	・ラッカセイ	・ツルムラサキ
・キュウリ	・ニガウリ	・ダイズ	・モロヘイヤ
・シシトウ	・トウガラシ	・ソラマメ	など

・種と種の間隔や蒔く種の数は野菜により異なります。

その他

・ほんのわずかに残った種を畝でないところにただバラ蒔いておいただけなのに、ちゃんとていねいに種を降ろした所より、よく発芽していることがよくあります。
花咲かじいさんのようにただ種をふりまくだけで作物ができるなんてうれしく有難いですネ。場所を選べば意外とこの方法はよくできます。
（コカブ・コマツナ・チンゲンサイ・コウサイタイなど）

・その他、イモ類やショウガは、種イモ、種ショウガを、サツマイモは種イモからつるをたくさん作り、それを切って土に挿して（つる植え）ゆきます。また、苗を作って移植した方がよいもの（玉ネギ・ネギ・キャベツ・ブロッコリー・カリフラワーなど…）があります。以下少しずつ一つ一つの野菜の育て方について、とり上げてみたいと思います。

<道 具>

曲がり鎌

刃が鋭く雑草の地下茎を切ることもできる。土を削るのに便利

篩

ふるい

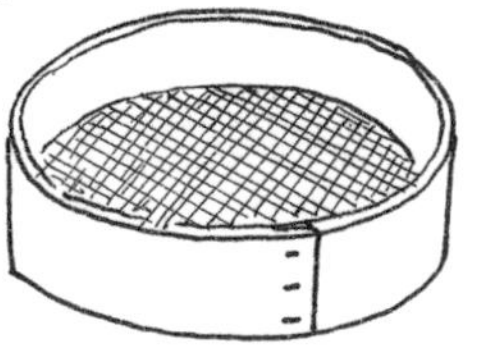

種蒔きのあとの覆土には５㎜くらいの目のものがあればよい

たたき

お米の苗床づくりや野菜の種降ろしの時、土をたたいて平らにかためる道具

葉物類

コマツナ

（アブラナ科）

原産は中国または日本、在来のカブより分化した最も古いツケ菜類の代表種。

1	2	3	4	5	6	7	8	9	10	11	12

（春蒔き）　　（秋蒔き）

●●●●　　●●●●

○○○○○○　　○○○○○○○

●●――――○

○○○○○○○○✿✿✿（花蕾も食べられる）

〔品種〕コマツナは別名、ウグイスナ、フユナ、ユキナ、コナなど、地域によっていろいろな呼ばれ方がある。古くからの在来の葉物であるが、明治４年頃、東京の江戸川区小松川町で広く栽培されるようになったことからコマツナと呼ばれるようになった。
丸葉のものと長葉のものがあり、東京小松菜、卯月、ゴセキ晩生、武州寒菜、信夫菜、女池菜、大崎菜などの種類がある。

〔性質〕土壌を選ばず、寒さ暑さにも強くたいへん作り易い葉物である。発芽もとてもよいので厚蒔きにならないようにし、間引きなど怠らなければ無肥料で充分育てることができる。緑葉の栄養価が高いと言われ、和え物、漬け菜、炒め煮などなんでもおいしい。連作も可能。

■ 種降ろし

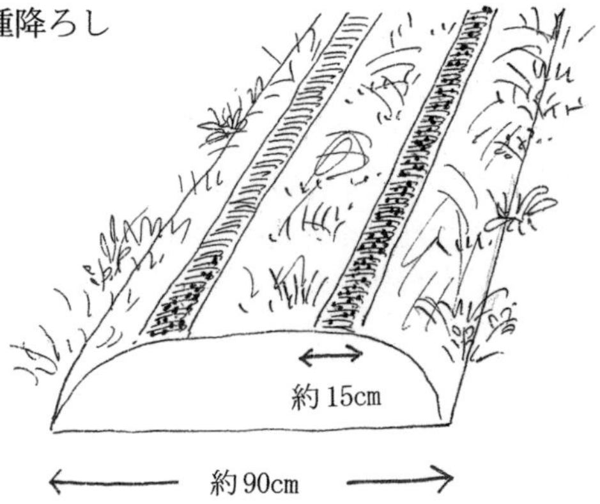

・春と秋と２回作ることができます。
春は発芽後、晩霜による被害のでない３月中旬頃からが降ろせますが、寒い地方では、時期を遅らせます。

・間引き菜も随時食べられるので少し幅のある条蒔きにし、90cm幅くらいの畝であれば２条に種降ろしします。
半月ほど間をおいて２回に分けて種降ろしすると、収穫期もその分長くなります。

■ 発　芽

・蒔き幅を15cmくらいとって、その部分だけの草を刈り、表土を削ります。
手の平などで軽く押さえて整えたら種を降ろしていきます。

・多少密生させても互いに支え合ってよく育ちますが、密生し過ぎると間引きが大変になります。何回か、他の作物の種降ろしも経験しながら、ほど良く降ろせるようになりたいものです。

・種を降ろしたら、草の種の混じってない土を選んで持ってきて覆土し、再び軽く押さえて周囲の細かい草をかけておきます。適温であれば３～４日でよく発芽します。

■ 間引き

発芽後 10 日頃

発芽後 20 日頃

・発芽して 10 日もすると本葉が１～２枚になります。
多少は密生しても支え合って丈夫に育ちますが、密すぎて重なり合っている場合は、間引きしていきます。

・さらに 20 日を過ぎると本葉が４～５枚になり、間引き菜が充分食べられるようになります。混み合っているところを大きい株から間引いていくとよいでしょう。

・間引きする時、コマツナの根はひげ根が多いのか、引き抜くと土がたくさんついてきます。残した株の生長を防げるのでハサミで切ったり、小さめの鎌で根元のところから刈り取る方法がよいでしょう。

■ 収　穫

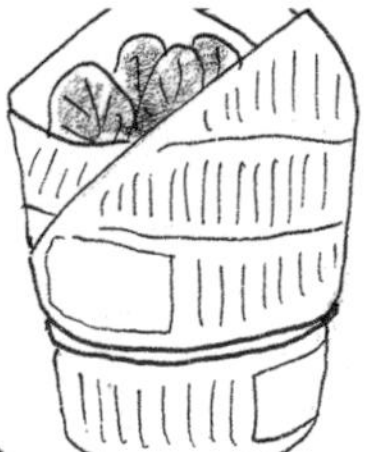

花蕾

・コマツナは株が小ぶりの方が柔らかくおいしいので、旬の時期をのがさないよう収穫していきます。収穫は株ごと根元から間引くように大きなものから収穫し、保存する時はぬらした新聞紙などでくるんで立てておきます。

・３月には花蕾も摘みとって食べられます。

■ 採　種

・コマツナはアブラナ科なので他のアブラナ科の作物（ハクサイ、チンゲンサイ、サントウサイ、コウサイタイなど…）とたいへん交配しやすくなりますので、かなり離れて栽培したものから種を採ります。

・秋蒔きのもので翌年の５～６月健康な株をそのまま残し、種をつけたらその莢が薄茶色になってカラカラに枯れた頃、株ごと刈りとってたたいたり、もみほぐしたりして種をとりだします。さらにそれをよく乾燥させてビンや袋などで保管します。

ホウレンソウ

（アカザ科）

原産は西南アジア
ホウレンとは、中国語では菠薐（ペルシャ）のこととも。

種(実物大)

1	2	3	4	5	6	7	8	9	10	11	12

（春蒔き）●●●●――○○○○

○○○○○○　（秋蒔き）●●●●●●○○○○○○

〔品種〕大まかに分けて、東洋種と西洋種がある。東洋のものは葉がとがっていて、種もとがっていて固い。暑さに弱く夏はできないが、冬期のものは甘く味が濃い。西洋種は葉が丸く大味だが、夏場でもできるものもある。

〔性質〕ホウレンソウは酸性土ではできにくいとよく言われるが自然農では酸性・アルカリ性と土壌にとらわれることなく、地力がつけばよいということになる。
やや小さめでも命の大きさは同じ……
日当たり良く、あまり乾燥しないところでよくできる。

■　種降ろし

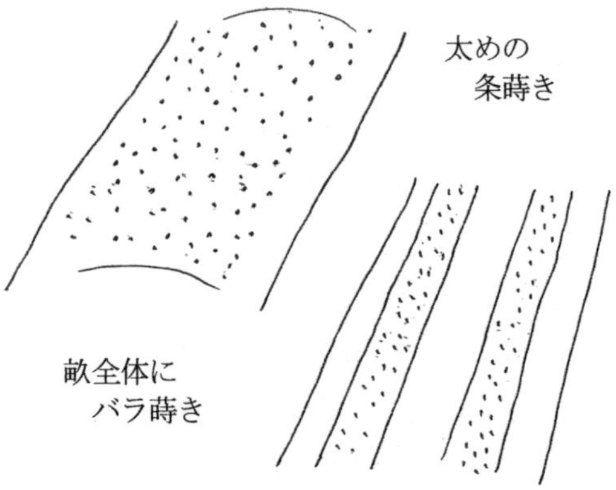

・ホウレンソウは種の皮が固いが大きめで蒔きやすいです。
思いのままにバラ蒔きあるいは条蒔きで。
発芽の際、適度の湿気を好むので雨が降らない乾燥した土の場合は、蒔く場所にたっぷり水をやってから蒔くとよいでしょう。
また、一晩種を水につけておくのもいいです。

・土は厚めに（種の２～３倍）かけて、しっかり押さえ、敷き草を忘れないようにします。

■　発　芽

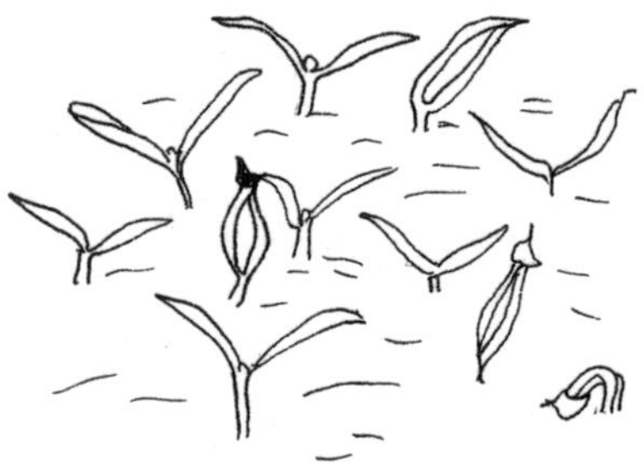

・ホウレンソウの発芽が約一週間ぐらいから始まりますが、条件によってむらが出ることもあります。

・双葉はニンジンのよりやや太く大きめだが、細長く形はよく似ている。

・発芽はしても本葉が２～３枚になるころ、外側の双葉が黄色くなってなかなか大きくならない場合があります。亡骸の層がまだ少なく地力がない場合におこりますが、その場合は幼苗が４～５㎝くらいの時、米ヌカをうっすら畝全体にふりまいてやると良いでしょう。
けっしてふり過ぎないこと。
米ヌカは朽ち易く早く補うことができます。

■ 間引き

・ホウレンソウは直根性で意外に根を深くはっているので、間引くときは周りの株に注意して引き抜きます。
片方の手で地面を押さえながら、あまり土を動かさないようにして抜くか、鎌の先で刈りとります。

■ 収　穫

・自然農の場合、地力がつくまではあまり大きくならないうちに塔が立ってしまうことがありますので、間引きながら時期を逸しないうちに収穫します。
・冬は寒さに合うごとにおいしくなるホウレンソウです。
・収穫は、抜くより根のところに鎌をさし込んで刈りとる方が土を動かさずにすみます。
・採種用に姿の美しい良い株を何本か残しておきます。

■ 採　種

・ホウレンソウに雄株と雌株があることをご存じでしたか。
したがって、種が採れるのと採れないのとがあります。
そう言えば種を採るとき、たくさんできているのと全然種がないのとありましたっけ。
あれは雄と雌の違いだったのですね。
採種は茎、種子のところが緑→黄色→薄茶色となって枯れた状態になった頃、天気の続く日をみはからって茎から刈り取り、ゴザなどにのせ、さらに何日か乾燥させます。
・棒などで上からたたいて種子を落とし、ゴミなどを除いて種子だけを保存します。

・種がよく乾くことが大切で、乾燥していれば紙袋で充分保存できます。

■ 保　存

食べる分だけ収穫するのが一番です。
もし、保存する時は新聞紙にくるんで立てて0～5℃のところへ。
葉もの野菜はねかせるより立てておいた方がより長もちします。

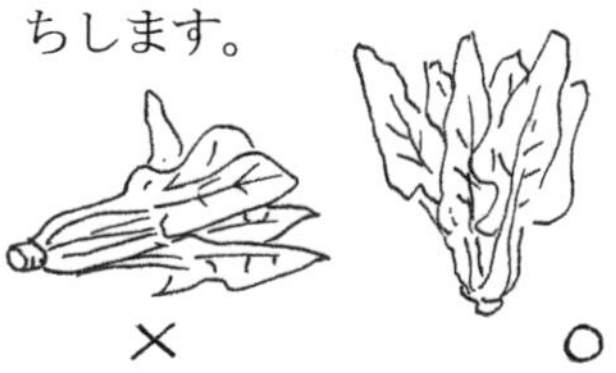

植物の習性で、横におくと起き上がろうというエネルギーが働いて、おいしさや鮮度を消耗してしまうからのようです。
たくさん採れすぎた時は、ゆでてパスタに混ぜこみ、パスタで保存してもいいですね。

葉物類

シュンギク

（キク科）

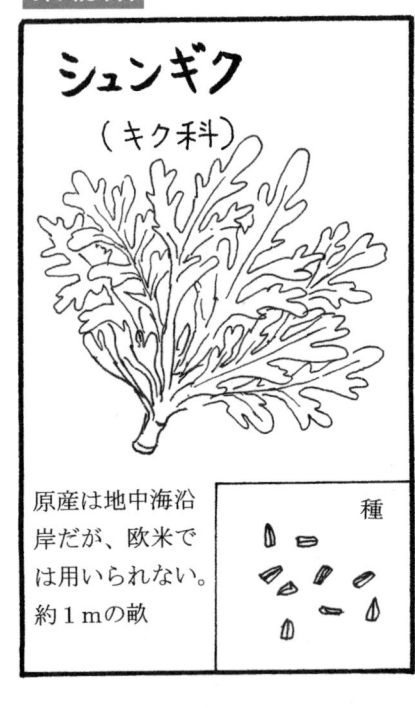

原産は地中海沿岸だが、欧米では用いられない。約１ｍの畝

1	2	3	4	5	6	7	8	9	10	11	12

（春蒔き）●●●●●――――○○○

（秋蒔き）●●●――――○○○○○

○○

〔品種〕葉の形様で、大葉種、中葉種、小葉種があり、暑さにも寒さにも割と強い中葉種がよく作られている。きわめ中葉春菊、株張り中葉春菊、おひつ春菊、さとゆたかなどの品種がある。

〔性質〕春蒔きと秋蒔きと両方できるが、春は塔立ちしやすいので秋蒔きの方が作りやすい。
涼しい気候を好み、独特の風味があるせいか、虫の食害もほとんど受けずに作れるが、秋の種蒔きが遅れると霜などの寒に当たって生育が悪くなる。
生長が進むと、随時葉を摘み取りながら収穫できるので、長く楽しむことができる。種子は約４年は発芽力を保つと言われていて、発芽の際は好光性である。苗を作って移植することもできる。

■　種降ろし

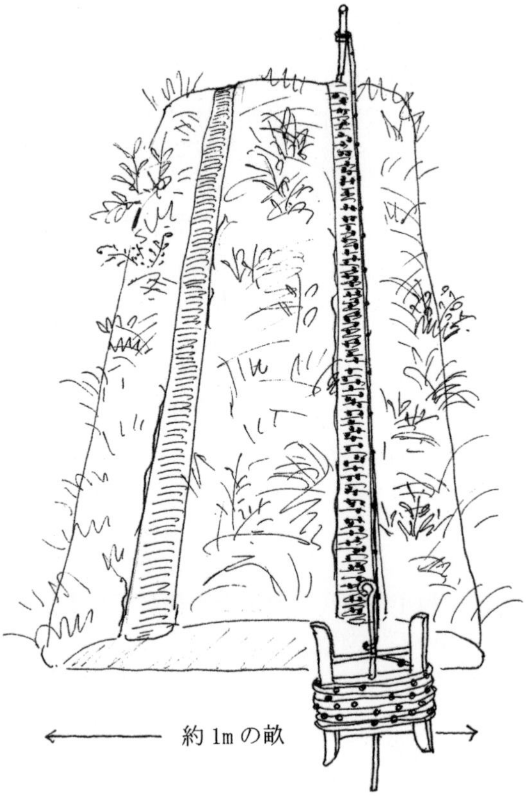

・シュンギクの種子は好光性ですが、種降ろしの後雨にうたれたりすると、発芽がそろわない場合があるので、種を降ろす時少しの配慮が必要です。

・日当たりの良い、水はけも良い場所を選び、１ｍ幅くらいの畝だったら２条蒔き、それより狭い畝であれば１条蒔きにします。

・蒔きたい所に作付け縄などでひもを張って約10cm 幅ぐらいの蒔き条の草を刈り、表土を少しはがすようにして鍬で削ってゆき、表面を整え、軽く手の平で押して平らになるようにします。

・シュンギクの発芽の性質を考慮すると、湿り気は必要ですが雨に弱いと言われているので、雨上がりの土の湿った時が最適です。

・少し多めに種を降ろしたら、種がかくれるか、かくれないかの程度に覆土し、その上から再び軽く押さえて、周囲の細かい枯草などを薄くかけておきます。

■ 発芽と間引き

・適温で５日ほどすると発芽します。
発芽が始まったら、上に被せておいた草を除いてやります。被せる草の量が少なくて、そのすきまからうまく発芽して徒長する心配がない場合はそのままにします。

・ギザギザの形の本葉が２枚ほど出てきたら少し間引いてやります。
隣同士の葉が重ならないような間隔で間引いてゆきますが、引き抜く時、土を動かして他の苗に影響があれば、ハサミなどで切っていってもいいです。

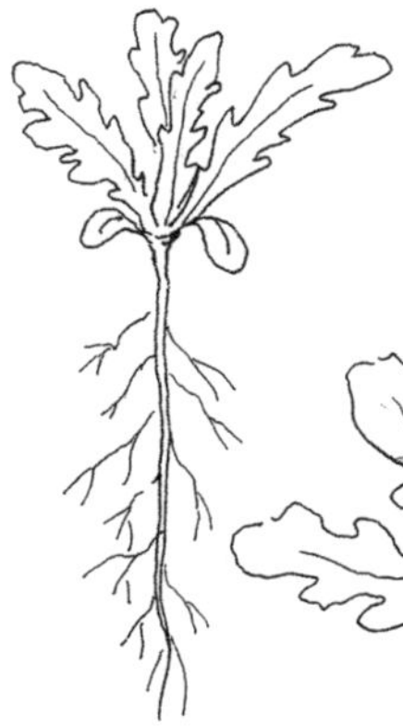

■ 生　長

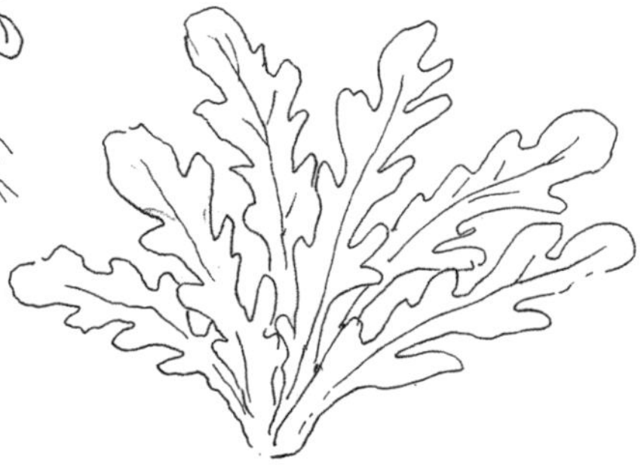

・間引きした幼苗は移植することもできます。
種降ろしの時、畝の片側だけ条蒔きして、もう片一方の条に間引きした幼苗を移植してゆくのは一つの方法です。
移植するときは、根を切らないように慎重に引きます。

・最終的に株間は15～20cmくらいにするとよいでしょう。

■ 収　穫

・収穫は少し株が大きくなったら、まず中心を摘み、次々に出てくる腋芽をさらに適宜、摘んでゆきます。

・こんな風に摘み取ると、花芽ができる頃まで長く収穫してゆくことができます。

■ 採　種

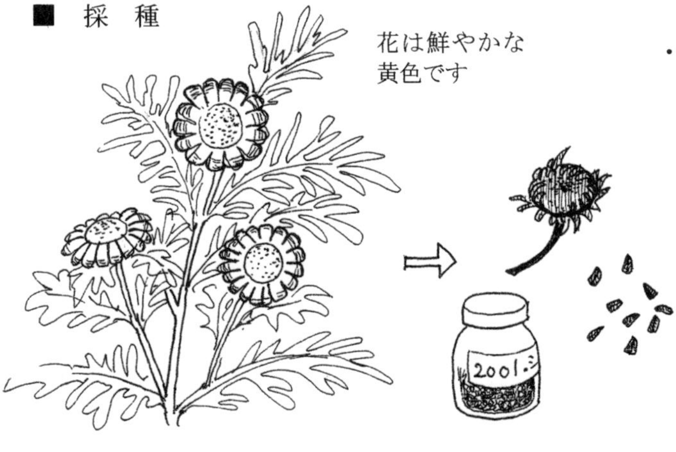

・シュンギクは関西ではキクナと呼ばれているように、黄色いキクの花を咲かせます。中には濃淡２色の花びらのものもあったりして、なかなか美しいものです。

・その花が枯れて黒ずんでカラカラの状態になったら、ほぐして中にぎっしり詰まった種を採ります。息で吹き飛ばすなどして種だけにし、さらによく日に当てて、乾燥させてからビンなどに保存します。

ターサイ（アブラナ科）

原産国は中国
日本へは昭和10年頃

種

1	2	3	4	5	6	7	8	9	10	11	12

（春蒔き）
●●●――○○○✿

（秋蒔き）
●●●――○○○○○○

花蕾の収穫
○○○○○○✿✿✿✿

〔品種〕チンゲンサイ、パクチョイなどとともに中国から入ってきた野菜で、品種の分化はほとんど見られない。
わずかに緑彩１号（立性）、緑彩２号（開帳性）とある。

〔性質〕葉の緑色がとても濃くまた味にくせがなくおいしい。暑さにも寒さにも強く、作り易い野菜である。厳寒期は地面を這うように（ロゼット状）広がり、移植して株間をとると20cm以上の大きな株になる。

■ 種降ろし

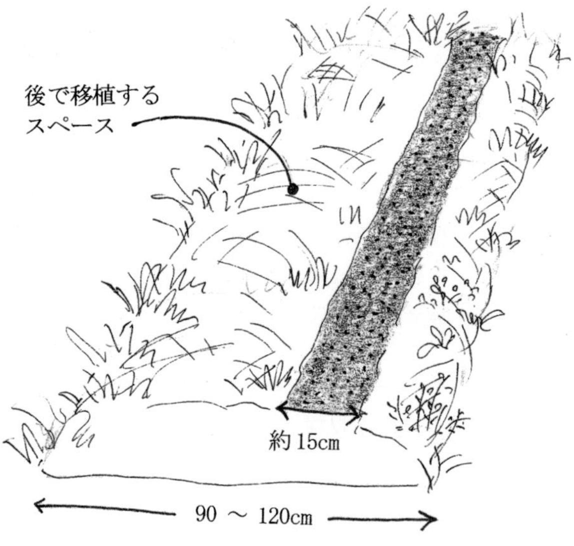

・種は他のアブラナ科の葉物同様、たいへん小さいです。

・出荷する場合などは、苗床を作って苗を移植すると株も大きくなりますが、間引き菜も随時食べられるのでここでは幅広の条蒔きで、一部を移植するという方法を説明します。

・畝は 90～120cm くらいの畝で日当たり良く排水も良い場所を選び、左絵のように畝の片側に少し幅広の蒔き条を用意します。

・草を刈って鍬で表土を薄く削った後、平らに整え種を降ろしていきます。
（密にならないように注意します。あとの間引きが大変になりますので）

■ 発　芽

・土は種のかくれる程度に被せ軽く押さえた後、細かい草をうっすら被せておきます。

・発芽は３～４日で発芽します。双葉が小さく、かけておいた草がじゃまになる場合はそっと取り除いてやります。
秋蒔きの場合は、コオロギなどが枯草の中にいて食害しますので、発芽したら早めに草を除いておく方がよいかもしれません。

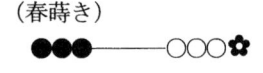

■　間引きと移植

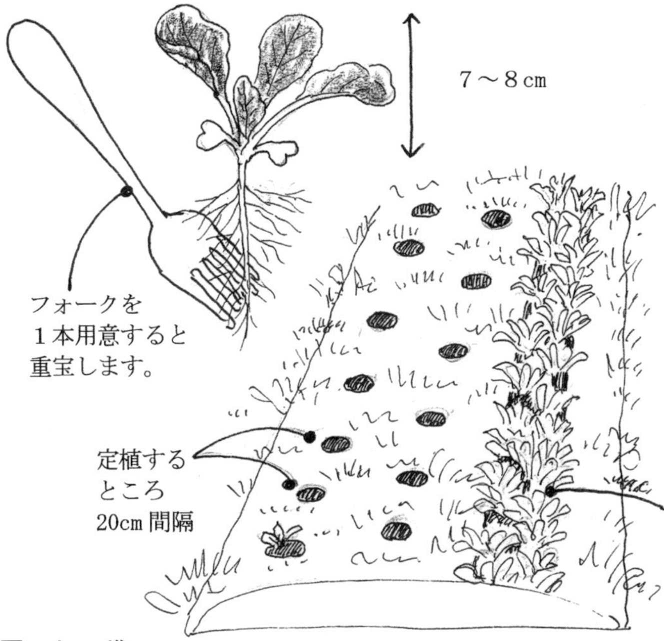

こちらは間引きながら株の間隔を
整えていきます。

・間引きは幼株の状態を見て随時行います。目安としては隣同士で葉が重ならない程度にしていくとよいです。

・少し大きくなってくると、間引き菜も食べられます。

・株の本葉が４〜５枚、７〜８cm くらいに生長したら、丈夫そうな株を選んで畝のもう片側のあいているところに間隔よく（約 20cm）移植します。

・移植は夕方か雨の降る前とかを選びます。晴天が続くような時は移植した株の上に枯草をふりかけて直射日光を和らげてやります。
株が活着したらかけておいた枯草は除きます。

■　収　穫

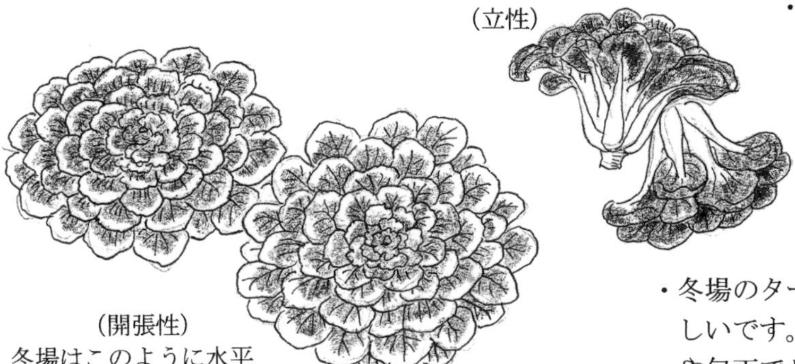

（開張性）
冬場はこのように水平に広がります。

・気温が上がると葉茎が立ち上がってくるので春先に作る場合は密でもよく、冬場は気温が下がるにつれ、ロゼット状に水平に広がりますので株間は広くします。

・冬場のターサイは味も濃くとてもおいしいです。株の根元は少々硬いので鎌や包丁でザックリ株ごと収穫します。
・また春先に塔立ちした花蕾も食べられます。

■　採　種

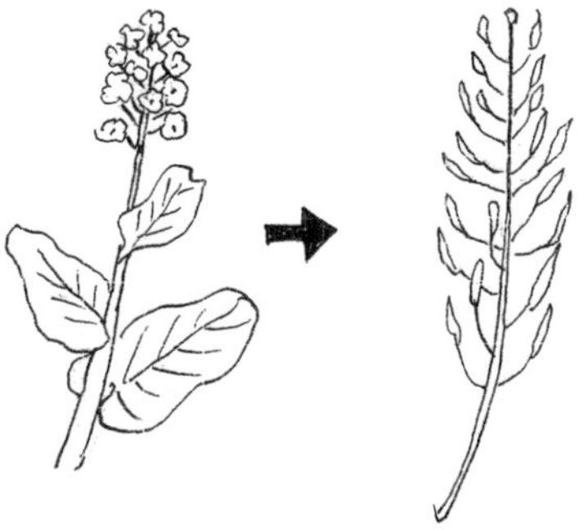

・アブラナ科は交配しやすいのでよほど距離をとっておく必要があります。
健康な株を１〜２本残し、塔立ちして花の咲いた後、種の莢ができます。
その莢が５月頃薄茶色になってきたら刈り取って、さらに一週間ほど風通しの良い所で干し、乾燥したらたたいて種を落とします。ゴミなど除いたあと袋やビンに保管します。

チンゲンサイ
パクチョイ

アブラナ科

原産はどちらも中国

1	2	3	4	5	6	7	8	9	10	11	12

（春蒔き）●●●●●——○○○

（秋蒔き）●●●——○○○○○○○

○○○————✿✿✿

〔品種〕チンゲンサイは葉軸が太くやや緑がかっている。
　　青帝チンゲンサイ・青武チンゲンサイ、
　　青美チンゲンサイ・長陽など
パクチョイはチンゲンサイより葉色が濃く、葉軸は真白でチンゲンサイほど肉厚ではない。

〔性質〕どちらも幼苗の時、低温に会うと塔立ちしやすく、特にパクチョイは、春から夏にかけての栽培においてその傾向が強いので、秋蒔きの方が適している。しかしチンゲンサイもパクチョイも花芽も食することができ、生育期間も割と短いので作り易い作物である。日当たり良く、保湿もあってかつ水はけの良い所がよい。

■ 種降ろし

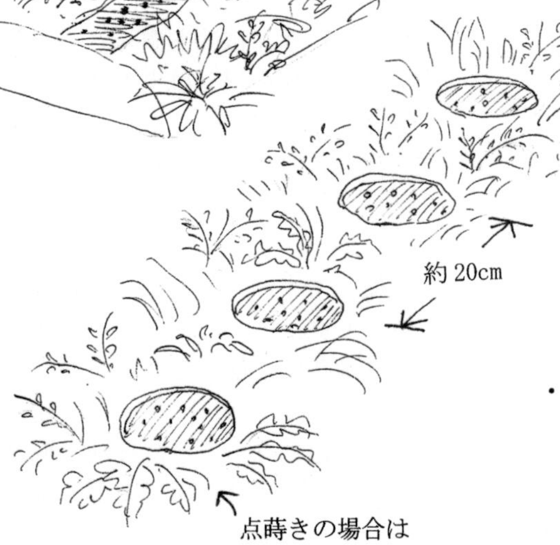

・チンゲンサイもパクチョイもわりとよく発芽します。条蒔きでも点蒔きでも広い面積でのバラ蒔きでもいずれでもよいです。

・条蒔きの場合は、60〜90cm 幅の畝に約10cmの蒔き条を２本くらいを目安とします。

・まず草を刈り、鍬などで蒔き条のところを薄く剥ぎ取り、お米の種降ろしと同じ要領で整えていきます。種を降ろす前にその場所を鍬の裏や板や手の平などで押さえ平らにし、種を密にならないように降ろしてゆきます。

・チンゲンサイもパクチョイもやや好光性なので、覆土はうっすらと種のかくれる程度にし、再び上から押さえて乾燥を防ぐようにし、さらに上から周囲の草を刈ってふりまいておきます。
その時かける草は、出てくる双葉が小さいので細かい草を選び、長いものは短く切って被せます。

■　発芽と間引き

- 適温と湿りがあれば３～４日で発芽します。
- 上から被せておいた枯草が発芽のじゃまになるようなら、そおっと取り除いておきます。
- 周囲が夏の草を刈ったもので覆われていると、コオロギの住処になることがあるので、刈った枯草の量と作物の関係に配慮します。
- 密になっているところは段階的に間引きます。

■　生長と収穫

- 間引きの目安は、葉と葉が触れ合う程度の間隔をいつも保つようにし、随時行うようにします。
- 点蒔きであれば一ヶ所に３～４本ずつ残しておくと生育が早いので、10cm くらいになったら間引き菜も食べられます。
- 条蒔きの場合も５～６cm 間隔くらいにしていくと、大きなものから食べて次々と収穫できます。
- 生長の過程で葉色が黄色がかっていて、なかなか大きくならないような場合、株の周囲に薄く油カスや米ヌカなどを補います。
  けっしてやり過ぎないように、ハムシやアブラムシのつく原因となります。

■　花蕾の収穫

- 春蒔きの場合は塔立ちが早く５月頃から、秋蒔きは3月中旬になると塔が立って花芽ができます。この花芽の蕾が開き切らないものを、15～20cm ほど欠き取り食します。ちょうど葉物の端境期にあたるので重宝します。
- 欠いた後から後から、次々に花芽が伸びてくるのでけっこう長くいただけますが、種子を採る株に限っては印をつけるなどして採らないようにします。

■ 採種

・アブラナ科の作物（コマツナ、キャベツ、ハクサイ、ブロッコリーなど）同士はたいへん交配しやすいので、できればかなり離して栽培する必要があります。

・健康に育ったものの中から種を採りたい株を選び、その株の花蕾は摘まないようにしておきます。

・種の莢ができて、だんだん薄茶色になってカラカラの状態になったら、天気の良い日に刈り取り、数日乾燥させます。

・充分に乾燥させたものを天気の良い日に広いシートなどを広げた上で、軽く棒などでたたいて種子を爆ぜさせます。採れた種子は、細かい篩でガラを除き、さらに口で吹き飛ばすなどして選別し、最後にもう一度直射日光に当てて干してから、ビンや袋などで保管します。

草への処し方について

自然農では「草や虫を敵としない」という、生命の営みに沿う一つのあり方が示されています。草は作物と同じように、そこの生命の舞台で巡ってゆく生命です。目的とする一つの作物だけが巡ってゆく舞台より、たくさんの生命が巡る舞台の方が豊かであることは言うまでもありません。

また田畑の様子をよく見ていますと、その場に応じた草が生えてくることに気づかされます。虫もまたしかり……。言い換えれば、その場所に必要な草や虫たちがそこに生じるということです。例えば、湿地によく生えるカラスビシャクからは、漢方薬に使われる半夏がとれますが、この半夏は人の体内の水をさばく役目をするもので、ひょっとしたら畑においてもそうなのではないかと思わされます。

また草の様子も年々、あるいはその場所、場所において、常に変化してゆくものです。一定して同じものが……ということはありません。

よく見学に来られた方などから「草対策はどうされていますか？」とか「何か有効な草対策は？」と尋ねられるのですが、草対策というものは初めからあるものではなく、草と作物とそして収穫を得る私との関係によって必要な場合、最善の方法で応じてゆく事が大切ではないかと思います。

基本的には、育てたい作物が周囲の草々に負けないように、風通しが悪くならないように、日光をさえぎらないようにというような点を目安に、手を貸してやるというのが良いと思います。そして草は、刈る必要の程度において根元から刈る、あるいは地上部を少し残して刈る、あるいはその草がやがて一生を全うする時期に来ているので押し倒すだけにするなど、その時に必要な事を状況を見てよく見きわめ、私の知恵を最大にめぐらして、最善の答を出してゆけたらよいと思います。

レタス(チシャ)類

・サラダ菜
・サニーレタス
・サンチュ
(キク科)

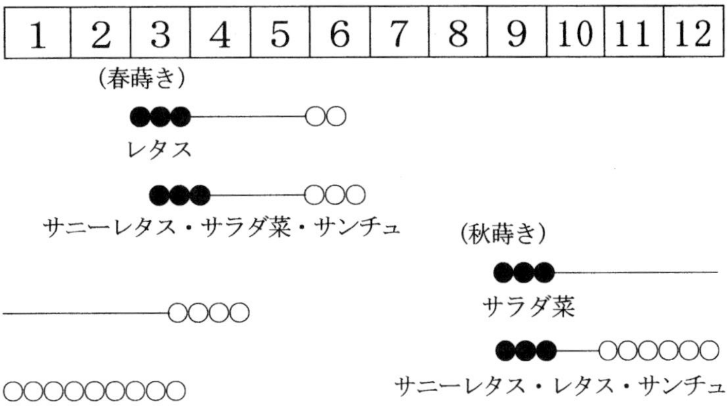

原産はエジプト、地中海沿岸、西域アジアあたり。

(実物大)　種子

〔品種〕レタス（チシャ）の種類はたいへん多く、大きく分けると玉チシャ、かきチシャ、チリメンチシャ、茎チシャに分けられる。玉チシャは結球する一般的なレタスのことで、かきチシャはサラダ菜やサンチュのように、外側の葉から順にかき取って食べていく種類で、チリメンチシャは葉がチリメン状になっているサニーレタスやグリーンレタスのこと。茎レタスは茎を食するステムレタスというものなど、他にもたくさんの種類がある。

代表でサニーレタス（赤チリメンチシャ）の栽培をとりあげることにするが、収穫の仕方が違ったり、時期に違いがあるだけで、栽培はほとんど同様でよい。

〔性質〕暑さには弱いので秋蒔きが作りやすいが春蒔きもできる。春蒔きの場合は、種を降ろす時期を遅くならないようにする。適度に保湿力があって、水はけの良い、ある程度の地力もあって日当たり良好のところを選ぶ。

■　種降ろし

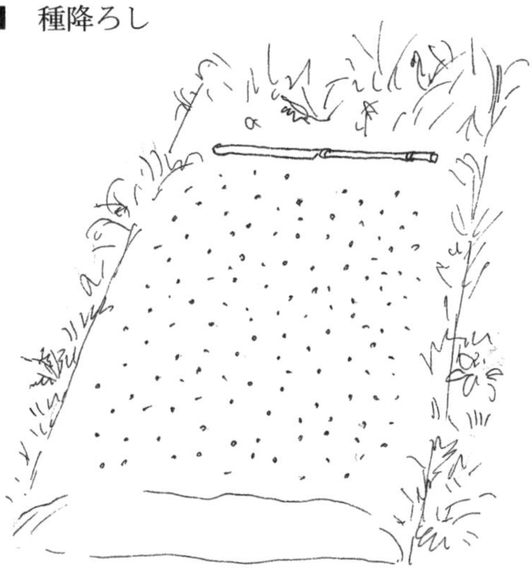

・種は軽くやや扁平、レタス類はわりとよく発芽します。畝は世話のしやすい幅の畝を選び、苗床を作ってから移植してもよいし、条蒔きにして徐々に間引いていく方法、10 粒くらいずつの点蒔きにして後で間引く方法など、いずれでもうまく育ちます。

・ここでは苗床を作る方法で説明します。
約畳半分ほどの広さの畝を用意し、お米の苗床作りと同じような手順で、まず草を刈ります。
次に表土をうっすらはがすようにして草の種子や草を除き、平らに整えて平鍬の裏側や板などで押さえて土をしめます。

・種を均一にバラ蒔き（2～3回に分けて少しずつ蒔き重ねるとよいです）、土を手でもみほぐしながらかけ、種が見えなくなるくらい被せたら、再び表面を押さえて、初めに刈って除いた草などを上からふりまいておきます。

■　発　芽

・暖かい季節であれば約３～４日で発芽します。発芽した双葉はたいへん細かく、淡い黄緑色をしています。
上から被せておいた草などは、双葉が地面の中から頭を持ち上げようとしているころ、取り除いておくとよいです。双葉が開いた後、取り除こうとしていっしょに芽を引き抜いてしまうこともあるので気をつけます。

■　間引き

・本葉が出てきて苗同士が重なるようなところは、小さいものを間引いてゆきます。

・種降ろしの具合によりますが、あまり密に蒔き過ぎていたら、生長する折々に隣と葉が重ならない程度になるよう間引いてゆきます。
・間引く時に土を動かすので、他の苗を傷つけないように注意して行います。

■　移　植

・本葉がぐんぐん大きくなって４～５枚になった頃、移植します。

・もし、苗の生長が悪いように思われたら（下葉が黄色味がかって全体の葉の色も薄い）少し補ってやります。
朝露の残って葉が湿っている時などは避けて、うっすら米ヌカや油カスをふります。ふる量の目安としては、うっすら霜が降りたような程度で、苗があまりに小さい時は待って、せめて４～５cmに生長した頃がよいでしょう。
葉にかかったヌカなどは軽くはらって落としてやります。

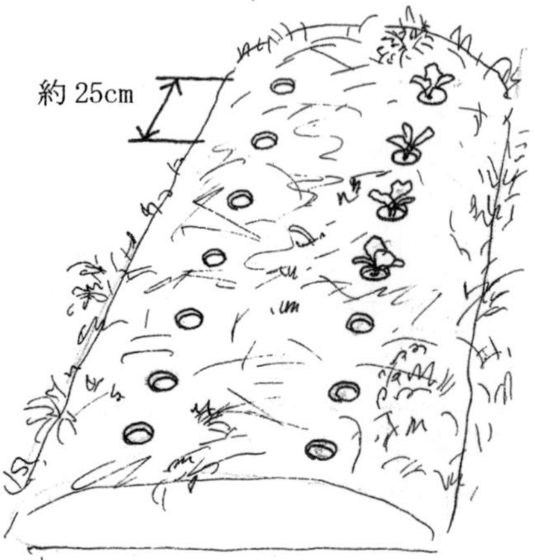

・畝幅に応じて、２～３列で株間を約25cmくらいとって定植してゆきます。

・移植してしっかり活着するまでに約２週間はかかります。その間はいったん元気がなくなって葉も黄色くなったりしますが、地力不足とは関係なく見守ってやることで、じきに回復します。移植してすぐ補うのは作物に負担がかかり、失敗の原因になります。

・葉の色、つや、全体の元気具合をよく観察し、見きわめて必要であれば米ヌカや油カスを補うようにします。

■　生長と収穫

・秋蒔きのサニーレタスは、暖かい地方ではもう11月頃から収穫できるようですが、寒い地方では小さな株のまま越冬し、3月に収穫となるようです。

・冷涼な所を好む作物ですが、やはり雪や霜に当たると葉が傷みます。
株の周囲に草がよく茂っていると、その草にまもられて傷みも少ないようです。
また、暖かくなるにつれ回復し、再び生長を始めます。

・収穫は大きな株から随時行ってゆきます。
かきチシャは外葉から掻きとって利用します。

・保存はききません。新鮮なものをその都度食べきるのがよいです。また、冬の時期収穫できる場合は、スープや鍋など火を通して食べてもおいしいものです。それに生食より身体を冷やすことなく食せます。

・かきチシャの類は、中にいろいろなものを巻いて食べるのによく使われます。
畑にレタス類が一種類あると何かと応用でき、食卓がにぎわいます。

■　採　種

・6月になると春蒔きのものも、秋に蒔いて越冬したものも、中央から茎が伸び枝葉を広げます。キク科なので、ジシバリやタンポポのような黄色い花を咲かせ、花が終わって綿毛状のものの奥の方に細長く扁平な種ができます。

・花茎が枯れてしまってカラカラになるのを待って、天気の続いた日に刈り取り、種の入っているところをもみほぐすようにして種をとり出し、種子以外のカラやゴミなどは吹き飛ばします。

・さらに種子だけをしっかり乾燥させて、袋やカンに入れて保存します。

・他の野菜と交配しないよう気をつけましょう。

ハクサイ（アブラナ科）

原産国は中国でチンゲンサイとカブの交配種より生まれた。

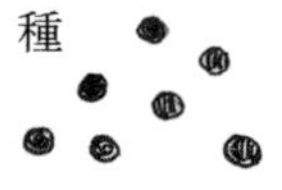

1	2	3	4	5	6	7	8	9	10	11	12

●●●――――――――○○
（直蒔き）

○○○○○○

〔品種〕極早生種、早生種、中生種、晩生種とたくさんの種類がある。収穫の時期を長くしたいなら、２種類を時期をずらして作るとよい。
また、タケノコハクサイなど結球しないものもあり、もともとハクサイは、野生では結球しなかった作物のようである。漬物には黄芯系のものが向くとされる。

〔性質〕水はけ良く、しかも乾燥せず、日当たりの良い畝を選ぶ。結球させるためには、種を降ろす時期があまり遅くならないようにする。自然農でまだ地力がついてなかったりすると、結球がゆるい場合もあるが、小玉でも柔らかく味の良いものができる。

■ 種降ろし

（点蒔き）

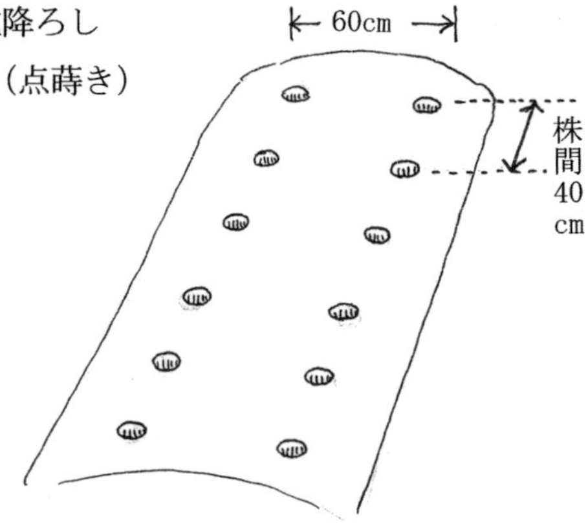

（条蒔き）

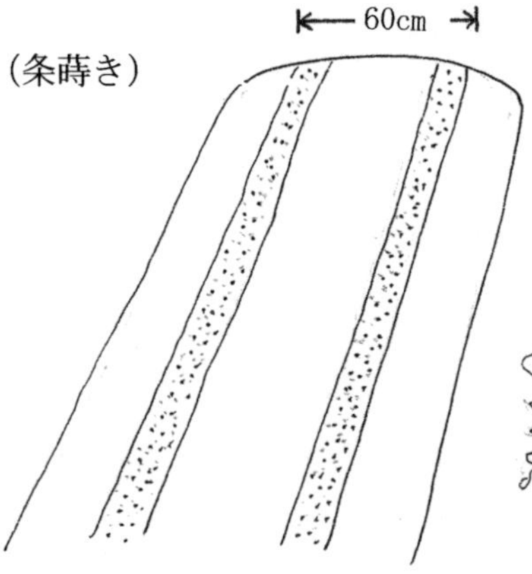

条蒔きは薄めに蒔く

・ハクサイの種は他のアブラナ科同様、丸く小さいものです。またニンジンや麦などと同じように、光を感じないと発芽しない好光性があります。３～４年前、種袋からうっかりこぼしてしまった種がみごとに発芽し、畝に蒔いたものよりりっぱだったことがありましたが、覆土は薄くするようにします。

・点蒔きの場合は、絵のように生長した株を想定してゆったりと蒔きますが、この時期、夏草が雄々しく生い繁っているのでそれを刈って蒔く場合、枯草の量が山のように畝を被っている所へ蒔いたりすると、枯草がコオロギの住処となり、発芽した芽を食べられる場合がよくあります。畝の草の状態をよくみて場所を選ぶか、畝上の草の量を減らします。

点蒔きでは10粒くらい蒔いておく

・点蒔きも条蒔きも種を降ろす部分だけ除草し、表土を薄くはがし平らに整えたあと、手の平などでたたいて土をしめた後、種を降ろし覆土後、さらにたたいて押さえ枯草等を薄くかけておきます。

■　発芽と間引き（３～４日で発芽）

・発芽が始まったら、上からかけた枯草などをそっとはがし、もやしのように徒長しないようにします。
（左図の芽が頭を上げる時）

・条蒔きも点蒔きも段階を追って間引いてゆきますが、種が小さいのでついつい蒔き過ぎますが、その場合もあわてず、少しずつ行うとうまくゆきます。

・本葉が４～５枚になった頃は、移植もできます。
ハクサイは直根が伸びるので、なるべくこの直根を傷めないようにして移植します。
また、この季節はまだまだ日中の陽射しが強いので、雨の降りそうな日の夕方とかに作業します。

・本葉が 20cm くらいになってくると間引き菜が食卓で大活躍します。

・このころまでに条蒔きも点蒔きも１本に仕立てて間隔を整えてやります。周囲の草は負けない程度に刈ってやります。

・12 月の初めごろになると、結球が始まります。

・周囲の冬草もいっしょに大きくなりますが、ここまで生育するともう負けることはありません。

・鍋物に漬物に欠かせないハクサイですが、巻き始めたものから順に収穫し、取り去る外葉は畝にかえし、保存する時はできれば立てておくようにします。

■　収　穫

・自然農ではゆっくり生長するので、結球が遅れてしまってそのまま春に向かい結球しないこともあります。

・結球させたい場合は種降ろしが遅れないこと、徒長しないよう早めに間引いてしっかりした苗にすること、また、地力不足の時は途中で周囲に米ヌカなどを補ってやること、などに心配りをするとよいでしょう。

・店先に並んでいるようながっちりした白菜を今だに作るには至っていませんが、巻きはゆるくても自然農でつくる白菜は甘みがあって柔らかで、そのおいしさは格別です。白菜が本来は巻かなかった種であることを思えば、これも最善です。

■　花蕾の収穫

・３月下旬から４月になると花茎が伸びてきます。この花蕾の部分を先から15cmくらいのところから収穫してゆでていただきます。
柔らかくてあまり苦くなく、さっぱりしておいしいです。
このころは、ちょうど端境期に当たり、葉物が少ない頃ですのでありがたい収穫です。
摘んだほど腋から次々に蕾茎が伸びてきます。ぜひ利用してみて下さい。

■　採　種

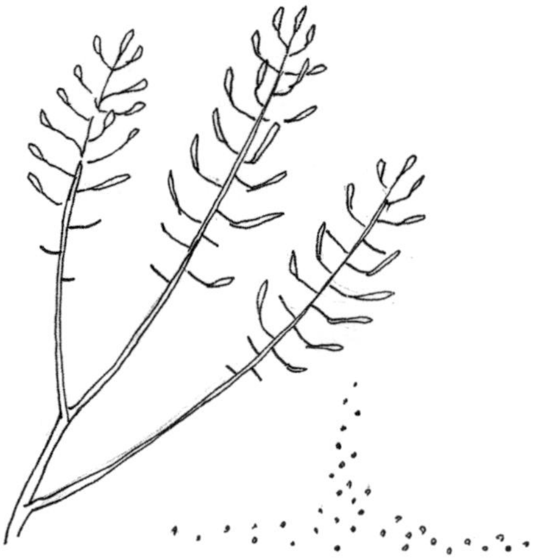

・アブラナ科の作物（キャベツ、コマツナ、サントウサイ、チンゲンサイ、ブロッコリーなど）同士はたいへん交配しやすい性質があり、採種したい場合は、かなり離して栽培する必要があります。

・健康に育ったものの中から、これはと思う株には棒を立てたりなどしておきます。
（花蕾をつまないように）

・５～６月、種の莢が緑から黄色くなって最後に薄茶色になって固くカラカラに乾燥するまでそのままにしておきます。

・よく晴れた日に刈りとって、広いシートの上などで軽く棒でたたいて中の種子を爆ぜさせます。量にもよりますが、莢のからや茎は唐箕で飛ばしたり、少量だったら手で除いたあと（手箕が上手に使えるといいですね）口で吹きとばしたりしてもできます。

・さらに種子だけをよく乾燥させて紙袋やビン、カンなどで保管します。

キャベツ

（アブラナ科）

原産国はヨーロッパの地中海沿岸で、結球キャベツは13世紀ごろ初めて出現

種（実物大）

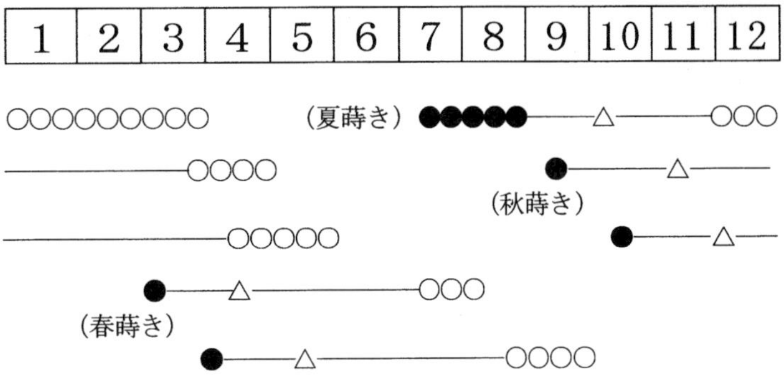

〔品種〕キャベツも早生・中生・晩生とあり、また蒔く時期により収穫する時期がずれ、ほとんど１年中とれるが、作り易いのは９月蒔きの春キャベツで、甘みも強く葉も柔らかい。

〔性質〕タマネギと同じように苗を作って定植するのが一般的だが、塔立ちしないよう品種の適期に種降ろしする。キャベツは涼しい所を好み、低温には強い作物なので秋蒔きが作り易く、初めての人はこの時期から作ってみるとよい。

■ 種降ろし

直蒔きの場合

・秋蒔き種がわりと作り易いので例にとりますと、夏の間、茂っていたピーマンやナス（やがて一生を終える）の畝の両側に種を降ろしてゆくと、作物がゆっくり交替してゆくことができます。

・キャベツは地力を必要とする作物の部類に入るので、マメ科の後地とか少し休ませて地力のついてきたような畝を選ぶとよいと思います。

・種の降ろし方は点蒔きの場合は次の要領です。（P59参照）キャベツが大きくなった時のことを想定して間隔をとり、夏草と亡骸の層をかき分け、一ヶ所に５〜６粒種を降ろしてゆきます。
種がかくれる程度に覆土し、少したたいて押さえ、上からうっすら枯草などをかけて乾燥を防ぐようにしてやります。

・早ければ４〜５日で発芽します。
双葉の頃、本葉が出てから少しずつ間隔をとるように間引きしていって、本葉が３〜４枚になるころ、最も丈夫そうなものを残して１本に仕立ててやります。

・直蒔きですと移植による根の傷みもなく丈夫に育ちますが、もし葉が黄色味を帯びてきて地力不足だと思われる場合は、米ヌカなどをうっすらまわりにふりまいてやります。

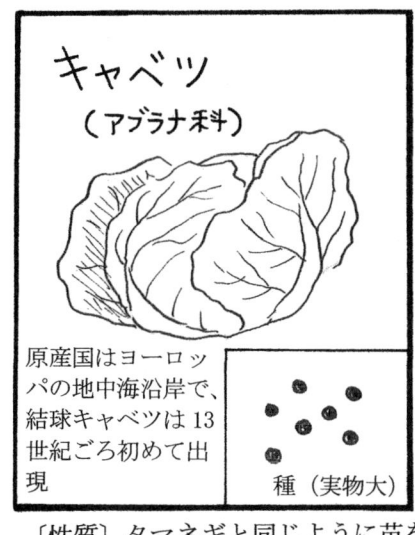

苗を作って定植する場合

（バラ蒔き）

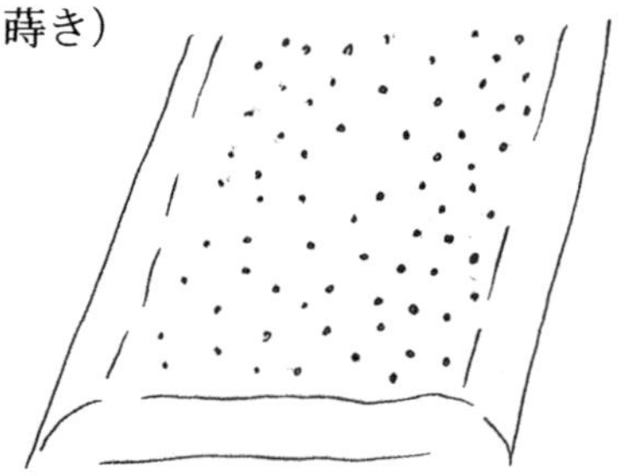

・種の降ろし方はバラ蒔きの要領で行います。

（Ｐ56 参照）

苗がある程度の大きさになるまで育てるので、あまり密にならないようゆったりと種を降ろしてゆきます。

乾燥をさけるために覆土した上から軽くたたいて土を押さえ、さらに枯草や周りの青草を刈って上に被せます。

４～５日で発芽しますが、発芽してから必要に応じて上にかけた草を取り除きます。

（間引き）

・苗が混み合っているところは段階的に間引いてゆきます。

間引くときは丈夫そうなものを残して抜いてゆきますが（ハサミで切るのも一つの方法です）、本葉が３～４枚のころまでに苗と苗との間隔が10cm くらいはあくようにしてやります。

約１ヶ月半くらい経つと本葉も６～７枚になって充分一人立ちできる大きさに生長します。

（定　植）

・いよいよ定植にはいりますが、雨上がりの土がほどよく湿っている日、あるいは今晩から雨という日の夕方など（昼間の強い陽射しの中は避ける）を選んで植えかえます。もし土がガラガラに乾燥している時は、作業の 30 分前頃に苗床にたっぷり水をやり、苗をとり易くしておき、定植の場所にも穴をあけたあとたっぷり水を入れ、その水がすっかり土中に染み込んでから苗を移植するようにします。（植え終わってから灌水はしません）

よく肥えた畝を選んで夏の枯草や亡骸の層をかき分け、株の大きさを想定して（30～35cm 間隔）移植してゆきます。

■　株の生長

葉がまき始めたころのようす

・定植してから冬にはいりますが、キャベツは寒さに強いのであまり心配はいりません。ただ冬の間はあまり生長しないで春になって葉がまき始めることもあり、それでも充分食べられるくらいに大きくなるものです。

・春になるとモンシロチョウのアオムシの宿にもなりますが、葉は中の方から次々につくられるので、外葉が食べられても大丈夫です。春になったらキャベツも大きくなって負けないので周囲の草も気になりません。

■ 収 穫

・ほど良く結球したものから順に収穫してゆきます。ノコ鎌か包丁がないと株を切り落とせません。
外葉は畑でむしり取ってそのまま畑にもどしてやります。
塔立ちが始まると、玉の中央が盛り上がってくるのでわかりますが、なるべくそうならないうちに食べ切ってしまいましょう。（もちろん種採り用に２～３株は残しておきます）

■ 保 存

・キャベツの保存温度は０℃～５℃だそうです。冷蔵庫を利用する場合は紙に包んでから入れると長持ちします。
生食だけでなく煮るとたくさん食べられます。
床漬もいいし、あとザワークラウト（ヨーロッパの酢漬）に利用すると保存もできます。
春キャベツはちょうど他の野菜が少ない端境期にとれるので、実際とても重宝します。

■ 採 種

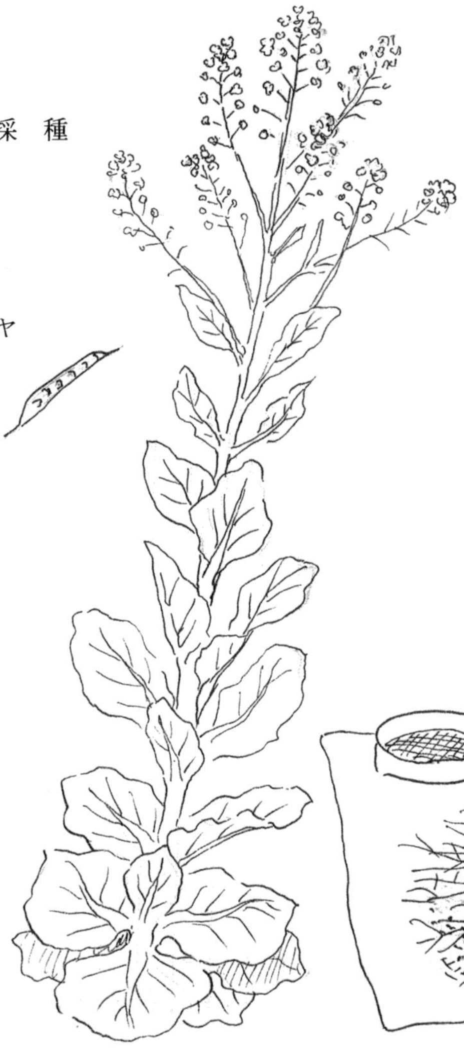

種のサヤ

・キャベツの塔立ちは、してほしくない時は多少がっかりするものですが、もりもりと結球した玉をおし開いて、中からぐんぐん花芽が立ち登ってくる様はエネルギッシュです。

・他の十字架植物の野菜（コマツナ、ノザワナ、ブロッコリー、カブナなど）と同じように黄色い、いわゆる菜の花を咲かせますが、キャベツの花の色はやや淡く可憐です。
花が終わって種のサヤが薄茶色の枯れた色に変色したら、茎ごと刈りとって軒下などに干し、完全に乾いてからシートの上に広げ、上から棒などでたたいて種を落とします。

細い目のふるいでガラを落とし、さらに残ったサヤは息で吹き飛ばします。
ラベルをつけ大切に保管しましょう。

※キャベツはほとんどの種がＦ１なので、よい種を固定させるには何代かかかると思われます。

葉物類

コウサイタイ（アブラナ科）

中国の揚子江の中流、武漢市が原産

種

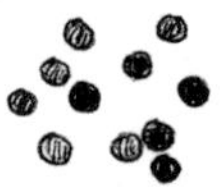

1	2	3	4	5	6	7	8	9	10	11	12

●●————————
（直蒔き）

—○○○○○○○○

〔品種〕中国では花が開く前の蕾茎は栄養価が高く、花粉が不老長寿の食べものとされていて蕾茎を食べる野菜はニンニク、ニラに至るまでたいへん多い。
コウサイタイは、紅菜苔と書き、茎が紅紫である。
サイシンがこれに似ていて、サイシンの場合は春蒔きもできるが、紅菜苔は秋蒔きのみである。

〔性質〕わりと作り易い作物である。前年度のこぼれ種でよく発芽したりする。ただ種降ろしはあまり遅れない方がよく、遅れると大きく生長する前に塔が立ってしまい蕾茎の収量が少なくなる。

■　種降ろし（9月中旬～下旬）

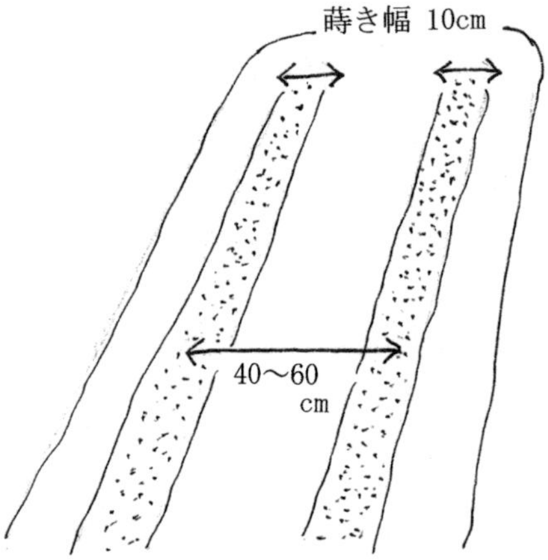

親指、人さし指、中指の３本でひねるようにして均一にバラ蒔くとよい。

コウサイタイの種降ろしは9月中にすませるようにする。遅れると寒にあたって生長しないまま塔立ちしてしまう。

・他のアブラナ科の種と同じように小粒なので、幅のある条蒔きが一般的です。バラ蒔きもできますが、バラ蒔きの場合、多くの面積の畝の表層をはがすことになるので、ここでは条蒔きを示します。
・まだまだ夏の暑さの残るこの季節、夏の草々の勢いはおとろえてきますが、背の高い草がたくさん生えているような畝は、あらかじめ１週間くらい前に刈っておくとかして、畝の状態に応じて準備することもあります。

・蒔き幅約 10 cm、条蒔きにする部分だけの草を刈り、表層をけずって平らに整え、手や鍬の裏などで土を押さえます。
これは表面のデコボコで種の降りる深さがまちまちになると発芽が一定でなくなるためです。

・パラパラと適度な密度で種を蒔いて、種がかくれるくらい上から覆土します。
・再び上から手などで軽く押さえ、乾燥を防ぐために枯草や周辺の青草を刈ってうっすら被せておきます。
・ナメクジやダンゴムシの被害にあいそうな湿り気の多い畝では、発芽の途中で被せた草をはがしてやります。

■　発芽と間引き

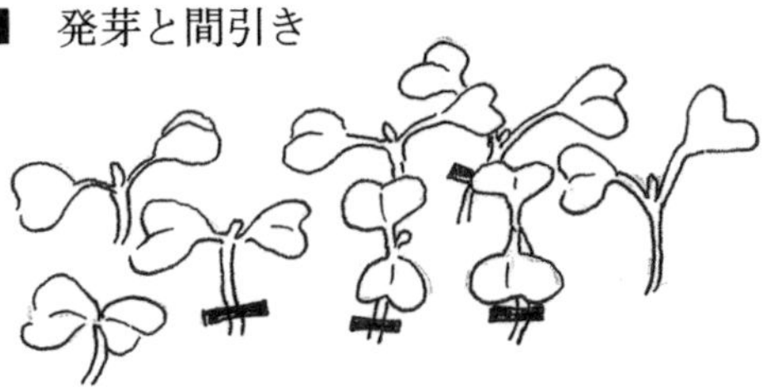

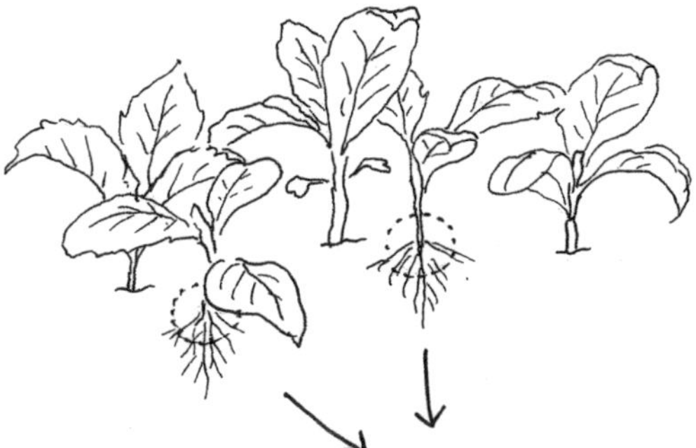
移植できます

・３～４日で発芽します。

・間引きは何回かに分けてやった方が良いです。その都度、となりの葉と重ならないというのを目安にして、少しずつ行います。

・２週間もすると、10cm くらいに生長します。この本葉４～５枚くらいの時は移植することもできます。
作業の手間を少なくしたい時、畝の片側だけ条蒔きをしておいて、このころにもう片方の条に間引き株を移植するようにすると、ずいぶん手間が省けます。
その場合は間引き菜を抜き取る時、根を傷めないようていねいにやりましょう。
（フォークを使うとよいです。）

■　生長と収穫

株間は 30～40cm
になるようにする

・根元の部分がしっかり太くなると中から太く丈夫な茎が伸び、そこからたくさんの腋芽が出てくるようになります。

・もし、地力が足りず、葉の色味も黄色っぽくなるようでしたら、油カスか米ヌカなどをうっすら周囲の畝にふりまいてやり、株の葉っぱについた分は、軽くはたいて落としておくようなやり方で補うと良いです。
（移植直後はやらない）

・収穫は、伸びた蕾茎を 15～20cm 程のところを手で折って摘みとります。
手でポキッと折れにくい場合は、その部分が堅くなっているということなので、その少し上の部分を折るようにするとよいです。

・摘むほどに次から次へと新しい腋芽が出ます。収穫したらその日のうちに食べましょう。

■　採　種

ハクサイと同じようなやり方で採種します。

ネギ

（ユリ科）

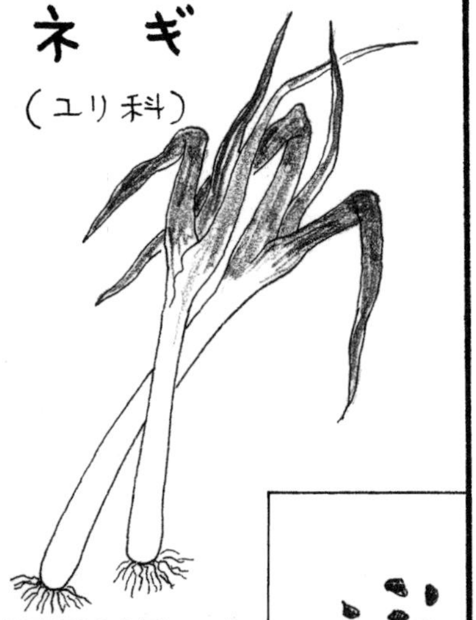

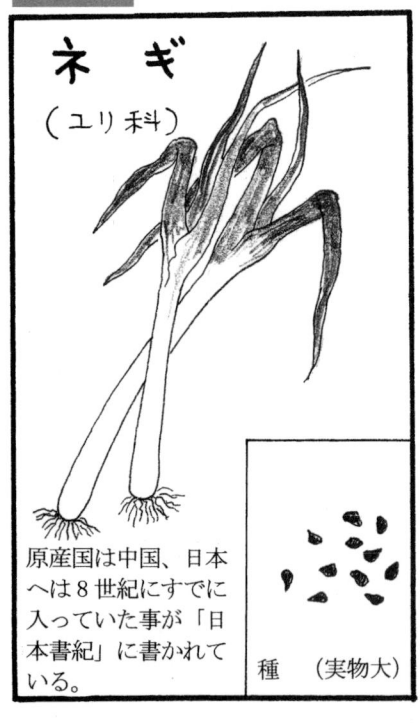

原産国は中国、日本へは８世紀にすでに入っていた事が「日本書紀」に書かれている。

種　（実物大）

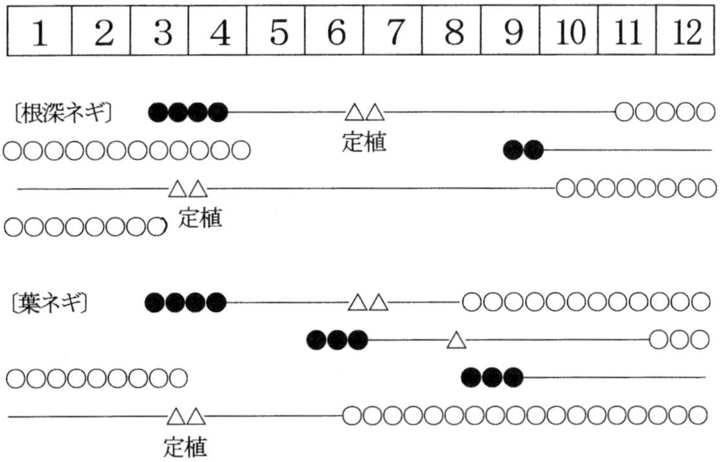

〔品種〕大きく分けると、太葱、兼用葱、葉葱と３群に分かれる。それぞれ、各地の気候に合った在来葱の種類も多く、改良された品種も含めるとかなりたくさんの種類がある。

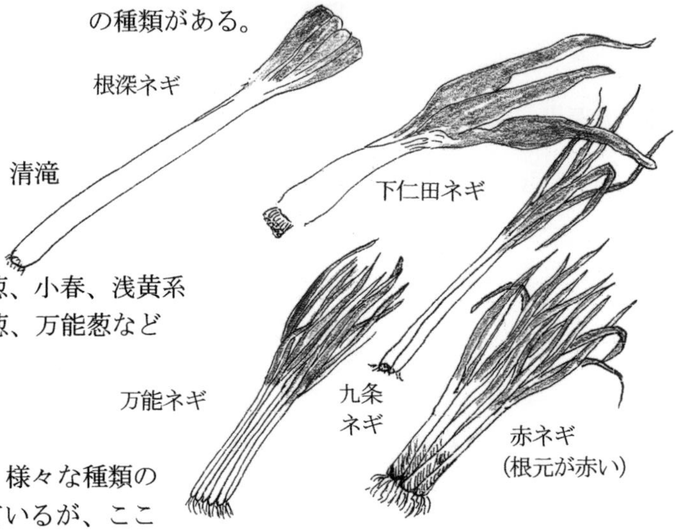

（太葱郡）……松本一本葱、加賀葱
礼幌太葱、下仁田葱、清滝
越谷一本葱など

（兼用葱・葉葱）……岩槻葱、九条葱、小春、浅黄系
さとの香、赤葱、万能葱など

〔性質〕ネギは古くから世界じゅうで、様々な種類のものが栽培され食用されてきているが、ここで取り上げる種類のものは東洋独特のものと言える。
太葱あるいは根深と言われる種類は、主に白い葉鞘部（白根）を食し、葉葱は緑葉の葉身部を食する。
高温、低温によく耐えると言われるが、30℃以上に気温が上がると、生長が止まると言われている。
土壌は日当たりが良く、通気性の良い、水はけの良い土壌を好み、畑に水が停滞したり、夏、草に覆われて多湿にならないようにすると良い。
葉葱は葉身部を切って利用し、根を残しておくとまた新しい葉が出てき、次々と利用できるので重宝する。

■　種降ろし　・葱の種は古いものは発芽率が落ちるので必ず前年度採取の新しい種を選びます。
・栽培は苗床を作って密植の中で苗を育て、定植していくという方法をとります。
苗床はお米の苗床を用意するのと全く同じ要領です。
春蒔き、秋蒔きどちらもできますが、それぞれ適期をのがさないようにします。

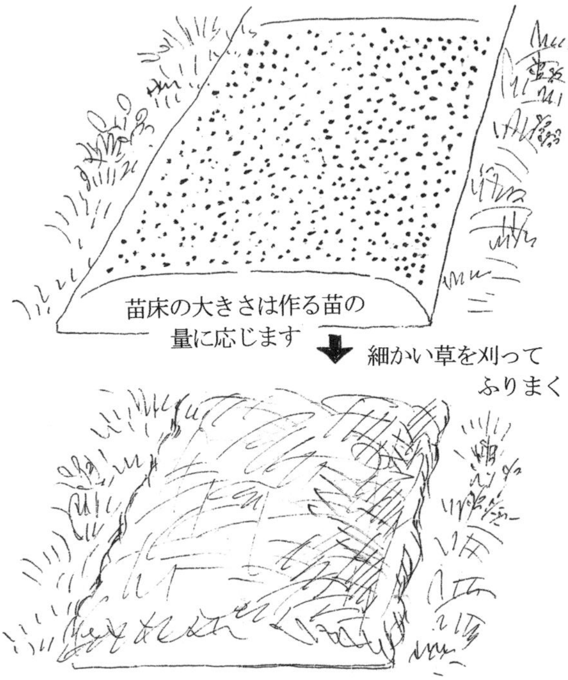
苗床の大きさは作る苗の
量に応じます
細かい草を刈って
ふりまく

・苗床の必要な面積の分だけ草を刈り取り、表面を削ってはがし、宿根など大きなものは少し取り除いてやり、整えてから表土を軽く押さえて平らにしておきます。

・ネギの種をパラパラとバラ蒔きし、1粒ずつの間隔が1～2㎝くらいになるように少しずつ降ろしていきます。

・雑草の種の混じっていない土を覆土とし、手でもみほぐしながら種がかくれるよう覆土します。

・再び軽く押さえて、さらにその上から枯草や青草の葉の細かいものをうっすらと被せておきます。
こうすることで発芽までの乾燥を防ぐことができ、よほどの旱魃でない限り灌水の必要はありません。

■　発　芽

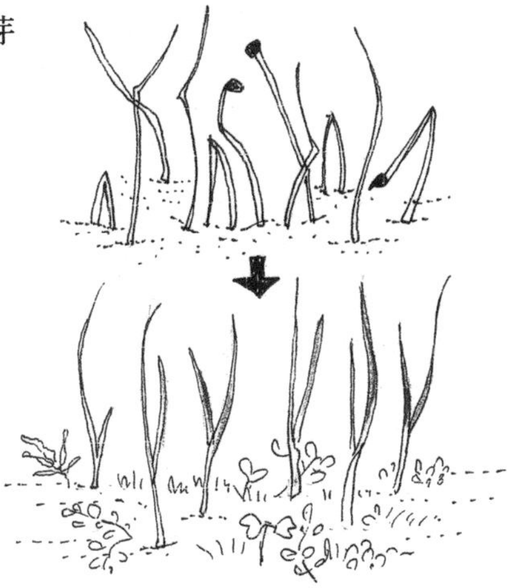

・5～7日ほどで発芽します。
・2つに折れ曲がった芽が見えはじめたら、上にかけていた枯草を除いてやります。
ネギの芽は細く柔らかいので遅れると取り除く時に傷めてしまいます。

・葉が2枚になり、まっすぐ伸び始めます。
細かい冬草が同時に足元に芽吹いてきたらある程度は抜いて除草します。
（生えたばかりの小さい雑草なら抜いても大きく土を動かすことがないので大丈夫です。）

■　間引き

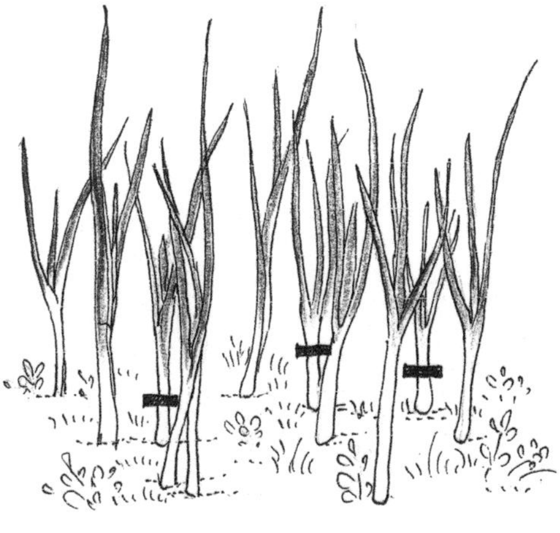

・発芽して約1ヶ月もすると、5～10㎝位に生長します。混み合っているところから間引きし、この頃に約2～3㎝間隔になるようにします。

・春蒔きならこの時期草もよく生えてくるのでこまめに除草します。草に負けてしまうと通気が悪くなって湿気で苗が傷んでしまいます。

・もし苗の色が薄かったり、黄色っぽかったりして生長が悪い場合は、うっすらと油カスなどを補うとよいでしょう。

■ 定 植

葉葱の場合

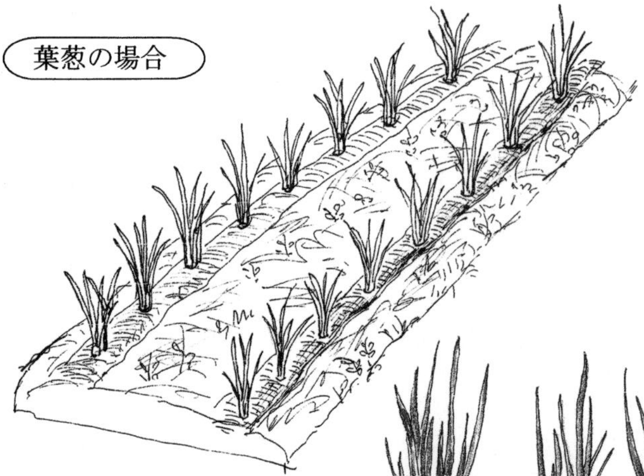

・春蒔きは６～７月頃、秋蒔きは３月下旬～４月上旬、６月に蒔くものは８月下旬定植します。
・定植する畝は２条とし、定植する条を約 10cm 幅で草を刈り、表土を薄くはがして整えておきます。夏に向かって草に負けないよう葱の根元周辺への配慮です。

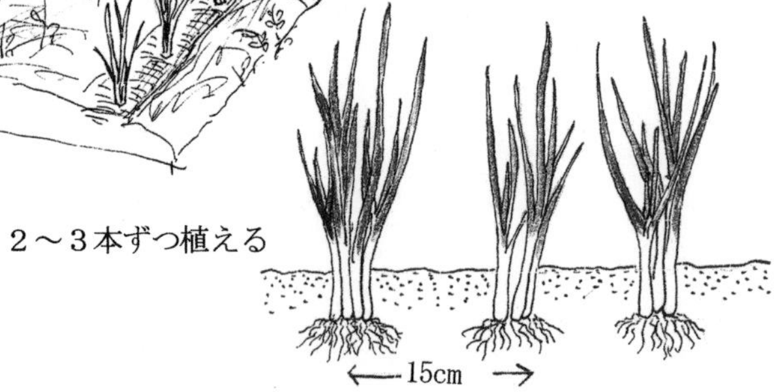

・苗床より定植する分だけ、根を傷めないよう苗をとり新しい場所へ 15cm の株間で２～３本ずつをいっしょに植えていきます。
・生長点がかくれない程度に深めに植えます。

太葱の場合

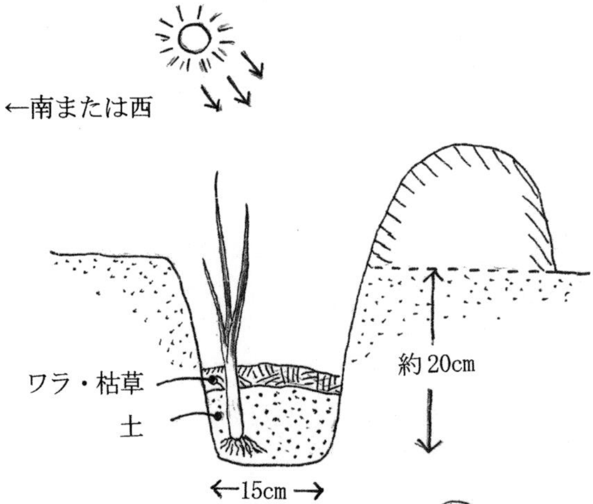

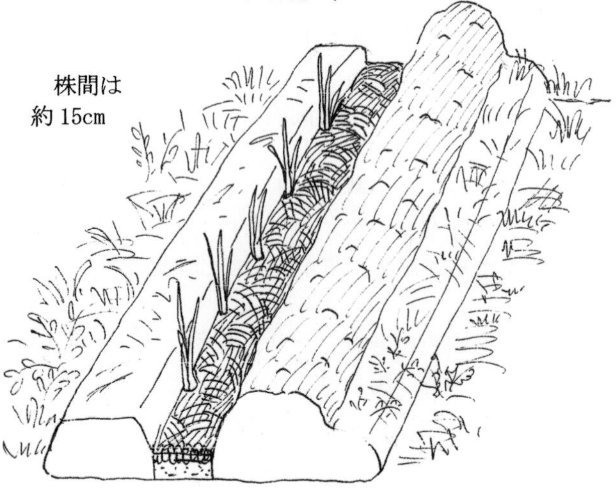

・太葱の場合は葉鞘部の白いところがおいしいので、少し土寄せの工夫をしてみます。

・春蒔きでしたら定植は６～７月ですのでじゃが芋を収穫した後を利用するとわざわざ掘って耕すことにはならないのでよいかもしれません。
溝は畝に１条とし、幅 15cm くらいで深さ約 20cm に掘ります。
掘る時にその土は北側に盛り上げておきます。

・株間は約 15cm くらいにし、溝の片側に苗を寄せて５cm ほど土を被せます。その上にワラや草をたっぷりとかけて乾燥から守ってやります。

・この時寄せる壁を南側にするとよいと言われていますが、それは畝を東西に作った場合で、夏の強い陽射しから乾燥を防ぐためでしょう。畝を南北に作るのが自然農ではまず基本ですが、この場合は西の方にしたらいいかと思います。
この状態で 40～50 日育てていきます。

①土寄せ1回目

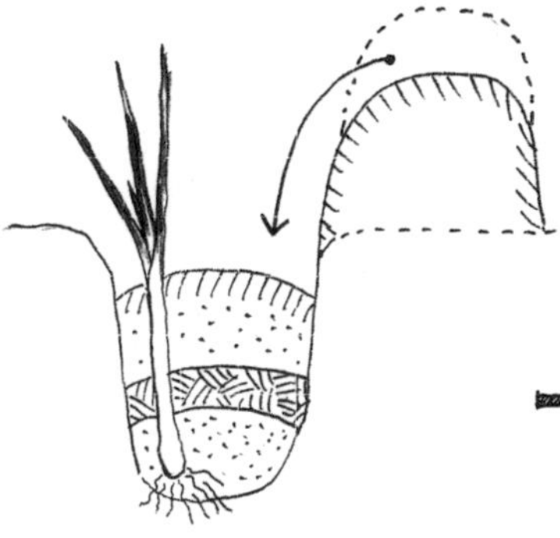

・定植後40～50日頃、片側に盛り上げておいた溝の上の方から半分をもどし入れて土寄せします。

②土寄せ2回目

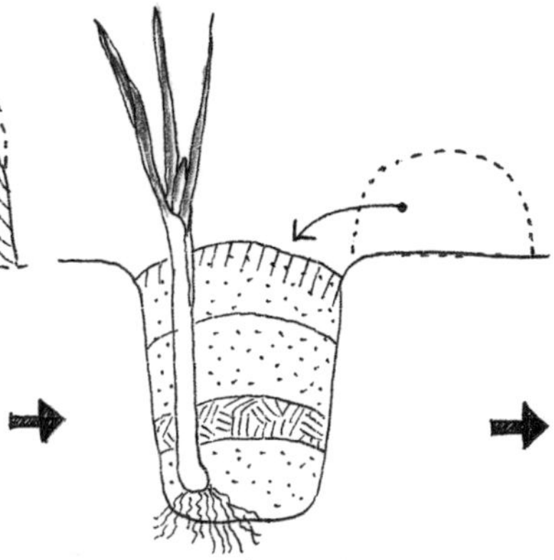

・1回目の土寄せから2～3週間後に行います。
片側の盛土の残り半分を全部入れて土寄せします。

③土寄せ3回目
（やらなくてもよい）

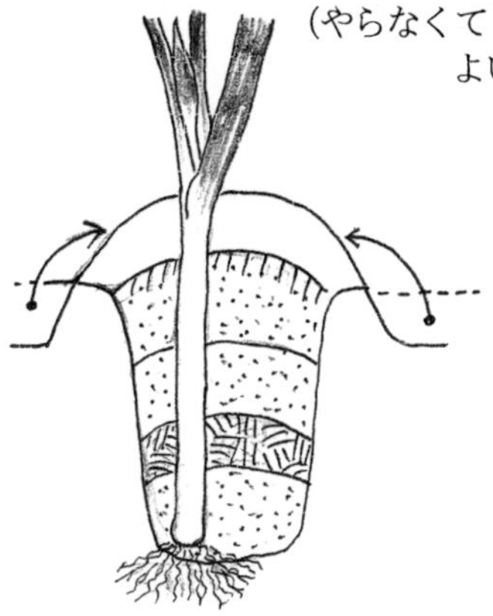

・さらに土寄せしたい場合は2回目からまた2～3週間おいて、今度は周囲の土を少し集めて盛土しますが、畝の土をさらに動かすことになるのでやらなくてもよいでしょう。

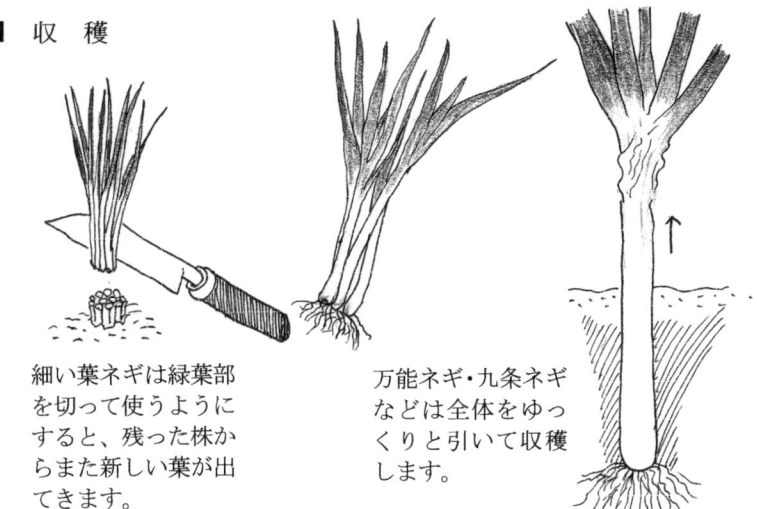

■ 収　穫

細い葉ネギは緑葉部を切って使うようにすると、残った株からまた新しい葉が出てきます。

万能ネギ・九条ネギなどは全体をゆっくりと引いて収穫します。

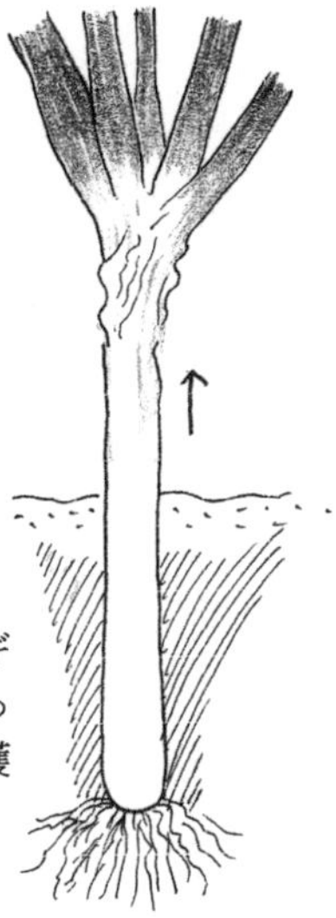

・太葱は大きいものから必要に応じてシャベルで周囲を少し掘り、できるだけ下を持ってゆっくり引き上げます。

・土が堅くうまくゆかない場合は、三つ鍬などで根元の位置に見当をつけ、ななめより鍬を入れて土をおこして収穫します。

■ 採　種

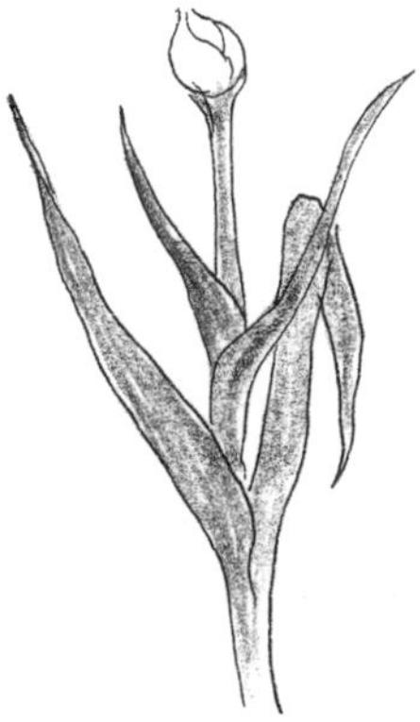

ネギボウズ

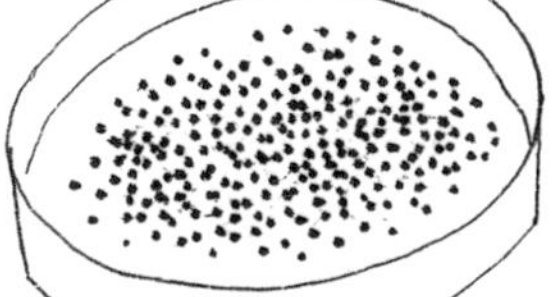

・春を過ぎると、塔が立ち始めていわゆるねぎぼうずが出てきます。あらかじめ健康に育ったりっぱな株を選びとっておき、6月になった頃、穂が熟して茎や葉が褐色になった頃、黒い種が見えてきます。

・穂首だけを収穫して逆さまにして振ると種が出てくるので、それを陰干しして乾いたものを保管するようにします。

◎ ネギの種は約1年しか持ちませんので気をつけましょう。

アサツキ ワケギ （ユリ科）

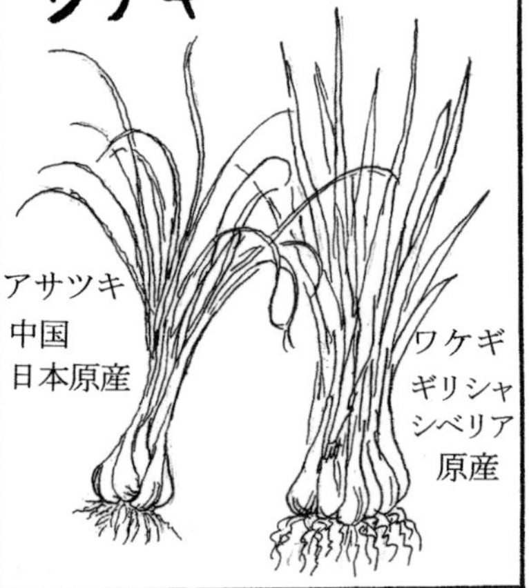

鱗茎（球根）

種

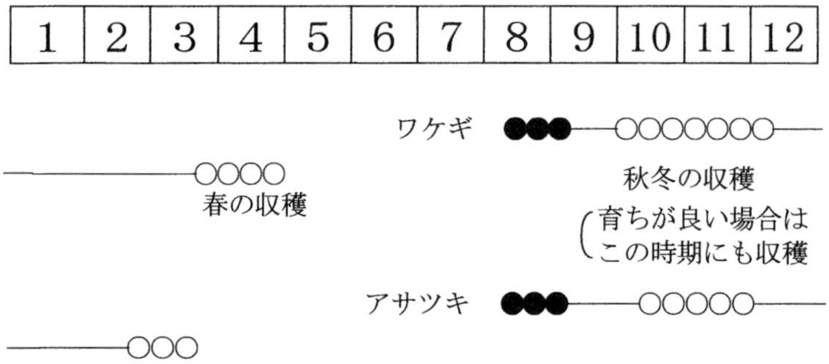

（アサツキ）　日本古来の野菜で「延喜式」（平安時代）にすでに登場している。浅葱膾（あさつきなます）として、桃の節句に食膳に供していたようである。
ネギのない季節に何かと重宝する。鬼アサツキ、八房アサツキなどの種類がある。

〔性質〕　日当たり良く、適度な湿度と地力がある方がよい。根を浅く張るので乾燥するとよくない。

（ワケギ）　日本にはネギよりも古く、中国より在来種が伝わってきている。鱗茎部ごと食し、アサツキ同様、鱗茎部を掘り出して球根として保存するので、栽培は容易である。性質はアサツキに似て暖地に向く。

アサツキ、ワケギの仲間に、野生のノビル、ラッキョウ、エシャロット、リーキなどがある。ネギと異なり、鱗茎（根球）が分球し、それを保存して植え付けることによって増やすことができる。また、種から育てることもできる。

■　鱗茎の植え付け（8月中旬～9月中旬）

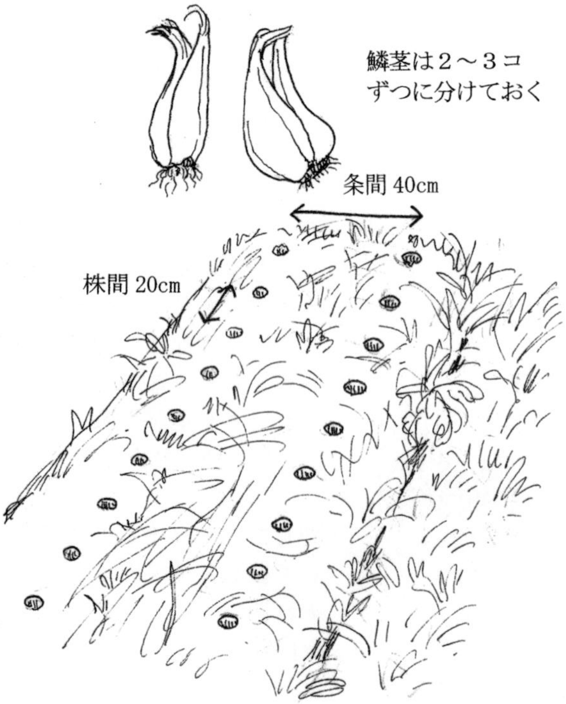

- 夏の終わり、畑はすごい勢いで夏草が生い繁っていますが、やがてこの夏草は一生を終え、その地にまたかえってゆきます。そんな畝に植える場合は、今、生い繁っている草を刈り倒し、夏の陽射しで萎えてしまってから、その中に点幡するように植え付けていきます。

- あるいは、モロヘイヤとかキュウリやシソなど秋になるとやがて枯れてしまう作物の足元に植え付けると、作物の適度にできる陰が乾燥を防ぐので、そういう畝を選び植え付けてもよいです。

- 鱗茎は2～3コずつにほぐして条間 40cm 株間 20cm くらいに穴を掘り、植え付けていきます。
- 割りに肥えているような所を選んだほうがよいでしょう。

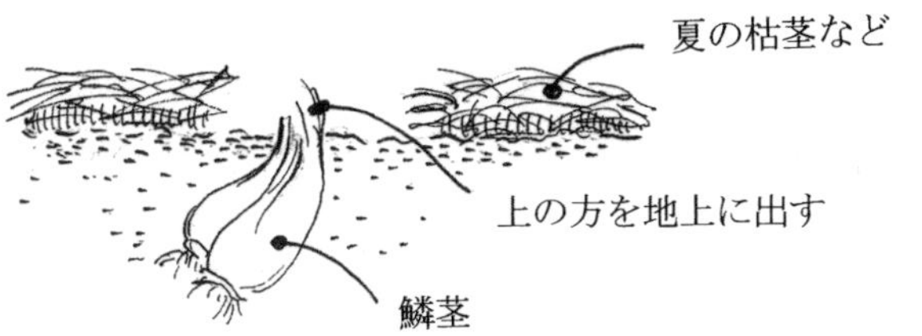

・鱗茎は上のとがっている方が地上にわずかにのぞく程度に浅く植え付けてゆきます。

■　発芽と生長

・約１ヶ月もすると20cm程の細いネギのような葉が伸びてきます。

・アサツキはネギ類の中では最も細い種類で、奔放に伸びてくるのを随時摘んで収穫していきます。
10 月下旬から初冬にかけて収穫でき、12月、１月は、休眠状態に入りますが、２月の中旬より再び収穫できるようになります。

■　収　穫（アサツキ）

（ワケギ）

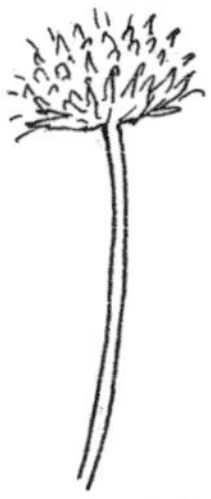

（アサツキの花）

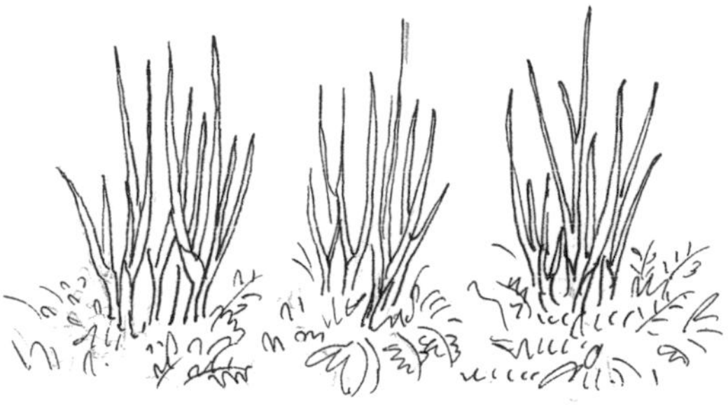

・ワケギも10月中旬より随時葉を摘んで収穫していきます。
アサツキ同様、冬は休眠しいったん枯れてしまいますが、４月頃再び芽が出て収穫できます。
このころ、鱗茎もずいぶん分けつして大きくなるので、掘り出して鱗茎ごと利用します。

ゆでて酢味噌で和えるととてもおいしい春の１品になります。

・５月にはいるとアサツキにはうすい紫っぽい桃色の花が咲き、種も収穫することができます。この種をまいても増やせますが、一般には地上部が枯れる６月頃、鱗茎部を掘り出して土をおとし、２～３コずつに分けて風に当てて乾かし、網状の袋に入れて吊るすなどして保管します。

■　種としての鱗茎の保存

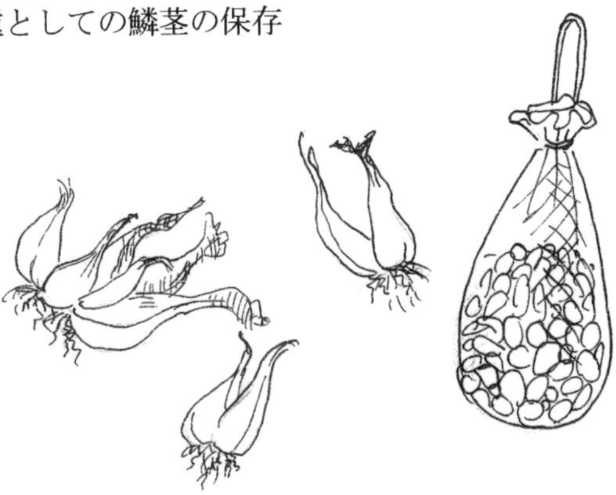

・ワケギも同様にやりますが、アサツキの方は放任して３～４年ごとに株が大きくなった時にしたらよいです。

・ワケギは夏の梅雨や湿気に弱いので毎年掘り出して保存します。

ニラ（ユリ科）

ハナニラ

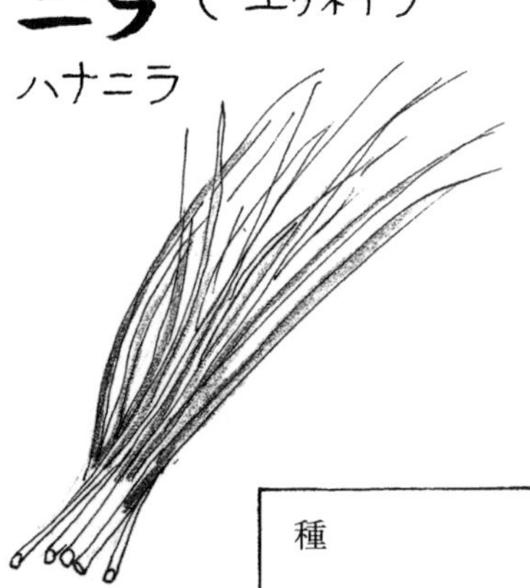

原産は東アジア

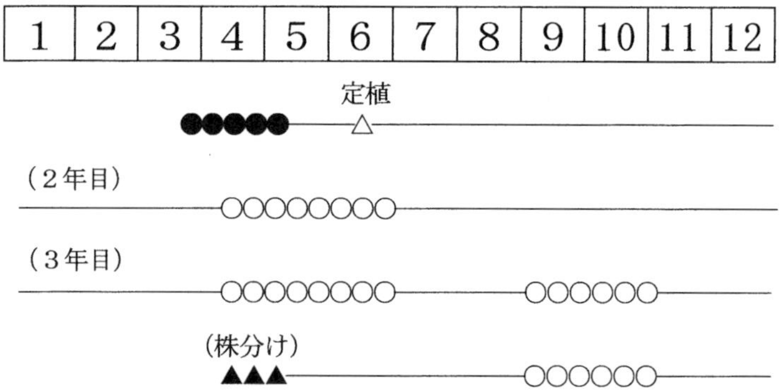

〔品種〕品種はそれほど多くなく、葉の幅が広い大葉ニラと在来の細葉ニラに大別される。大葉ニラにはグリーンベルト、グリーンロード、ワイドグリーン、キングベルトなどの改良種がある。また、葉は硬いが花芽を摘み食べる種類の花ニラには、デンターポールなどがある。

〔性質〕ニラは特有の臭気が好まれ、日本ではよく食されている。丈夫で作り易く多年草なので、いったん大株に生長したら、あとは２～３年おきに株分けをする。湿気を好まないので水はけの良い場所を選び、また花ニラは花芽を収穫するので地力のある場所がよい。

■　種降ろし

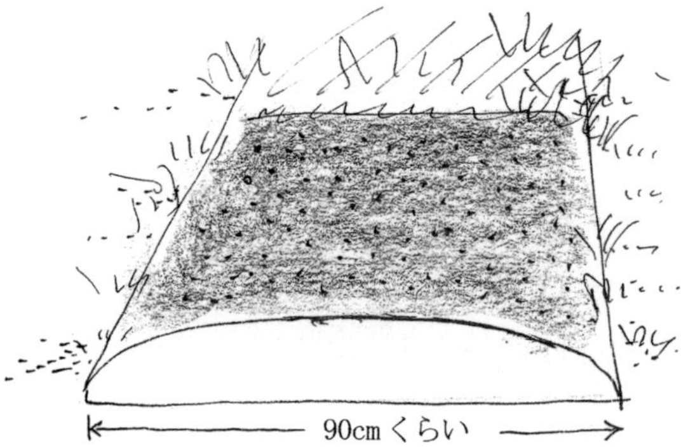

- 種は必ず新しいものを選びます。
- 種降ろしの仕方はバラ蒔きでも条蒔きでもよく、ここでは玉ネギの苗をつくるのと同じようにバラ蒔きとします。
- 畝の一部の草を刈って表土をはがし、鍬などで平らに整えたあと種を降ろします。
  近くの草の種の混じっていない土を持ってきて、５㎜ほど覆土し軽く上から押さえたあと、草などをかけて乾燥を防ぎます。

■　発芽と間引き

- 発芽は一週間から 10 日ほどかかります。

- ニラは株が大きくなると周囲の草にも負けず旺盛に育ちますが、幼苗の頃は風通しが悪くなって弱くなり消えてしまったりしますので、草は取り除き幼苗が密になっている所は間引きます。
- 苗と苗の間隔は２～３cm くらいになるようにします。

■ 定植

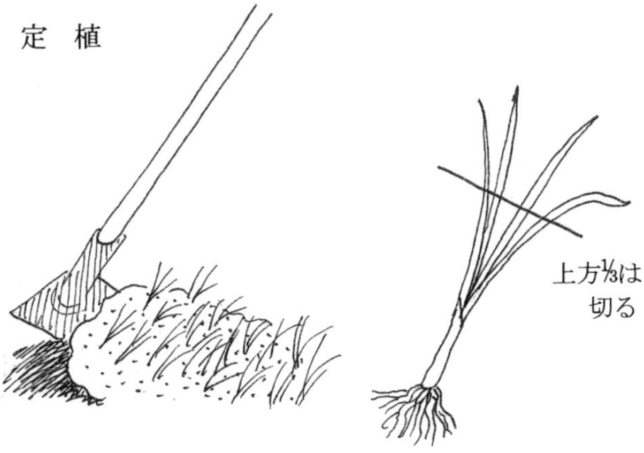
上方⅓は
切る

苗４～５本を１株とする

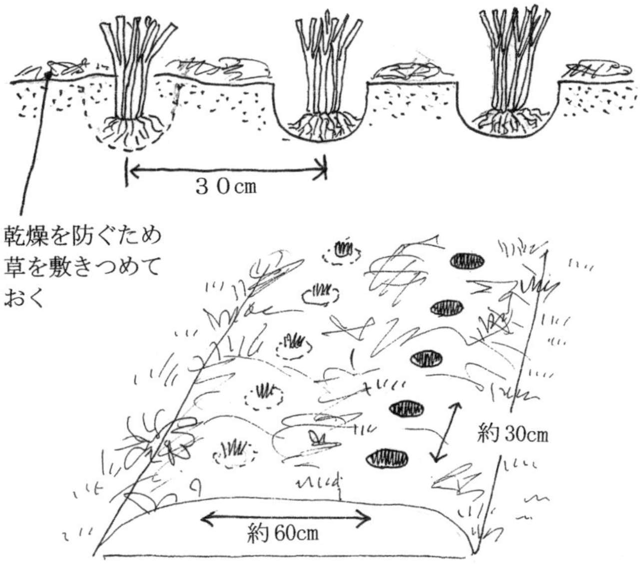
３０cm
乾燥を防ぐため
草を敷きつめて
おく
約30cm
約60cm

・６月に入って苗の大きさが20cmくらいになったら定植をします。
まず苗をていねいに苗床から取りますが、稲の苗のように鍬を深さ５～６cmのところに入れてほぐしつつ取るか、移植ゴテなどで少しずつ掘り取っていきます。

・できるだけ根を傷めないようにしますが、ひげ根の土は少し落として幼苗を４～５本ずつまとめて準備します。
この時、葉先を三分の一ほど切り捨てておきます。

畝は地力のある場所を選び、草丈が高い場合は全体を刈ったり、倒して草の勢いを押さえ、そこに定植するところだけ草をかき分けて、穴を空けていきます。

・条間は約60cm、株間は30cmほどとします。

・４～５本ずつ束ねたものを根元の白っぽいところがほとんど入るくらいの深植えにしていきます。

■ 生長

・１年目は株を大きくさせるために葉の収穫は控えます。
夏場は草に負けないよう風通しがよくなるよう、周囲の草は１～２回刈っておくとよいです。

■ 収穫

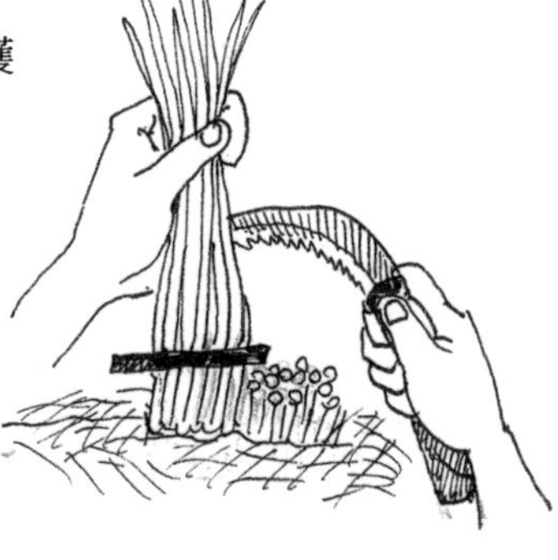

・２年目の４月、株も少し大きくなって柔らかい若葉が20cm以上伸びてきたら株元から切ります。
・地面から２cmくらいは残しておくと、またすぐに新しい葉が伸びてきて、２週間もすればまた同じ株から収穫できます。
・３年目は春と秋も収穫できますが、１株からの収穫は１年に５～６回にしておきます。

■　株分けについて

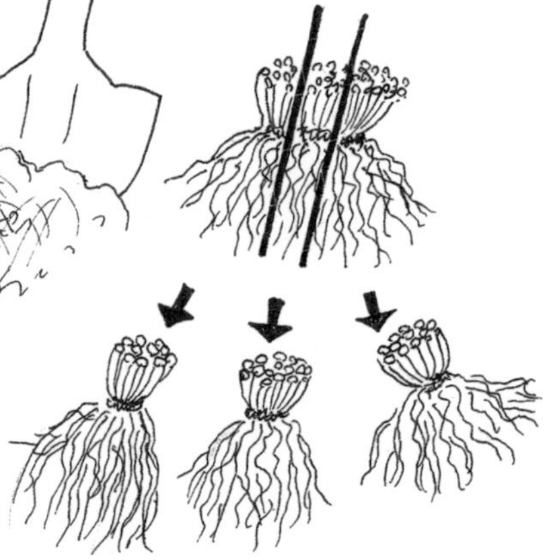

切り目を入れてから
引っぱるようにして
ほぐし分けます。

・３～４年経つと株がかなり大きくなって葉が細り始め、株が弱くなってきますので株分けをします。

・スコップなどで株全体を掘りおこします。ニラの根は案外深く広く根を張っています。
・古い土を落とし、株の大きさに応じていくつかに切り離しますが、手でできない場合は少し鎌などで切り目を入れてほぐし分けるといいです。

■　採　種

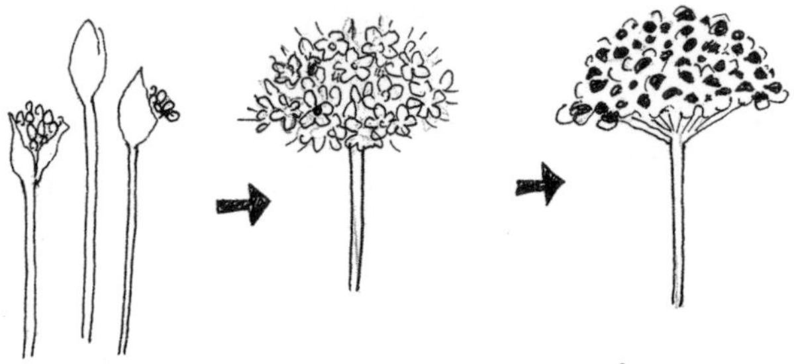

・種を採ることもできます。

・ニラの花は７月頃から蕾がついて、８～９月頃白いかわいらしい小さな花がボンボリのように咲きます。10 月下旬から 11 月になるとその花が枯れて中に黒い種が見え始めます。種がこぼれ落ちる前にハサミで花穂を切り、広い容器の中やシートの上などに振り落とし、種を出します。

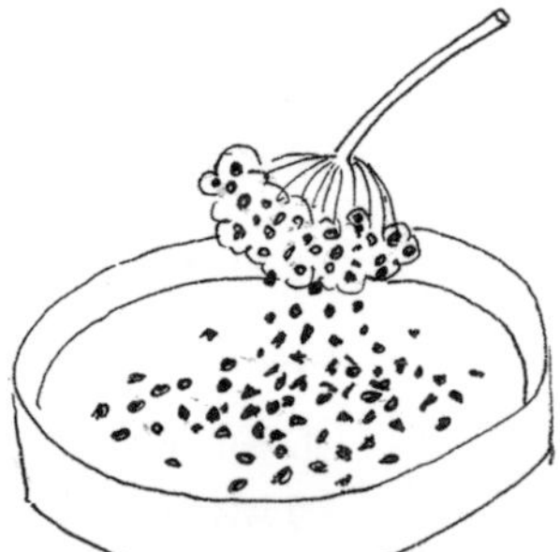

・天気の良い日にとり出した種をよく日に当てて乾かしてから保管します

◎ニラの種の有効年数は１年です。

■　ハナニラについて

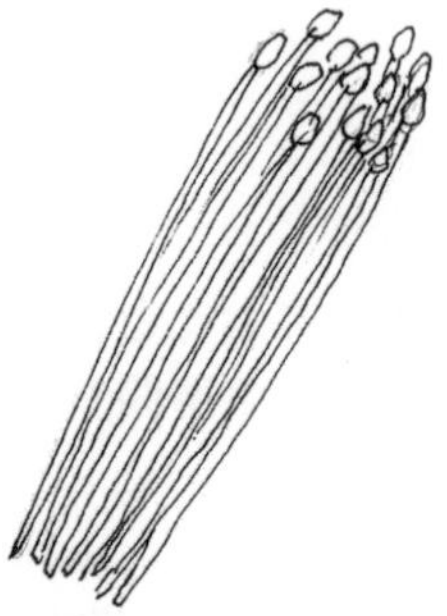

栽培の手順は
葉ニラといっしょです

・ハナニラはニラの変種で葉は少々硬いのですが花芽がよく伸びて香りもやわらかなので花芽のところを食べる種類のニラです。
・花芽のつく７月～９月、花芽のつぼみがまだ咲かないうちに株元からポキッと折って収穫します。
・ハナニラはニラよりも地力が要るようです。
春に油カスなどを株のまわりに補っておくと花芽がよく出ます。地力がないと花芽がほんの少ししかつかなかったりします。

モロヘイヤ

（シナノキ科）

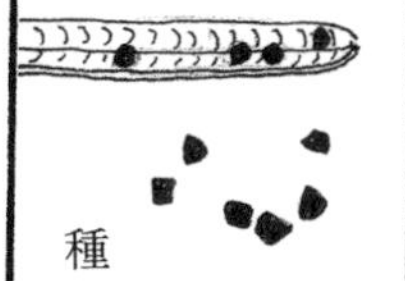

アラブ・インド・エジプト・スーダンなどの中近東が原産。日本へはごく近年の導入。

1	2	3	4	5	6	7	8	9	10	11	12

●●●●●–▲–○○○○○○○○○

移植

〔品種〕品種の分化、発達は見られず、日本に導入されてからもまだ年月が浅いので、とくに新品種として成立したものはないが、近年、低草姿、分枝性、耐倒伏性などの品種改良が行われてきている。

〔性質〕原産地でわかるように高温性植物である。発芽温度は25〜30℃と言われていて、生育適温も20℃以上なので充分に気温が上がってから栽培するとよい。

摘芯をすると次々に分枝し、その先端 20cm くらいの芽先を収穫する。ゆでると独特の粘りが出てオクラやヤマイモのような感じになり、栄養価が高いとされている。

■ 種降ろし

＜直蒔き＞

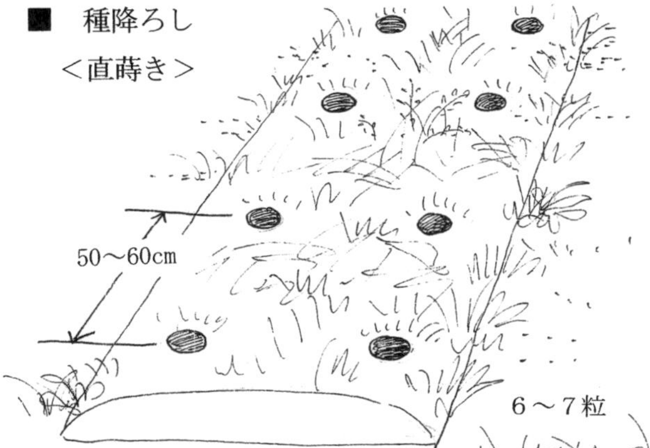

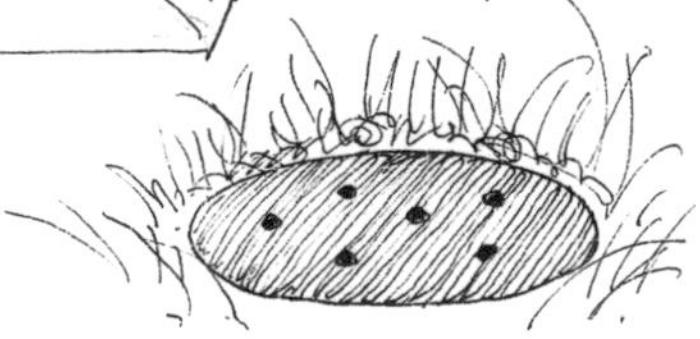

・種降ろしは充分気温が上がってから行います。(25℃以上) 早蒔きして寒に会うと早く花芽がついて堅くなり、収穫できなくなります。

・直蒔きをして間引く方法なら点蒔きにし間隔を約 50〜60cm とります。摘芯することで次々に分枝し、一株がかなり大きく生長するためです。

・種を降ろす所、直径 10cm ほどの円の土をはがし宿根を取り除くなどして整え、手の平で軽く押さえた上に６〜７粒の種を降ろします。種が隠れるほどの土をかけ再び軽く押さえて、乾燥を防ぐため周囲の草を刈ってふりまいておきます。

＜苗床にバラ蒔き＞

・苗床を作る場合もほぼ同じ要領です。必要な面積のところの草を刈って表土をはがし、宿根などを取り除いて鍬の裏側などで押さえ整えます。

密にならないよう種をバラ蒔きに降ろして、種がかくれるくらいの土をかけます。手でもみほぐしながらかけたり、ふるいでふるいながらやるとよいでしょう。

その上から再び軽く押さえて土を締め周囲の草を刈って上にふりまいておきます。

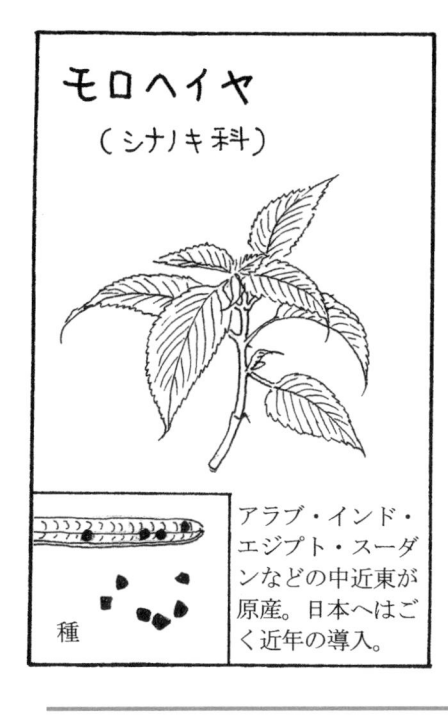

■　発芽と間引き

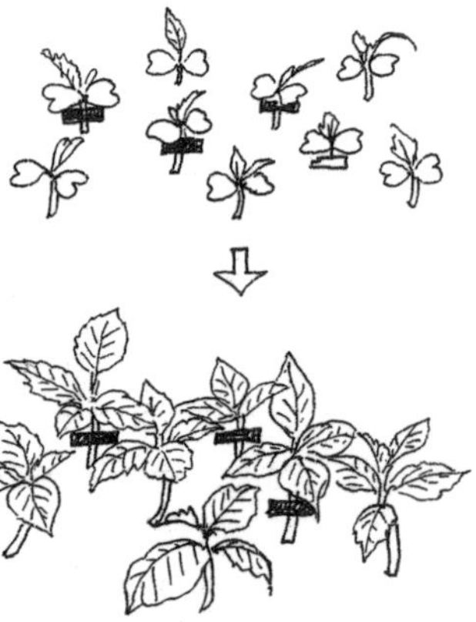

・種を降ろしてから４〜５日で発芽しますが、その時の気温しだいです。
・上にかけておいた青草が、発芽した芽を傷めないよう、発芽した後そっと除いてやるとよいでしょう。
・密に蒔き過ぎているところは、ハサミで切るか指先でそっと抜きとって、ゆるやかな空間で育つよう間引きします。
・その後も苗どうしの葉が重なり合わないよう、充分日光の恵みが受けられますよう、間引いて15cmほどに生長するころに１ヶ所につき１〜２本になるようにしていきます。
・苗床の幼苗はそのころ定植を行います。

■　定　植

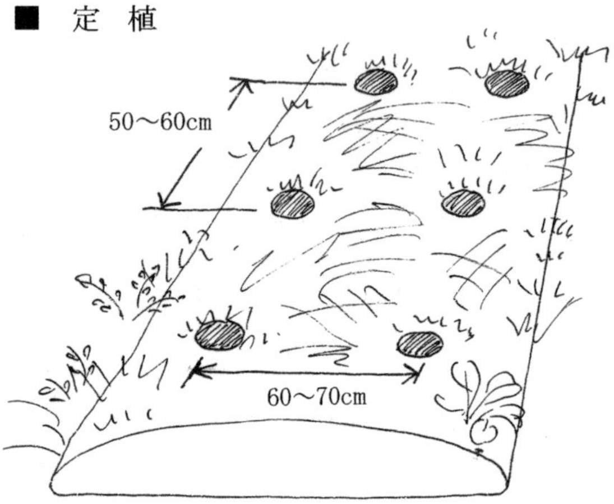

・定植は陽射しの強い日中を避け、夕方や天気のくずれる前に行います。
・条間を60〜70cm、株間を50〜60cmとゆったりとって、その場所の草だけを刈り、少し穴を空けて水を少し入れます。
・苗は苗床から移植ごてなどを使って、根を傷めないよう土をなるべく付けて取り、定植する穴の中の水が引いてから植え込みます。
・穴を空けたときの周りの土を、株の周囲に寄せるようにして軽く手で押さえ、枯草、青草などを刈って株元に乾燥しないよう被せておきます。

■　摘芯と生長

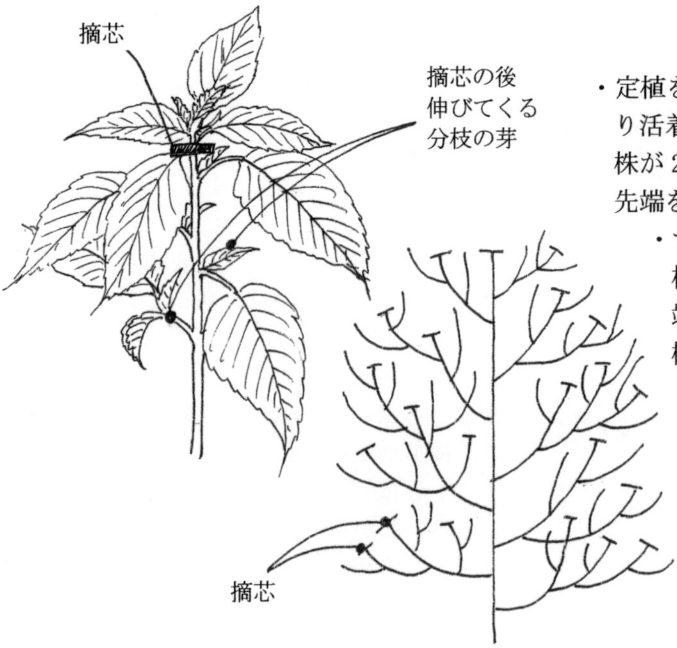

・定植をして１週間もすると、新たな場に根が張り活着し、ぐんぐん生長を始めます。
株が20cmくらいになったころから、まず中心の先端を摘みとります。
・するとすぐ下の葉の付け根のところから分枝が伸び始めます。また、その分枝の先端を摘みとると、さらに分枝が芽ばえて株が大きくなります。
・この摘芯はそのままモロヘイヤの収穫ということになり食べることができます。
モロヘイヤは高温性の作物なので７月に入ると一気に生長が進みます。

■　収　穫

・摘芯を折々に続けてゆくと、分枝がたくさん出てきて株もしだいに大きく生長します。
収穫は摘芯の要領で、分枝の先端部の約 20cm くらいを手で摘みとります。

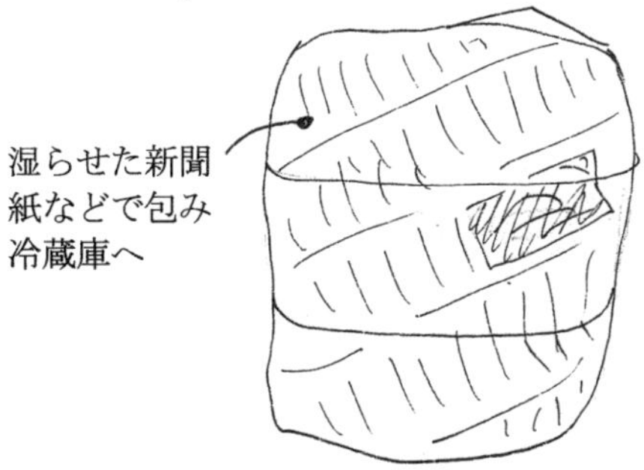
湿らせた新聞
紙などで包み
冷蔵庫へ

・その時ポキッとたやすく摘みとれる部分は、食べた時も柔らかいのでそれを目安に収穫する分枝の長さを決めます。20cm くらいのところが堅く、摘みとりにくければその少し上 15cm くらいのところから摘みとるようにします。

・９月いっぱいは収穫できますが、日照時間が短くなると花芽がつきはじめます。花が咲き始めるとしだいに葉も茎も堅くなりますので、花が咲きだしたら収穫は終わりに近づきます。

・保存はむずかしく、冷たい所では傷みやすいので内側に湿らせた新聞を重ねて包み、すずしい所に立てておくのがよいでしょう。

■　採　種

・秋に黄色い花が次々に咲いたあと、細長い（８〜10cm くらい）種の入った莢ができます。11 月になると葉もすっかり落ちて全体が茶褐色になり、莢の色も茶褐色になってカラカラに枯れてきます。
よい天気が続いたあと枝ごと刈り取って、さらに風通しのよい所で日光に当て、充分乾燥させてから種をとり出して保管します。

モロヘイヤ
2003
モロヘイヤ

・少量であれば莢が 10 本もあれば充分ですが、たくさん種をとる場合は平たいザルの上に新聞紙をのせ、その中に莢を何本かずつ摘みとって入れて日光で乾かし、その後棒でたたいたり、手でもみほぐしたりして種をとりだし、ふるいでふるって莢のカラと種を分別します。
細かいゴミなどは吹きとばすとよいです。
モロヘイヤの種は毎年新しいものを採るようにした方がよいようです。

ツルムラサキ
（ツルムラサキ科）

原産地は熱帯アジア

1	2	3	4	5	6	7	8	9	10	11	12

●●●●——○○○○○○○○○○○

〔品種〕葉茎の色が赤紫色をおびた紫色種と全体が緑一色の緑色種（ツルミドリ）とある。それ以上の品種の分化はみられない。

〔性質〕高温性のつる性の作物で、生育力が非常に旺盛である。日光を好むので日当たりの良い場所が良い。葉と茎の先端部を食べるが、ゆでるとぬめりが出て独特の風味がある。ホウレン草の味に似ているということで、インドホウレンソウ、セイロンホウレンソウなどの別名もある。
暖かい地域ではよく生育し、３～４ｍほどにも伸びるので支柱をしっかり立ててからみつかせる。

■　種降ろし

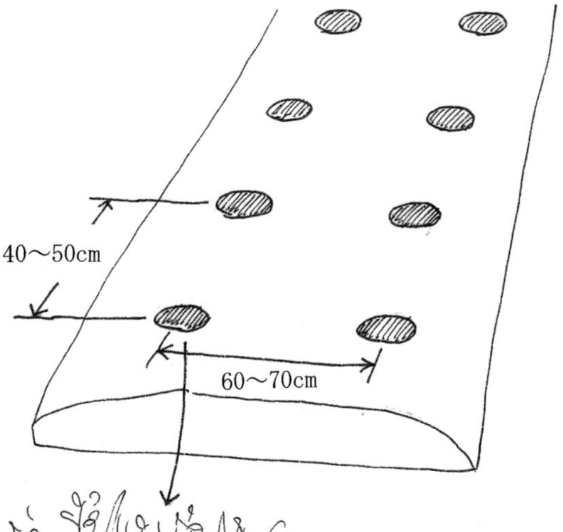

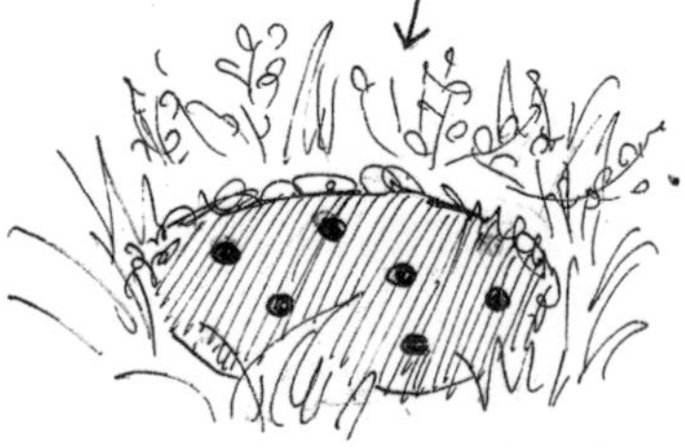

ポットに２～３粒種を降ろして苗をつくり定植してもよい。

・種は外皮が固く、吸水しにくく、発芽率はあまり良くありませんが、昨年のこぼれ種がかたまってたくさん自然発芽していることもよくあるので、発芽までの環境をふさわしく整えてやることが大事です。

・直蒔きでも苗床を作ってもどちらでもよく、要は種を降ろしたあと、本葉が出るころまでは乾燥しないよう心配りが必要です。

・日当たりの良いやせ地でない所を選びます。直蒔きの点播とする場合、60～70cm の条間で２条に、株間は 40～50cm とります。

・蒔く場所は、直径約 10cm ほどの円の草を刈り宿根など取り除き整えてから、一ヶ所に５～６粒の種を降ろしていきます。

・約１cm ほど覆土し、手で押さえたあと周囲の草を刈って、それを直蒔きした所にふりまいておきます。
このようにすると土の乾燥を防ぐことができ、種の発芽をうながしてくれます。

・種降ろしは地温が 25℃以上になってからが良いでしょう。

■ 発芽と間引き

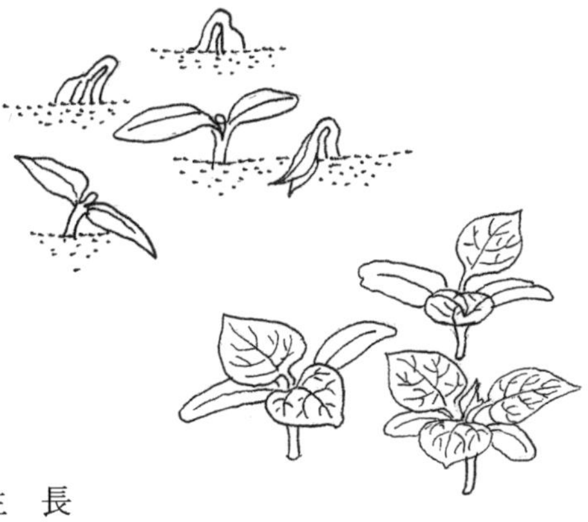

・発芽率が悪いと言われていますが、地温が充分に上がり、条件が整えば約10日ほどで発芽します。
定植する場合は、本葉が３～４枚になった頃に行います。直蒔きの場合は、徐々に間引いて株の大きさが 25cm ごろになるころまでに一ヶ所につき１本に仕立てます。

■ 生　長

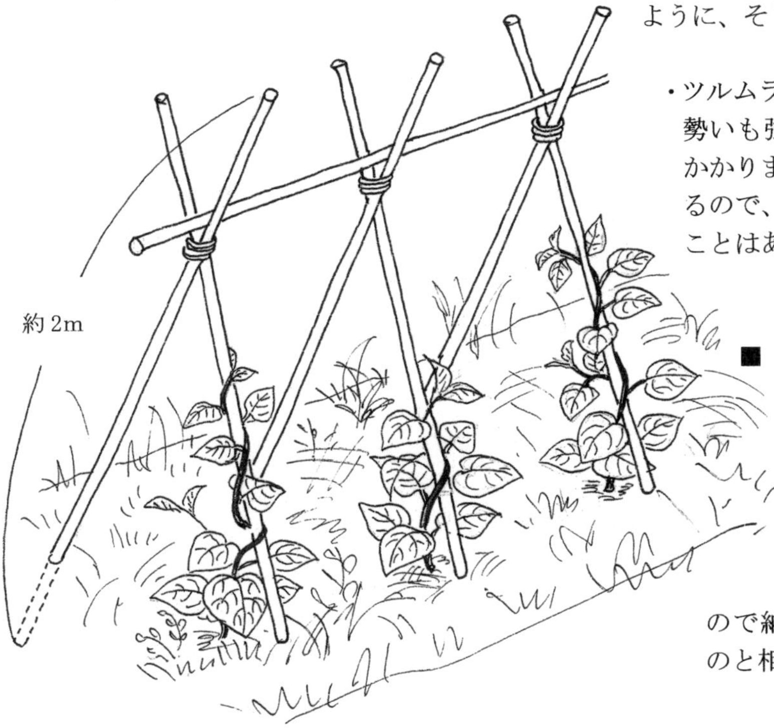

・また、そのころつるも伸びてくるので支柱を用意します。
支柱は、１株に１本しっかりからみつけるように、そして丈夫に組んでおきます。

・ツルムラサキは、盛夏のころ茂りだすと勢いも強く肉厚なのでかなりの加重がかかります。また台風などの時期でもあるので、支柱は丈夫にしておくに越したことはありません。

■ 収　穫

収穫は次々に出てくる腋芽の先端を 20cm 前後摘み取るか、葉だけを摘み取ります。
ゆでて酢の物、おひたし、和え物など、夏の生命を元気にしてくれます。ねばりがあるので納豆やオクラなど同じく粘るものと相性がいいです。

収穫はつるの先端ごと、あるいは葉のみを

■ 採　種

紫色の茎穂にピンク色の花が咲いたあと、黒い丸い実を結びます。
花穂がすっかり枯れる 11～12 月のころ、花穂ごと摘みとってさらに乾燥させ、しっかり熟して固く黒くなった種をほぐし取ります。
ゴミなどを取り除いてさらにしっかり乾燥させて保管します。
ツルムラサキの種子は２～３年は常温で保存できます。

シソ（シソ科）

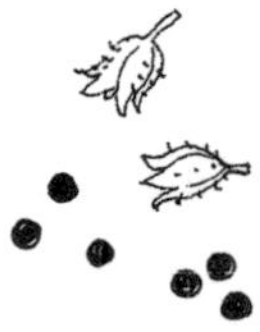

種（実物大）

原産は中国中南部ヒマラヤ地方、日本では平安時代より少し前より栽培されていた。

1	2	3	4	5	6	7	8	9	10	11	12

（一度作ればこぼれ種でよく発芽する）

〔品種〕葉の色や形状などで、青ジソ、赤ジソ、ちりめん青、ちりめん赤、うら赤ジソなどがある。
大葉として風味、薬味とする青ジソ、ちりめん青、梅干漬などの色付けに赤ジソ、赤ちりめん、うら赤などが使われ、他にも花芽を利用したり（穂ジソ）種を利用したり（実ジソ）する。

〔性質〕高温を好み25℃前後の時が最もよく生育する。土質を選ばず、どこにでもよく出来るが乾燥は嫌う。種は好光性なので覆土は薄くする。一度種を降ろせば自然にこぼれ種で発芽する。

■ 種降ろし

90 ～ 100cm

⬇

枯草あるいは周囲の草を刈って被せる

・シソは好光性でよく発芽するので、青ジソを少しだけ必要とかいう場合は、種をバラ蒔きするだけで良く、１株でもずいぶん重宝します。

・梅干し用に赤ジソをたくさん作りたいとか、実ジソをたくさん収穫したい場合は、畝に２条の条蒔きとし、間引きしながら最終的には、15～20㎝間隔とします。

・種降ろしはまず、必要な面積の場所の草を刈り、表面を薄く削ります。
軽く表面を押さえて、整えてから種を降ろしていきます。

・あまり密にならないよう粗く降ろします。

・光好性なので覆土は薄くし、湿り気を保つためにその上から枯草などを刈って被せておきます。
これも被せ過ぎないよう薄くします。

・青ジソなどは小さな苗床を作ってバラ蒔きし、移植する方法もできます。

■ 発芽と間引き

・シソは約10〜15日かかって発芽します。
発芽までの期間が長いので乾燥するような場合は灌水します。
灌水する時は、夕方に一度だけたっぷりとあげるようにします。

・発芽したら上に被せておいた枯草などをはずし、随時混み合っているところは間引いていくようにします。
本葉が５〜６枚の時に１本立ちとし、株間が15〜20cmくらいになるようにします。

・梅漬用の赤ジソなどは、量もたくさん要りますし、密に育てる方が葉が大きくてやわらかです。

■ 定　植

一本仕立て

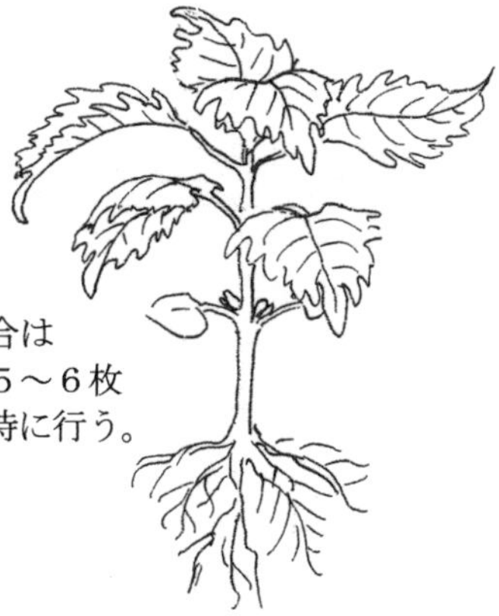

定植の場合は
本葉が５〜６枚
の時に行う。

15〜20cm
(定植の場合は50cmくらいに)
株の根もとは
刈った草を置くとよい。

■ 収　穫

●シソ漬用（赤ジソ・ちりめん赤）茎全体刈り取って葉を利用する。

●大葉（青ジソ
ちりめん青）
７月頃から随時
収穫できる。

●穂ジソ（穂の下半分
開花の頃）
かざりや
天プラに

●実ジソ
（穂の上に少し花が残
る時にしごいて収穫
し塩漬に）

■ 採　種

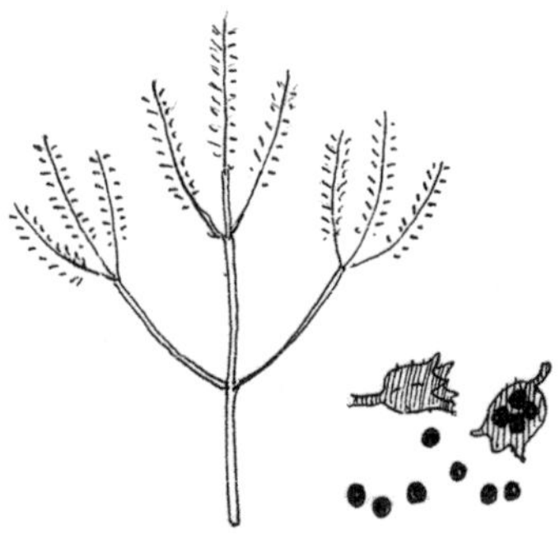

・種を採る時期は10月頃、穂にたくさんついた種の莢がさわるとコロッと固くふくらんで、株全体が茶色に枯れ始めて枝にふれるとひとりでに種がこぼれるくらいになった頃、枝ごと刈りとります。

・シートの上などで逆さにして軽くたたいて種を落とします。ふるいで種だけを選って、さらに風通しの良い所で乾燥させ、袋やビンなどで保管します。
種は約２年保存できると言われています。

ダイコン
（アブラナ科）

原産は地中海
縄文期にすでに
渡米。

種　実物大

1	2	3	4	5	6	7	8	9	10	11	12

（春蒔き）●●●●●――○○○○○○

（夏蒔き）●●●●――――○○○

○○○　（秋蒔き）●●●●●――○○○○○

〔品種〕品種は多く、春蒔きには時無し、夏蒔きにはみの早生、秋蒔きは三浦、大蔵などがある。
最近は青首系が多いが、つけもの、煮物には昔ながらの白首がおいしい。

〔性質〕初心者でも作りやすく、耕さずともよく太ってくれる。土壌をあまり選ばず連作の心配もいらない。

■　種降ろし

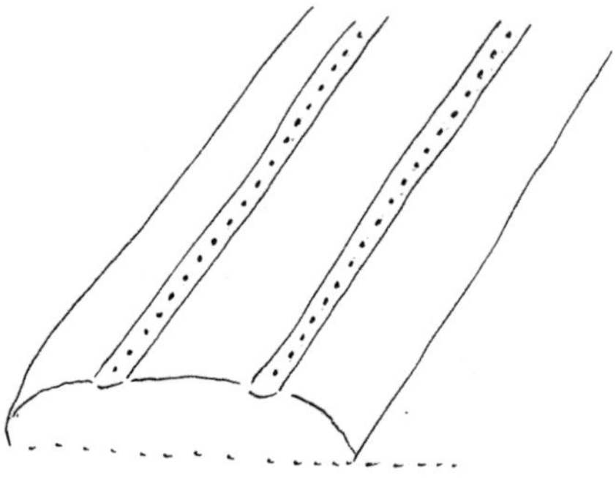

・畝幅にもよりますが、90～120cm くらいの畝幅ならば２列に、もっと狭ければ１列に、条蒔きができるように整えてゆきます。
・まず、ノコ鎌などで草を刈り、５～10cm くらいの幅で表土を削り、大まかに条蒔きしてゆくか、３～５cm くらいの間隔で１粒ずつ種を降ろしてゆきます。草の状態がゆるやかで、発芽した小さな芽が充分その空間で育ちそうな時は、草を刈るだけで指で種を降ろす穴を地面にあけ、１粒ずつ降ろしてゆくことも可能です。
・覆土は５㎜くらいでよい。乾燥を防ぐため、軽く手で押し、その上に刈った草をふりまいておきます。ふりまく草は青草でも枯草でもよく、発芽をじゃましない程度にする。

■　発芽と間引き

・発芽はその時の気温やその他の条件にもよるでしょうが、早いものは３～５日目で発芽し始めます。比較的大きい双葉がニョッキリ顔を出し、地面から少し離れてパンと双葉が開きます。
ヒョロヒョロと頼りなげですから、あまり混み合ってなければ、間引きは本葉が出てからでもいいですね。
・間引きはころ合いを見て、何回にも分けてやるのがよいでしょう。
スーッと間引くものだけを引き抜くか、混み合っていて周りの土を動かしすぎるなら、ハサミで切るのもいいです。

■ 間引き

・大根は直根性の文字どおり大きな根です。根の部分が 10cm くらいに生長した間引き菜は、まるごとそのまま洗って漬物に。
食卓に出す時もこのくらいだったら一口でいただけてかわいらしいです。

・間引くときは葉が周りのものとからみ合っていることが多いので気をつけて。
また、土を動かすのも最小限になるよう注意しましょう。

・間引いたあとの穴は、そっと土をよせて押さえておきます。

■ 収　穫

・種を降ろして約 70 日前後で収穫ができるほどになります。
青首は地上に突き出てくる部分が長く抜きやすいですが、なかなか抜けないものは左まわしに少し回転させるようにして、それでいてまっすぐ抜くと抜きやすいです。

・塔が立ってくると（花芽が中央から出てくること）大根の部分も固くなります。種取り用に何本かは残し、あとはそうなる前に収穫します。

■ 採　種

種は大きめでとりやすいです。
緑→黄→薄茶と種が完熟するのを待って刈りとり、さらに干してシートなどの上にひろげ、棒でたたきながら種を落とします。

■ 保　存

・大根は葉を切って首の方を下にして、下図のように地中にうめておくとしばらくは保存できます。

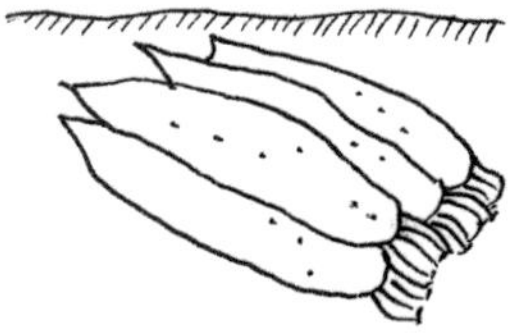

・大根は少しずつスライスしてざるで干すと、10 日ほどで乾き保存できます。

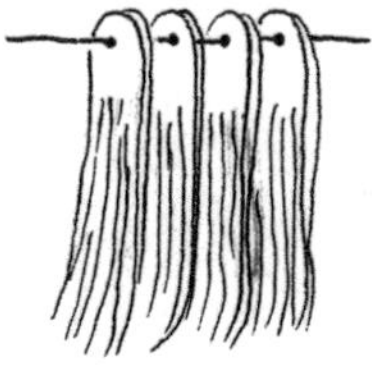

こんなふうに縦にスライスした大根の下の方を細く割って、糸に通して干すこともできます。
たくあんやしょう油味の即席漬などの保存食もいろいろためしてみて下さい。

ニンジン
（セリ科）

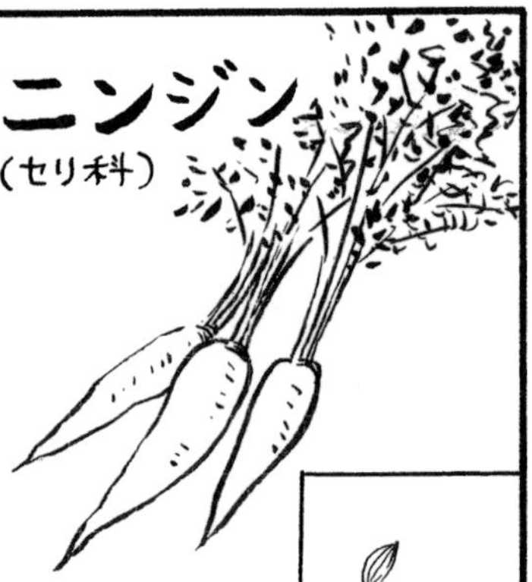

原産は中央アジア
アフガニスタン

種(実物大)

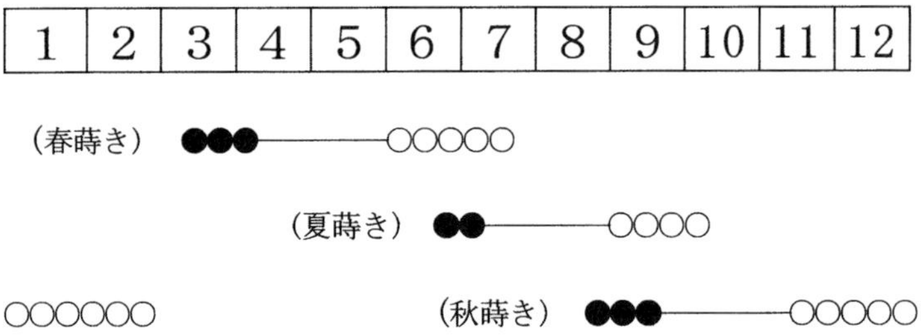

1	2	3	4	5	6	7	8	9	10	11	12

（春蒔き）●●●――○○○○○

（夏蒔き）●●――○○○○

（秋蒔き）●●●――○○○○○ ○○○○○○

〔品種〕今はほとんど西洋種で、長さによって３寸、５寸、７寸などがある。昔からある東洋種に“瀧の川”があり、長く香りも強い。京ニンジンは色が鮮やかな赤。江戸時代には赤・紫・黄・白のニンジンもあったそうである。

〔性質〕低温にも高温にもわりと強い。ニンジンはセリ科で好湿性なので、土の乾燥に気をつける。やや地力が必要。

■ 種降ろし

バラ蒔き

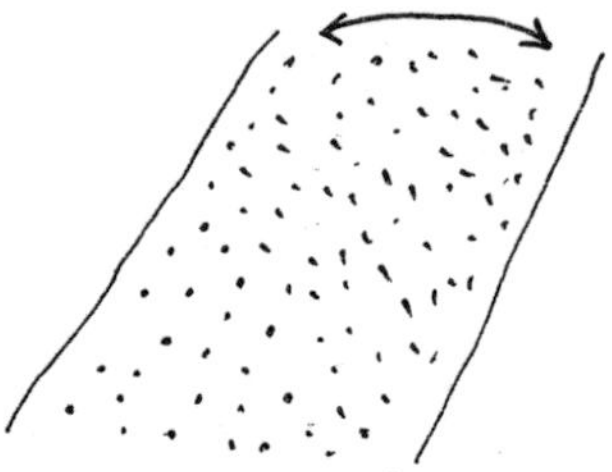

畝幅が両方から手が届いて世話ができる幅であれば一面にバラ蒔きできます。

条蒔き

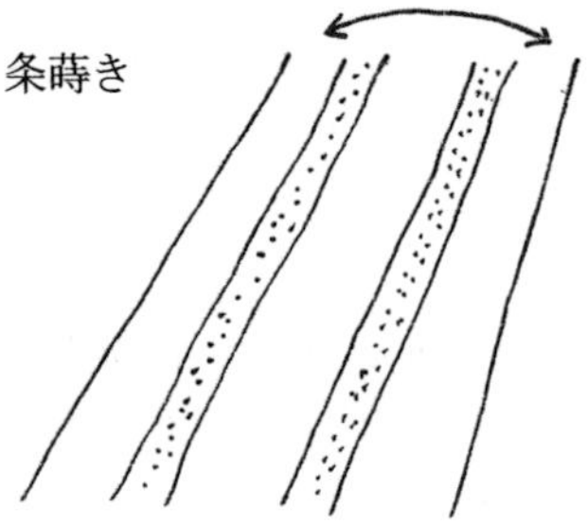

ダイコンのような条蒔きではなく、やや幅のある条蒔き

・ニンジンの種は比較的発芽率が低いと言われているので、種の量は少しだけ多めに蒔きます。

・ニンジンの種は好光性のため、種がかくれる程度にうっすら覆土します。
乾燥を防ぐため、覆土したあと上から押さえてタネと土を密着させ、その上から草など細かめのものをばらまいて被せます。

・種を降ろす時、雨が降らないで土がカラカラに乾燥している時などは、用意したところにたっぷりと灌水して、充分湿らせておいたところに種を降ろします。

■ 発芽と間引き

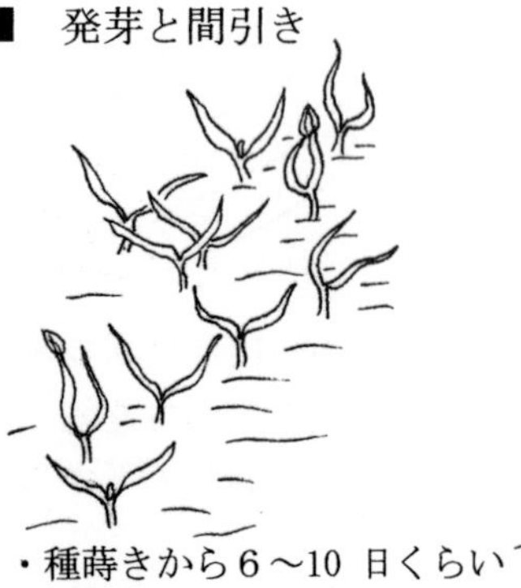

・種蒔きから６〜10 日くらいで発芽しはじめます。
初めは細長い双葉。

・ニンジンらしいギザギザの本葉が出始めます。

・ニンジンは幼いうちは競い合って生長するので、よほど混み合ってないかぎり、本葉が４〜５枚になるまでは間引きしなくてもよいでしょう。

・ニンジンは乾燥が生長にも影響するので、被せた敷き草ははがさないようにします。

■ 間引き

・発芽して20〜30日頃になると本葉が４〜５枚になり、ニンジンらしくなってしっかりしてきます。混み過ぎているところは、ハサミで切るか、そっと抜く。ニンジンの間引きはスッと抜きやすいです。

・葉と葉がかるく触れ合うくらい程度に間引くようにします。

・間引き菜はほんのりオレンジがかってきた細い根もついたままよく洗って、ザックザックと切ってかき揚げにすると香ばしくておいしい。さっとゆでて、ゴマ和えもいいです。

■ 収　穫

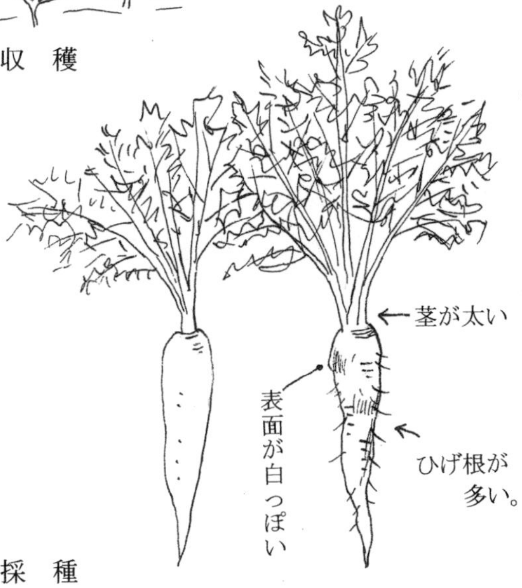

・その後も大きくなるにつれて、間引き菜もけっこう葉が茂るので、充分利用できます。
クッキーやケーキにきざんで入れてもよし、大いに利用したいところです。

・ニンジンには、春に蒔いたのに収穫期に生長しきれなくて、次の時期である秋にやっと大きくなったニンジンに出会うことがあります。
うれしくなって抜いてみると、左の絵の右側のようなニンジンがほとんどです。参考までに…。

①茎が太い………ニンジンの中味の芯の部分が太く、当然固いです。意外に根は小さい場合が多い。

②ひげ根が多い…生育初期の乾燥と思われ、根の生長を悪くする。

③表面が白い……乾燥のためか固い。

・自然農で健康に育ったニンジンは、多少小さくても甘みが強く、生でかじれるほどおいしくやわらかです。

■ 採　種

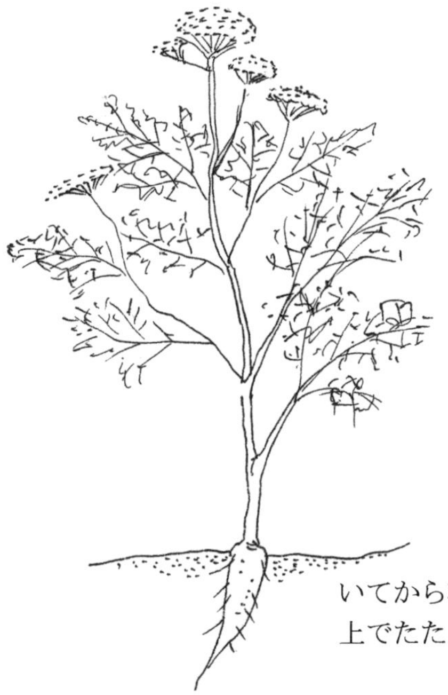

・ニンジンに塔が立って咲いた花はまっ白でとても可憐です。まるでレースフラワーにも似て、花を生けても他の花ともよく合い惹き立てます。

・種は穂がカラカラに乾いてから穂先を刈りとり、敷きものの上でたたきながら種子を落とします。

■ 保　存

秋蒔きのニンジンはかなり長く収穫できるので、収穫のたび使い切るのが一番。保存する場合は葉を落とし、土付きのまま、新聞紙にくるんで０〜５℃の場所に。

コカブ
（アブラナ科）

東洋のカブはアフガニスタンの地域と言われる。

種

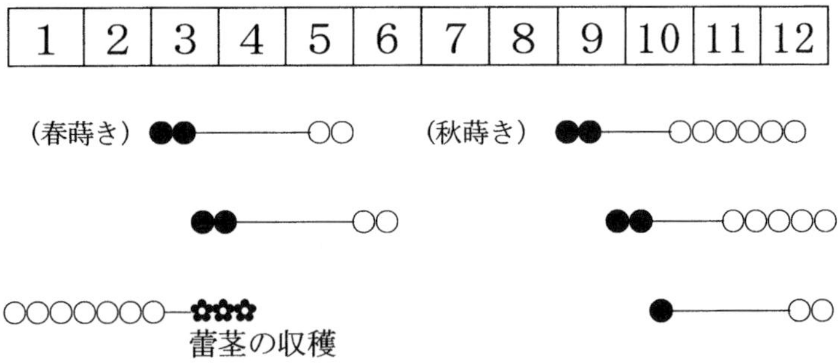

〔品種〕春の七草（スズナ）の一つであるカブは「日本書紀」や「万葉集」にも登場し、古くより日本で栽培されてきたようだ。西洋種と東洋種とあり、さらにたくさんの品種が各地にある。コカブはカブの中でも栽培しやすく、近畿地方のヒノナなども同様にして栽培できる。

〔性質〕肥沃な土壌と日当たりの良い場所を好むと言われている。また適度な湿り気もあった方が良く育ち、乾燥を嫌う。種を蒔いてから収穫するまでの期間が短いので、一度にたくさん蒔くより時期をずらして蒔くと、随時長く収穫できる。

■　種降ろし（９月上旬〜10 月上旬）

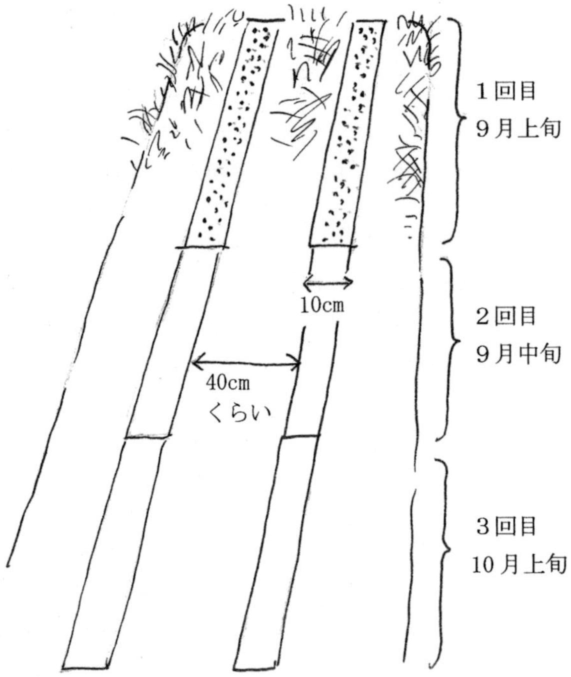

・コカブは生長が早く、間引き菜は葉の部分も柔らかくておいしいので、長く収穫できるよう２〜３回に分けて種を蒔くといいです。

・畝幅がせまい場合は、畝幅いっぱいのバラ蒔きでもよいですが、世話のしやすい条蒔きが一般的です。

・蒔き幅 10cm くらいの条の部分を除草し土をはがします。
種を蒔く部分のところを平らに整え、手や鍬などで軽く押さえます。

・種が小さいので、ついつい蒔き過ぎないようにして均一に蒔き、種がかくれる程度に土をかけ、そのあと再び手などで軽く押さえます。これは、乾燥を防ぐためです。

・最後に枯草や青草を刈って（これも乾燥防止のため）適宜ふりかけます。種の大きさや発芽にかかる日数のことを考えて、上にふりまく草の葉の大きさや量を考えて作業します。幅の広い葉などがたくさんあるとせっかくの発芽を阻害します。

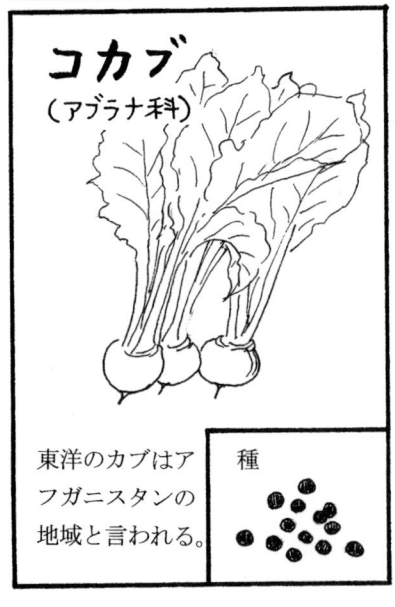

■　発芽と間引き

・発芽は早ければ３～４日で出てきます。

・蒔き方によりますが、密にならないよう混み合っている所から何回かに分けて間引きします。
隣の芽を傷めないよう注意し、うまくできない時はハサミを使うといいです。

（発芽後 20 日頃）

・地力が足りず葉の色が黄色っぽいような時は、このころ（5～7㎝ ぐらいの時）にほんとにうっすらと米ヌカなどをふりまいてやります。
葉にかかった米ヌカは手で軽くはたくようにして、ふり落としておきます。

（発芽後 50 日頃）

・このころになるとカブの部分も１～２㎝になり、少し地上に見えかくれするようになります。
混み合っている所や小さい株を先に間引いて、これは葉もまるごと浅漬にしたり、また葉はサッとゆでてカブのところはスライスして塩でしんなりさせ、葉といっしょにいろいろ和え物にするといいです。

■　収　穫

春になって塔立した蕾茎も
ハクサイ等と同じく食べられます。

・太り出したら、大きいものから収穫します。
おなじみの酢みそ和え、ごま和え、ピーナッツ和え、また浅漬もおいしいし、葉は炒めてもおいしいです。白いカブのところは、ポトフーやシチューもいいですね。

■　採　種

一代交配種のコカブも多いようですが、カブは郷土色が強く、その土地土地に様々な在来種があるようです。
そのような品種はぜひ種とりをしましょう。ただし、アブラナ科は他の作物と交配しやすいので種とりをするものは、
できるだけ離して栽培しておきます。
採種はハクサイの要領で
行うとよいです。

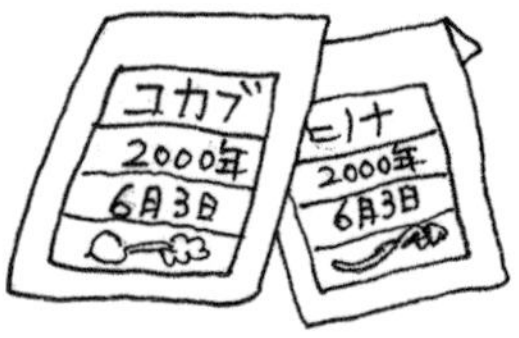

ラディッシュ ハツカダイコン

（アブラナ科）

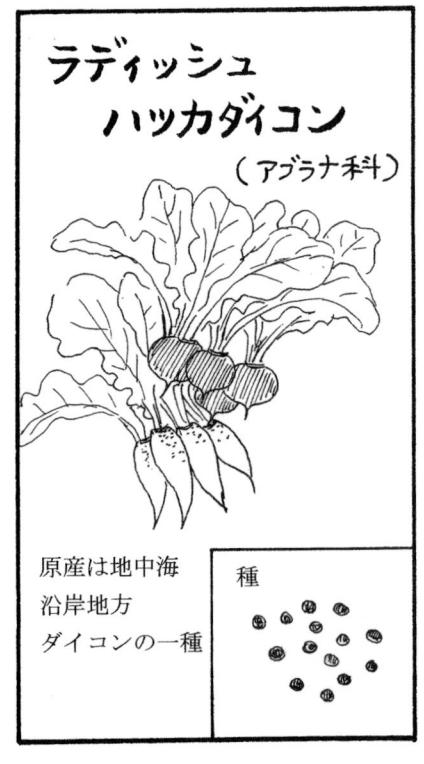

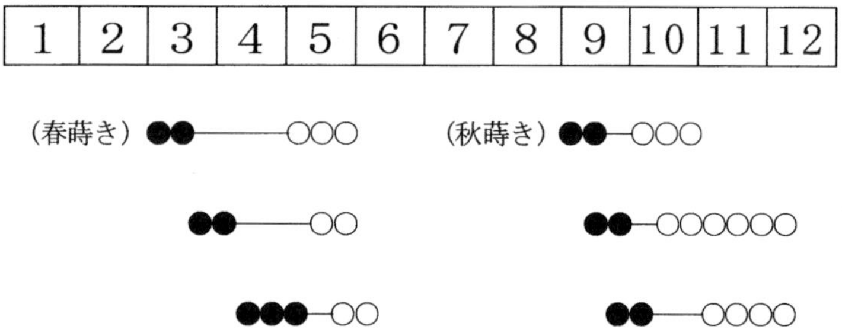

原産は地中海沿岸地方
ダイコンの一種

種

〔品種〕ラディッシュは別名ハツカダイコン（二十日大根）と呼ばれているように、生育期間が短くて収穫できるもので、形、色、様々なものがある。

赤色・球形種……赤丸二十日大根、コメット、レッドチャイム
赤白色・球形種…紅娘、スーパークーラ
赤色、長形種……ロング、スカーレット
白色、球形種……ホワイト、チェリッシュ
白色、長形種……ホワイト、アイシクル小町

〔性質〕ダイコンと同じく冷涼な気候を好むが、根は小さく、生育期間がきわめて短い極早生種である。

わりと作り易いのですが、高温下では徒長しやすく、うまくできないこともあります。収穫期間も短くあっという間に終わるので、少しずつ種蒔きの時期をずらして作ると次々に収穫できる。

■ 種降ろし

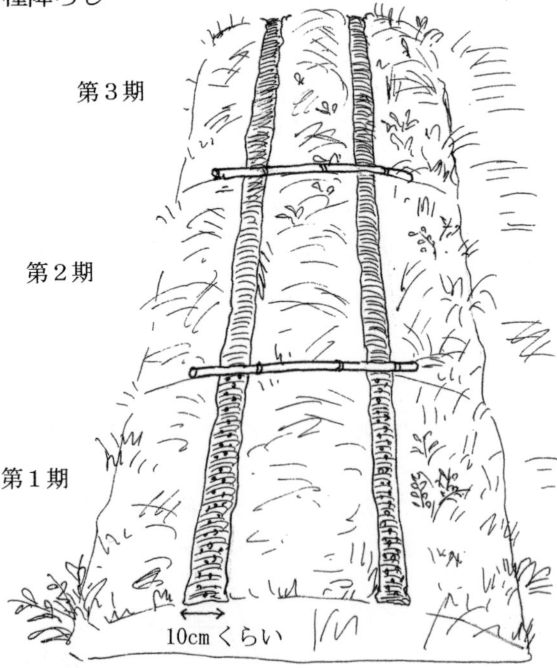

・春蒔きですと３月初めから５月上旬、秋蒔きは９月初めから10月上旬ごろまで、それぞれ３回くらいに蒔き時をずらすと、収穫期間が長く楽しめます。

・約１m幅くらいの畝に２条蒔きとします。日当たりが良く、水はけの良い場所を選び、蒔く条のところだけ10㎝幅くらいで草を刈ります。

・鍬などで表土を少し剥がして平らに整えた後、種をゆるやかに降ろしてゆきます。蒔きすぎると間引きがたいへんです。

・土は５㎜くらいの厚めにかけ、手の平でしっかり押さえ、その後周囲の刈った草などを薄く被せて、土の乾燥を防ぎます。

■　発芽と間引き

・３～５日で発芽します。
双葉が開き始めたら、上にかけておいた枯草をそっと除いてやります。

・この頃、あまりにも密になっていたら、ハサミなどで所々切って間引きします。

・発芽後約２週間もすると、本葉が３～４枚に生長します。混み合っているところを間引いて、隣の株とかるく葉が触れる程度の間隔にします。

■　生長と収穫

・種降ろしから約40～50日すると、根のまるい株が地上に浮き上がってきて収穫適期となります。

・取り遅れると中にスが入ってしまったり、割れたりしてしまいますので、球のところが直径２～３㎝のはりのある形になってきたら収穫します。
葉も食べられます。

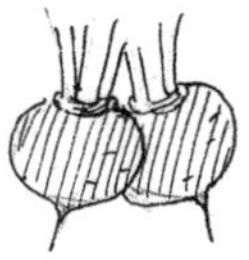
正常な形

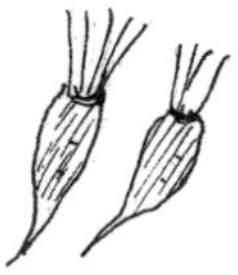
株間が狭すぎた場合

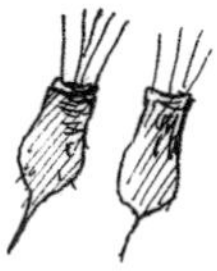
高温期に栽培した場合

収穫おくれや雨などによる土中の水分の急変

■　採　種

↑
種の莢

・秋蒔きのものは春先に、春蒔きは６月を過ぎて、株の中央から塔が立ってきて花が咲き始めます。

・ダイコンの花に似ています。
花が終わると種の莢ができて、その莢の色が緑色から薄茶色に変わって乾燥し枯れたようになったら、ダイコンやハクサイなどと同じように刈り取って、シートの上などでたたいて種を爆ぜさせます。
さらにゴミなどを吹き飛ばし、しっかり日に当てて乾燥させたら、ビンや袋で保管します。

タマネギ
（ユリ科）

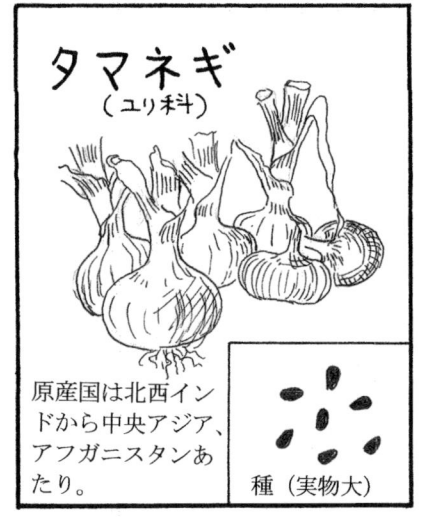

原産国は北西インドから中央アジア、アフガニスタンあたり。

種（実物大）

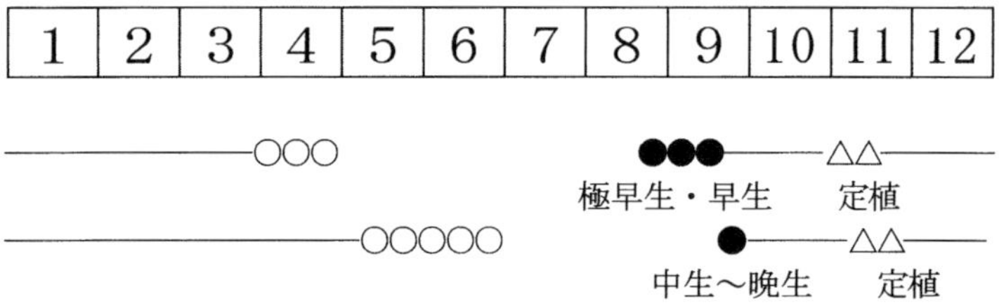

〔品種〕収穫する時期で分けると、８月下旬〜９月中旬に種蒔きして４月に収穫する早生種（貝塚早生・愛知白など）９月中旬から下旬にかけて種蒔きし、６月に収穫する中生〜晩生種（淡路中高・泉南中高など）は貯蔵用。また、生食用の赤タマネギは（湘南レッド・猩々赤など）辛味が少ない。

〔性質〕タマネギは排水が良く、湿り気のある土を好む。また、ある程度の地力を必要とする。

■　種降ろし

タマネギの栽培は、品種に応じて種を降ろす適期をのがさない事がとても重要です。それは、早く蒔きすぎて冬にはいる前に株が太りすぎると、春先根元が結球する前に塔立ちしてしまうし、遅すぎても太りきらないからです。

タマネギの種を降ろす所は、わりと肥えていそうな畝を選ぶか、お米の苗床のように２〜３ヶ月前にヌカを補って準備しておいたような所が良いでしょう。直前に施肥したり、小さい苗の時の栄養過多はやはり塔立ちの原因になりかねません。

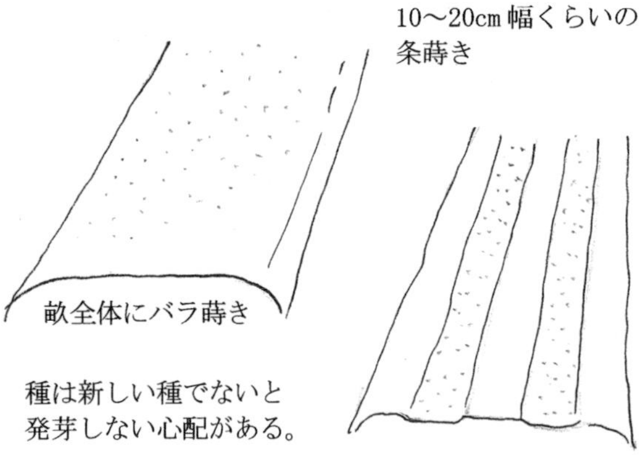

種は新しい種でないと発芽しない心配がある。

- タマネギは乾燥をきらうので、苗床は排水が良くてしかも湿り気のあるような場所を選びます。
- タマネギは自給用といっても貯蔵できるので苗は多めに作りますから、畝全体のバラ蒔きか、10〜20cm幅の太い条蒔きにします。
- 種を降ろす前に鍬などで土を押さえ、種を蒔いたら４〜５㎜覆土し、さらにたたいて押さえます。
- そのあとワラや近くの草などを刈って乾燥しないよう一面にかけておきます。

■　発　芽

- 早いのは５日目ぐらいから発芽します。針のように細く小さいのでわかりにくいですが、かけたワラを少しはぐってみて確認します。
- ほぼ全体が出そろったようだったら、幼い苗を傷めないようかけたワラや草をそっと除いてやります。
- この頃、他の草が生えだしていたらこまめにぬいてやります。タマネギの苗は小さいので他の草に負けないためには、お米の時と同じように苗床のとき草の種がまじらないよう覆土します。

■　間引き

・混み合っている時は慎重に間引きします。株と株の間がそれぞれ２〜３㎝ぐらいの間隔になるようにします。
・苗の大きさが５〜６㎝のころ、あまりに小さく元気がない場合、米ヌカ等をうっすら上からふりまいて補うことも考えられますが、くれぐれも補い過ぎないようにします。

■　定　植（11月中旬〜下旬）

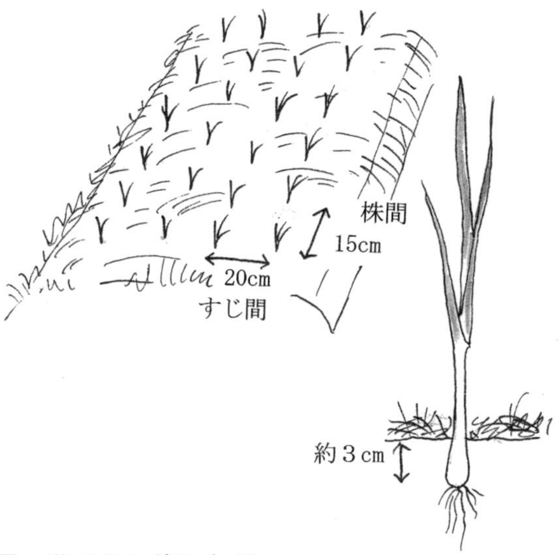

・夏の頃、生い繁った草を刈ってしばらくたったような畝、ちょっと地力のあるような畝を選んで定植していきます。苗は15〜20cm ぐらい生長しているといいですね。
・株と株の間は15cm くらいあけて、枯草と亡骸の層のあるところをかき分けて穴を空け、そこにしっかり苗を入れてゆきます。
・お米の苗を植えるのと同じ要領ですが、根元を３㎝くらいしっかり土の中に降ろして土を寄せ、さらに亡骸の層や枯草などを寄せておきます。
・数が多いので作付け縄などをはり、穴だけを先に１列分あけておいて植えていくとはかどります。

■　草刈りと施肥など

・定植した苗が根をはってピンと立ってくるのは、定植して10日もたったころでしょうか。そのあと必要に応じて１〜２回、米ヌカや油カスなどをうっすら補うこともできます。くれぐれも補いすぎないよう、枯草の上にふるので軽く株間をたたいて落としてやります。（直接苗にかからないように）
・１月と３月ごろ、これもその場所の状況に応じてですが、草の勢いが過ぎてきたら草を刈ってその場に敷いてやる作業をします。
・寒い地方など霜の心配もありますが、草のベッドの中に植える自然農の場合、亡骸の層や草が敷いてあるのでそれほど心配いらないようです。

■　収　穫

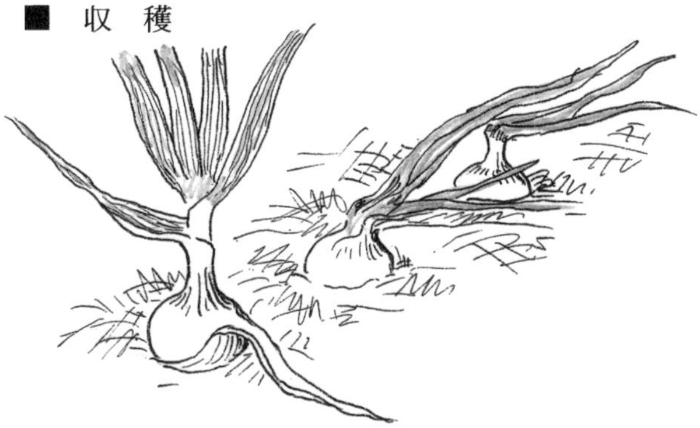

６月頃、ぷりっとほどよく結球したタマネギ

・その場所場所によってどのくらいの玉になるかまちまちだと思いますが、大きくても小さくても首のところが細くしっかりしまって形は丸くはりがあるのがよいタマネギです。
・うっかり塔立ちしてしまったものは、首も太く形が楕円形で丸みにはりがありません。
・６月にはいって一部の葉が枯れ始め自然に倒れはじめたら、まだ葉が青くても収穫して吊るしておくと長期間保存できます。

■ 保　存

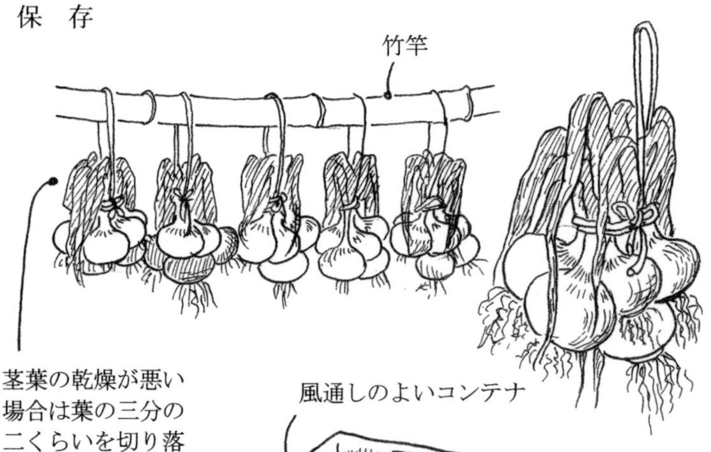

茎葉の乾燥が悪い
場合は葉の三分の
二くらいを切り落
として干すとよい。

・晴天の続きそうな時に抜いて畝の上にならべ、そのまま半日、日に当てて乾かします。
・さらに庭先など風通しのよいところで２～３日干します。
・軒下などに吊るせる所があれば、左の絵のように数個ずつひもでしばって、竹竿などにかけ吊るしておきます。
・タマネギの状態によりますが、これで11月ごろまで充分保存できます。

・吊るす場所がない場合は、葉を首のところで切り取って充分に干してから、風通しのよいコンテナなどに入れ、涼しい日陰の風通しのよい場所に保管します。

■ 採　種

・タマネギの採種はちょうど開花期が梅雨と重なり、種の成熟がむずかしいと言われていますが、次のようにやってみて下さい。

・収穫したタマネギを夏の間吊るして保管したものの中から10月初旬～中旬にかけて再び畑にもどします。（畝幅 60～90cm 株間 45cm）
夏の間、眠っていたタマネギは今度は１玉から数株芽を出します。６月ごろ固い塔が立って丸い蕾ができ、うす皮がはがれてたくさんの小さな白い花が開花します。

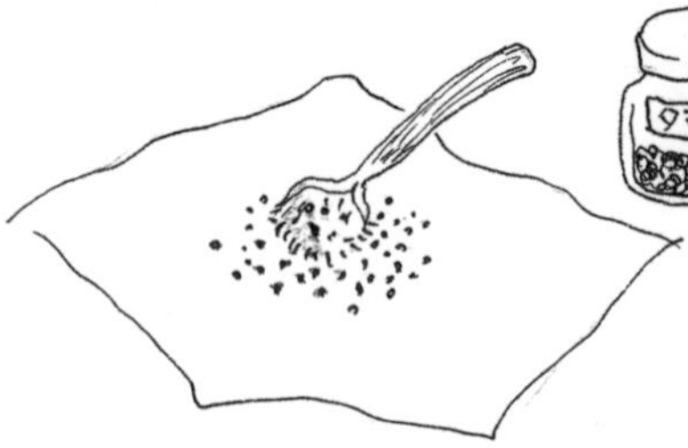

・やがて黒い種ができているのが見えてきたら収穫し、紙の上などに広げてふり落とし、その後、よく乾燥させてから保管します。
◎タマネギの種の古いものは発芽しにくいと言われているので、毎年使いきるようにします。

最後にひとこと

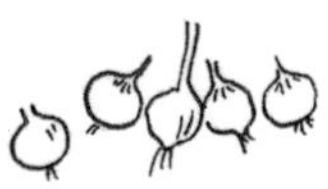

自然農に切りかえてまもない畑では、小さいタマネギしかとれないことがありますが、この小さいタマネギもりっぱな一つの生命、そしてそれがとてもおいしいんです。
まるごとスープぜひお試し下さい!!

ゴボウ

（キク科）

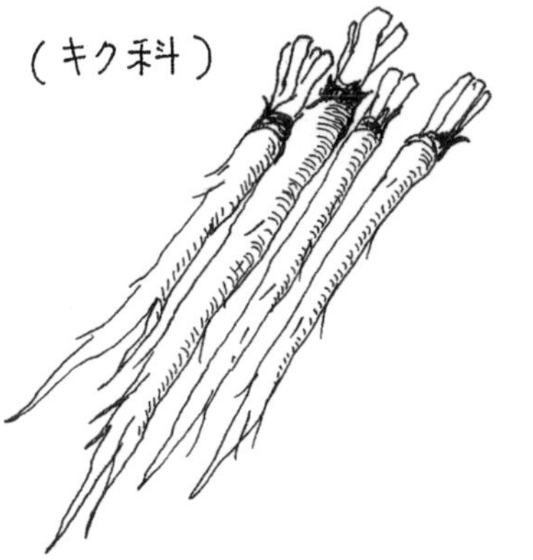

地中海沿岸、西アジアが原産。
１世紀頃渡来。
草用として入り、食用するのは日本だけ

種

1	2	3	4	5	6	7	8	9	10	11	12

（春蒔き）●●●●●――――――――――――○○○○○○○○○○○○○○

（秋蒔き）●●●――――――――――――――――○○○○

〔品種〕あまり品種は多くなくて大きく分けると、細く長く１m近くにもなる滝野川系ゴボウと、太くて短く時に中に空洞ができるが柔らかくておいしい大浦系ゴボウとある。

滝野川系には渡辺早生、堀川ゴボウ、柳川理想などがある。また最近では、生食もできる早生種のサラダゴボウなども出廻っている。

〔性質〕ゴボウは深耕しないと作れないと思われがちだが、他の根菜と同様、耕さない畑で充分生長できる。しかも柔らかくておいしい。連作を嫌うと言われているので、作付けする畝の場所は年々替えた方が無難かもしれない。日当たりの良い場所を選び、水はけ良く、多少肥えた所の方がよく育つ。

■　種降ろし

・ゴボウの種は黒っぽく固く、自家採種しやすいものの一つです。
ゴボウの種は光を好みますが乾燥を嫌いますので、種降ろしにはその配慮が必要です。

・日当たりの良い多少肥えたような場所を選び、雨の降る前などに種降ろしできると理想的です。

・畝幅約１mほどの畝に２本の条蒔きとします。（畝幅に応じ１条でも）
約10cmくらいの幅で種を降ろしてゆく部分だけの草を刈り取り、表土をはがしてゆきます。
・手で平らにした土を軽く押さえ、整えてからゆるやかな間隔で種を条蒔きします。

・好光性なので覆土はうっすらと種がかくれる程度にし、再び押さえてから、乾燥を防ぐために刈った草を上から軽く被せておきます。

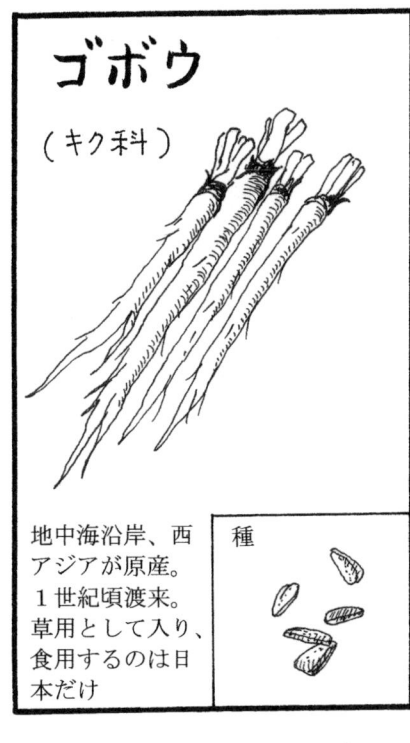

■　発芽と間引き

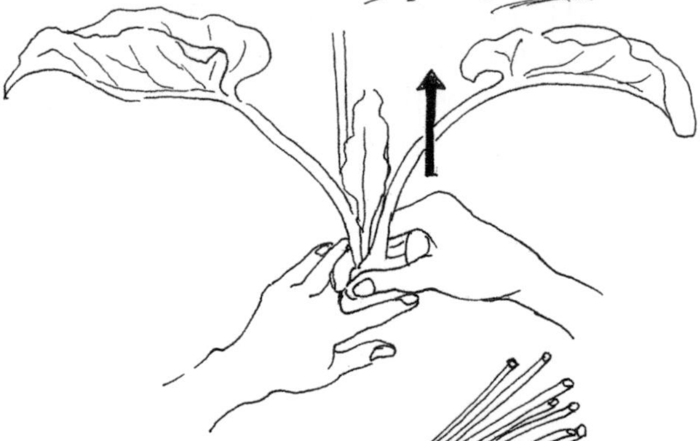

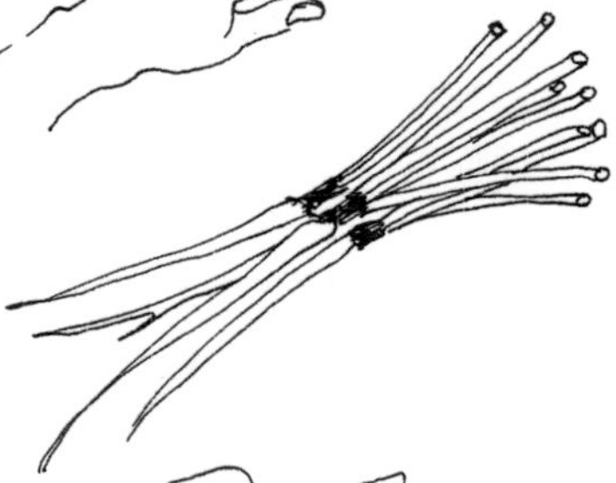

・約一週間すると発芽しますので、双葉が出そろい始めたら、上に被せてあった枯草を除いてやります

・あまりにも密になっているようだったら、双葉の時にも間引きしますが、本葉が２～３枚の頃に間引くと、小さいですがまるごとキンピラなどにして食べられます。

・この間引きゴボウは、春蒔きですと茎の苦みがなんとも言えずおいしいものですので、少しずつ何度も間引きしながらそれをいただくと、けっこう間引きも楽しくなります。

・この若いゴボウを間引く時は周囲のゴボウに影響しないように、左手の指で土を軽く押さえ、右手でゆっくり、じっくり、上に真っすぐ引きます。引く時は茎や葉を引っぱらないで、根元の茎と根の接点のところのしっかりしたところを持って引きます。

・間引きした若いゴボウは、葉ゴボウと言って葉は苦いので取りますが、茎と根はそのまま洗ってキンピラやかき揚げにしていただきます。
風味よく、根のゴボウもとりわけ柔らかいので、たいへんおいしいものです。

・間引きは最終的に株間が滝野川系は約10cm、大浦系は株が太いので15～20cmくらいにします。

■　生　長

・夏、草々が生い繁って、ゴボウの葉の日当たりが悪くならないよう時々手を貸して草を刈ってやります。
その草は、その場にゴボウの根元に敷いてやります。

■　収穫と保存

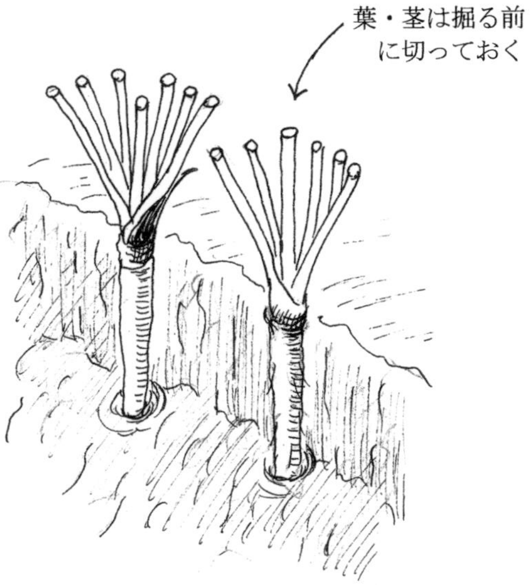
葉・茎は掘る前
に切っておく

・ゴボウの収穫は、どうしても畝を耕してしまうような形になってしまいますが、それでも必要以上に土を動かすことなく、無駄に作業して畝をこわさないよう配慮します。

・まず、収穫したいゴボウの片側だけを20cmくらい掘って、ゴボウが土の中に根をさしている姿を確かめ、少し左右、前後にゆすってみます。短めのゴボウなら、これで根をしっかり持ってゆっくり引き抜くことができるものもあります。

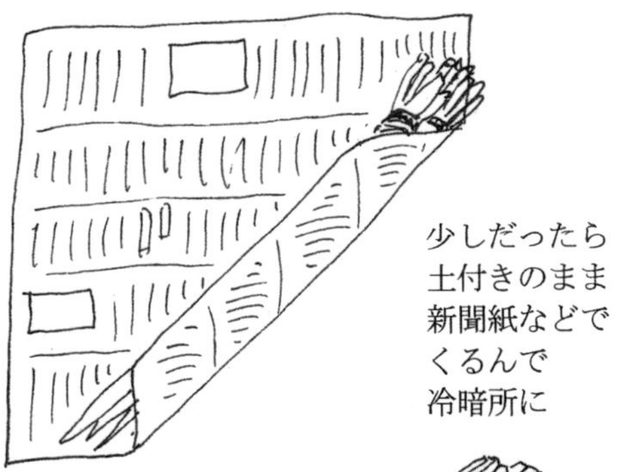
少しだったら
土付きのまま
新聞紙などで
くるんで
冷暗所に

・長いものは、さらに片側を少し掘ってもう片側の土も掘り、できるだけ引き抜く手は下の方を持って、ゆっくり慎重に引きます。少し左廻りに廻すような感じで引くといいようです。

・春蒔きのものは、夏ごろから若ゴボウとして楽しめますが、本格的なものは地上部が枯れ始めてから随時収穫し、およそ２月頃までに終わるようにします。春になって２年目の若芽が出てきたら、根にはスが入り、固くなってしまいます。

・多めに掘って保存したい時は、何本かまとめて土の中に埋めておくと長持ちします。
茎のついていた方を地上に２～３cm出すようにして、長めに埋めておくとよいようです。

■　採　種

・ゴボウの花は同じキク科のアザミに似ています。種を降ろした次の年の夏、人の背丈ほどに伸びた塔についた花は、地味ですが力強い感じがします。

・咲き終わって、茎も花もカラカラに枯れたようになったものを刈り取って、中の種をほぐすようにして取り出します。一つの花からかなりたくさんの種がとれます。

・ゴミや種の外側のガクなどを吹きとばして、種だけをさらに日に当て、よく乾燥させてからビンなどに保管します。

ニンニク

（ユリ科）

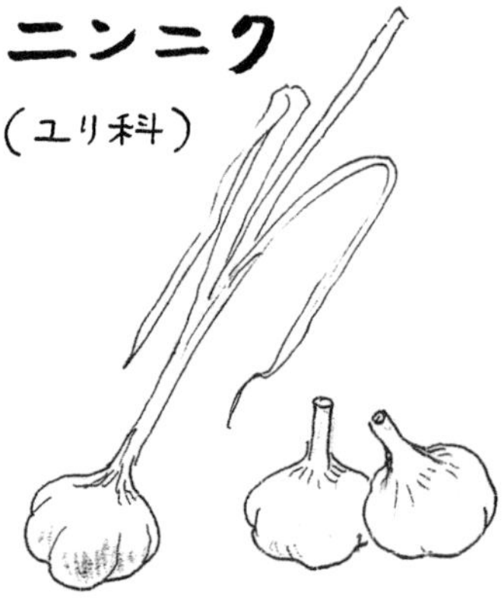

原産地は中央アジアといわれている。日本へは奈良時代に伝来する。

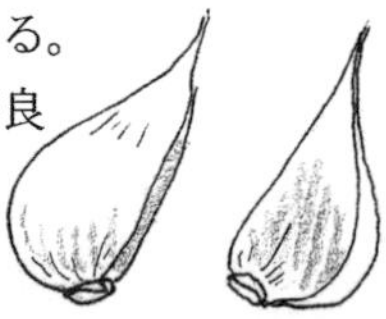

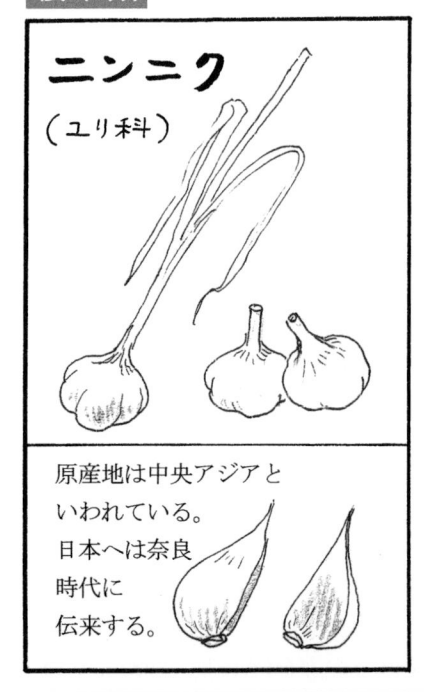

1	2	3	4	5	6	7	8	9	10	11	12

●●●●———

（暖かい地域ほど遅くてもよい）

———○○○

〔品種〕寒冷地に適する、ホワイト6片、福地ホワイト、暖地向きには、壱州早生、上海早生などがある。

〔性質〕特有の強い臭味を持つが、様々な料理にその薬味が重宝される。冷涼な気候を好むが、耐寒性はあまり強くなく、耐暑性も弱い。早く植え過ぎると冬までに大きくなり過ぎて寒害を受けたり、遅いと大きくならないまま塔立ちしたりするので、各々の土地に適した品種を適期に植えつけることがポイントである。また、乾燥を嫌い、地力のある所でよく育つ。

■　種降ろし（分球の植付け）

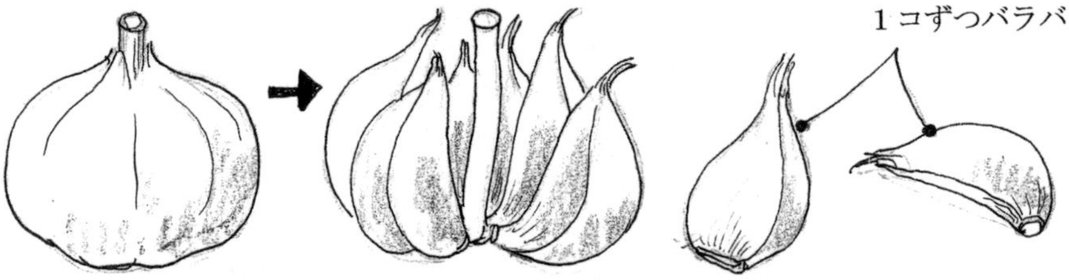

分球（鱗片）をていねいに
1コずつバラバラにはずす。

初めは品種などを確認し、園芸店、種苗店などで求めますが、次年度よりは収穫したものを種として保存して用います。
ニンニクの球、全体を覆っている薄い白い皮をはがし、6～10個に分かれた分球（鱗片）をていねいにバラします。この時、カビの生えたものや腐ったもの、乾燥しすぎてシワシワに縮んでいるものなどは取り除きます。1片の大きさは5g以上はある大きめのものを選びます。

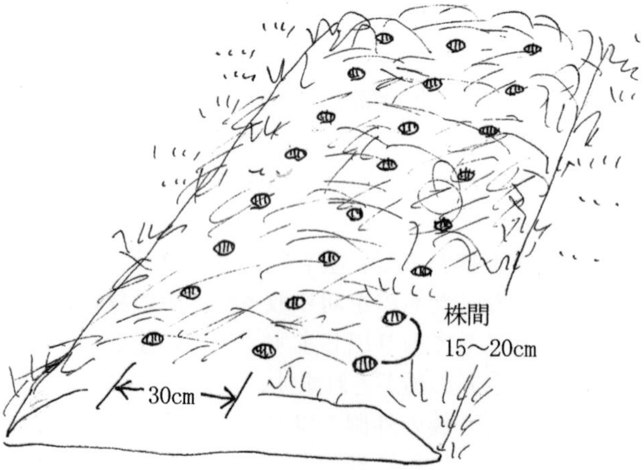

- 9月頃ですと勢いよく生い繁った夏草が少し衰え始める頃です。地上部をザクザクと刈って畝の上に敷き整えておきます。
- 8月にこの作業をやって少し米ヌカなどを補い、地力をつけておくと良いです。
- その畝に敷草をかきわけて条間を約30cm株間は15～20cmとって穴を空けます。

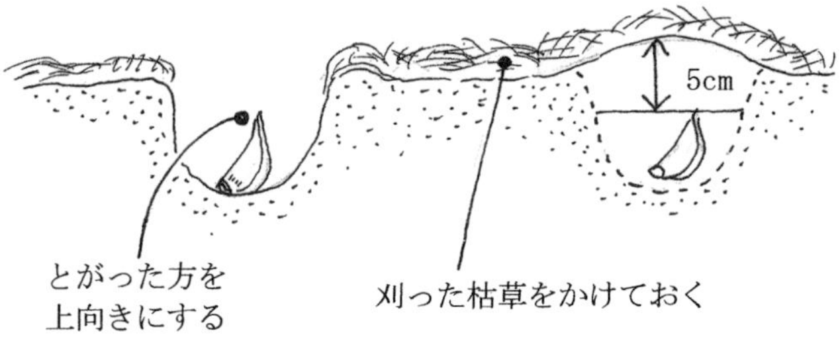
5cm
とがった方を
上向きにする
刈った枯草をかけておく

・作付け縄などを使って、先に穴だけを空けておくと仕事がはかどります。
・穴は深めに掘って、種の上に土が５cm はかぶさるようにします。種はとがった芽の方を上にして植え付けます。
・土を被せたら手で軽く押さえ、草をかけて乾燥を防ぎます。

■　発　芽

・発芽には 10 日から２週間ほどかかります。

■　秋から冬まで

・葉が 20cm くらいになったころ、油カスや米ヌカなどを周囲に薄くふりまいて補ってやってもよいです。
・補う場合は雨の降る前など見計らってするとよく、ニンニクの葉にかかった油カスなどは手で軽くはたいて落としてやります。
・また、冬草もニンニクの周囲で茂ってきたら、条間を１列おきに刈って、刈った草はそこへ敷きます。

■　２月～４月頃

土が裸にならない
よう草をかけてお
くとよい。

・冬の間はいったん生長が止まったまま、冬越しをします。
この間、土が裸にならないよう心配りが必要です。

・２月に入ると再び生長を始め、草丈も４月には 70～80cm ほどになります。

・茎の太さが細い場合はここで再び補ってもよいでしょう。

■　花芽を摘む

・４月に入って暖かくなると、次々に花芽ができて塔立ちが始まります。これをそのままにしておくと、地下のニンニク球が太らないので、花芽が30cmほどに伸びたら手で摘みとります。

・手でポキンと軽く折れる時が良く、硬くて折れにくい時は遅すぎたことになります。
この花芽は食べられます。

■　収　穫

ひげ根のつけ根の所は
乾くと堅くなるので
すぐ切っておく

・５月中ばから６月にかけて茎葉の約三分の二くらいが枯れてきたら、を収穫の目安とします。

・晴天の続きそうな日に株全体を引き抜いて、ひげ根についた土をふるい落とし、ひげ根は切り捨てて半日、日に干します。

・そのまま畑で、あるいは庭先で２～３日、日光と風に当てて乾かします。

・葉茎が乾いたら茎を保存しやすい長さに短く切って、束にして吊るしたり、縄にさし込んで吊るしたりして、軒下や土間の天井下など風通しが良くて涼しい所に保管するとよいでしょう。

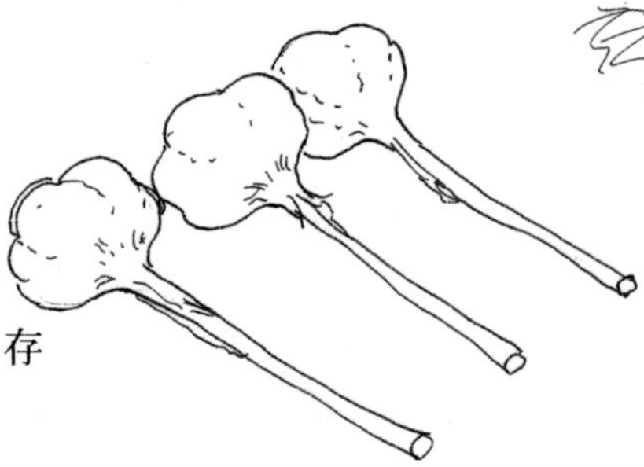

■　保　存

にんにく壷

・また台所ですぐに使うための保管には、にんにく壷がおすすめです。
素焼きで空気穴が少し空けてあるふたつきのもので、いろんな大きさや形があるようです。
素焼きの壷が適当に水分をとってくれて、カビずに長く保存できますし、台所の楽しい道具の一つです。

サトイモ

（サトイモ科）

種イモ

原産はインド東部またはインドシナ半島で縄文時代にイネより早く渡来したといわれる。

1	2	3	4	5	6	7	8	9	10	11	12

●●●●●――――――――○○○○○

○○○○○○○○○○

〔品種〕サトイモには種類によって子イモを食べるもの、親イモと子イモを食べるもの、茎（ズイキと言う）まで食べられるもの、その他、形などいろいろな種類がある。

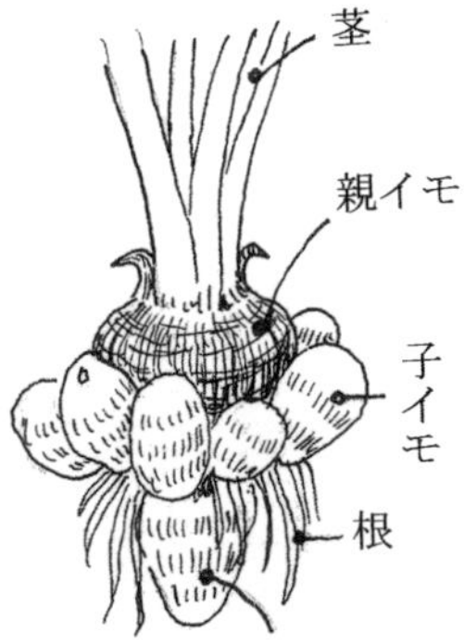

（子イモのみ食べるもの）
　石川早生、土垂、早生蓮葉
（親イモと子イモと食べられるもの）
　赤芽イモ、セレベス、八ッ頭
（茎がズイキとして食べられるもの）
　八ッ頭
（茎のみを食べるもの）
　水イモまたは蓮イモ

（形のかわったもの）

エビイモ

竹の子イモ
京イモ
台湾イモ

〔性質〕サトイモは熱帯地方の食べもので、湿気と高温を好む。乾燥を嫌うので、大きな葉で自ら根元の土の乾燥を防いでいる。
また、土質も選ばないと言われていて連作もできるが、２～３年作ったら少し休む方がよい。
強い日照を好むが土は乾燥しない所がよい。

■　種イモの植え付けと土寄せ

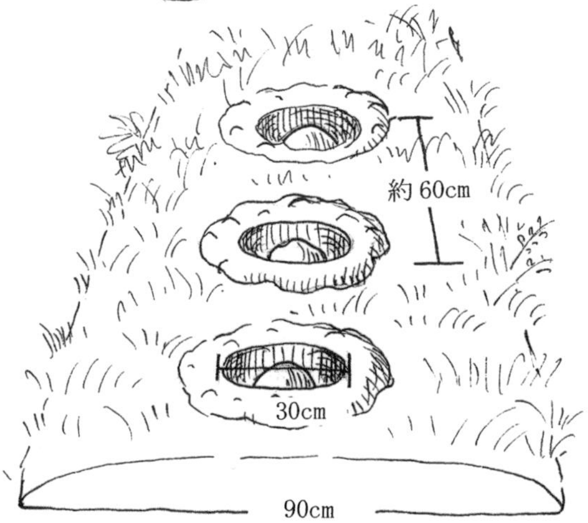

・種イモは昨年度の子イモで、収穫せずに土の中に残して種イモ用に管理しておいたものの中から（ない場合は種苗店で３月頃から出まわるのを入手します）傷のない健康なイモを選びます。

・大きさは５～６cm くらいはあったほうがよいでしょう。
・４月頃に掘り出したものは、すでに発芽と発根が始まっていたりしますがかまいません。

・畝は 60～90cm くらいの幅の畝を用意し、株間を 60cm くらいとって直径約 30cm、深さ 20cm くらいの穴を空けておきます。

・サトイモは種イモの上に親イモができ、その節に子イモ、そして子イモには孫イモというように上についてゆきますので、後で１～２回土寄せをします。その方法を説明しますと、

①

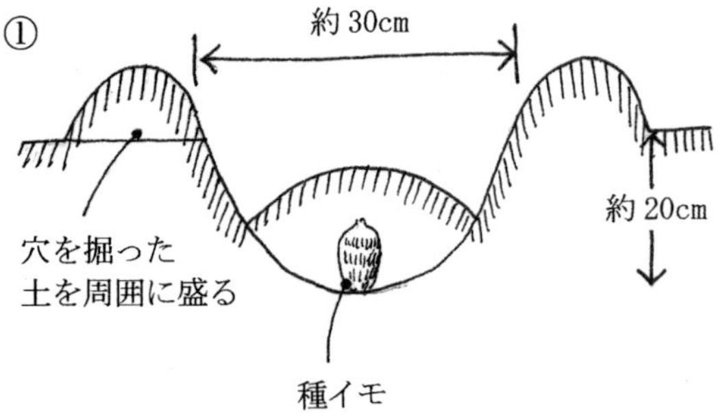

芽を上にしておきますが、
わざと逆さまにしたり、
横にしたりする方法も
あるそうです。

① まず直径 30cm 深さ 20cm の穴の中に種とするイモを芽を上にしておき、その上にこんもりと堀り上げておいた土を被せます。
ちょうど種イモの倍の高さくらいまで被せます。

②１回目土寄せ

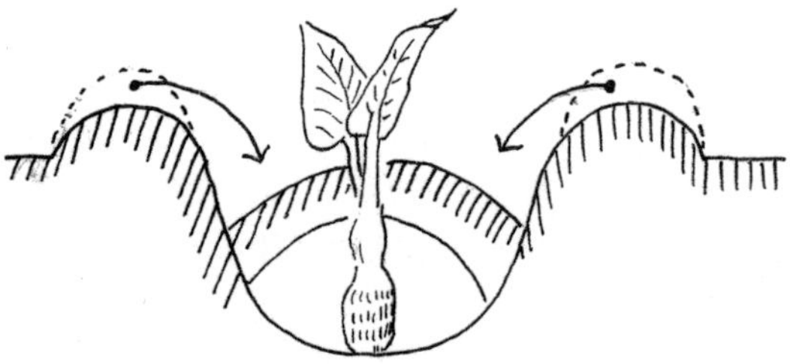

② 発芽は地温が 15℃以上で始まります。
第１葉、第２葉がでて茎が伸びてきたら、５月下旬～６月上旬ごろ、周囲に堀り上げて盛ってある土を中に入れもどして、図のように葉っぱがかくれない程度にこんもり土寄せします。

③２回目土寄せ

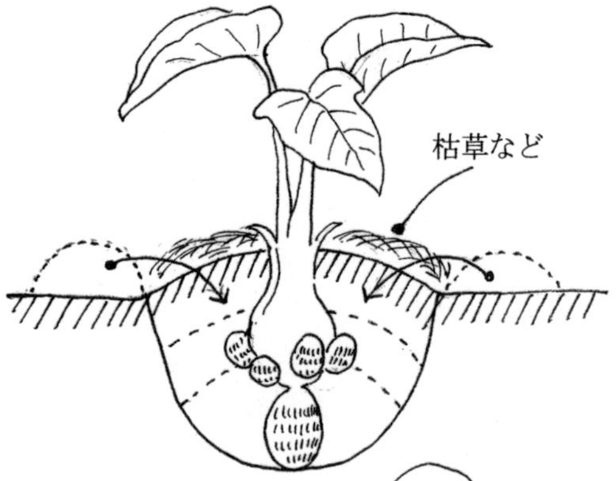

③ さらに葉が大きく生長してきますが、２回目の土寄せをするのは、６月下旬から７月上旬にかけてを目安とします。

・左図のように、最終的に堀りあげて周囲においておいた土を全部もどし、さらに少し盛り上がるような形に土を寄せます。

・こうやると雨が降って水がたまってイモが傷むことがありません。
同じような理由で①、②の場合も水が直接イモを傷めず、適当な湿り気が伝わるような形になります。

・最後に周囲の草を刈って株の根元が乾燥しないように敷いておきます。
あとは多少草におおわれても大丈夫ですが、サトイモの葉まで草でおおわれないようにの配慮は必要です。

・腋芽がもし出てきたら、かき取った方が子イモが充実します。

■　収　穫

・八ッ頭の茎（ズイキ）の収穫は、８月頃外側の茎をかきとって利用します。１株から少しずつ収穫し、秋になったら親イモも子イモも収穫できます。

・サトイモの収穫は11月に入ったら必要な分だけ収穫していきます。
種イモの上に親イモができて、その周囲に子イモがたくさんできます。赤芽やセレベス、八ッ頭などは親イモが食べられますが、ホクホクとしてたいへんおいしいです。

・収穫の時は土を必要以上に動かさないようにし、もとのように畝を整えておきます。

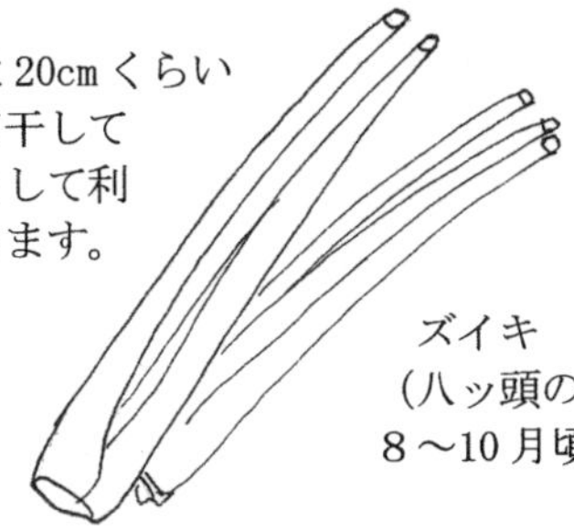

ズイキは20cmくらいに切って干して保存食として利用もできます。

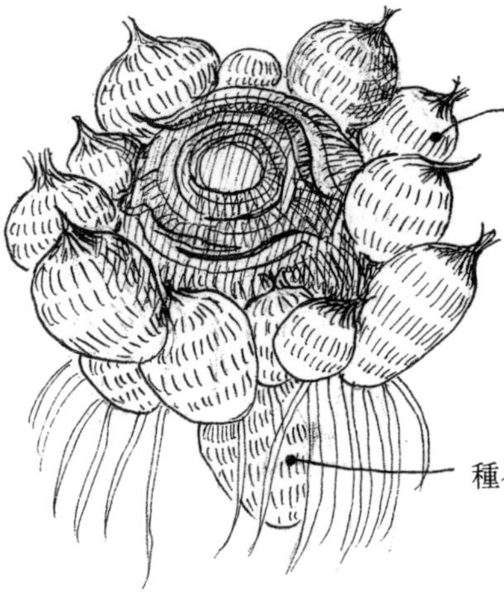

■　保　存（食用と種イモ）

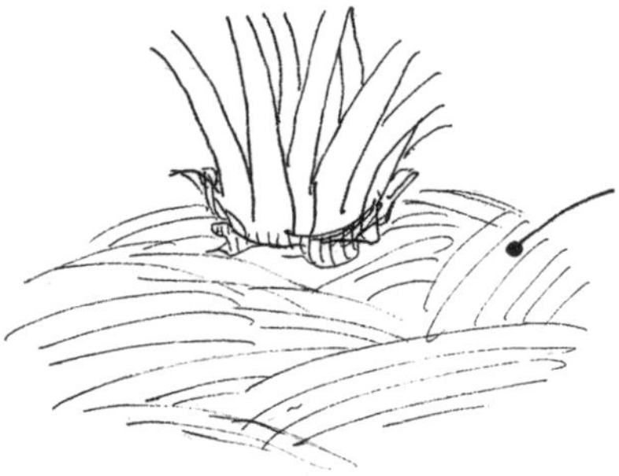

・サトイモの保存の適温は７～10℃ということです。

・サトイモを春まで保存しておくには、一つには掘らないでそのまま畑においておくことです。その場合は、低温や霜の害から守るために、たくさんのワラやカヤなどの量の多い枯草で根元をおおっておくとよいでしょう。

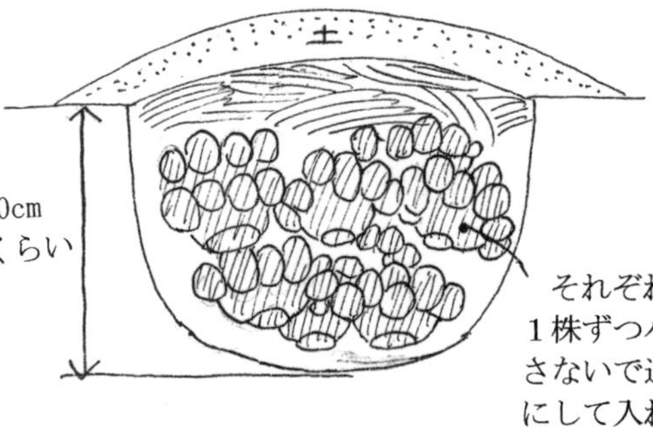

それぞれ
１株ずつバラさないで逆さにして入れる。

・一度掘り上げて保存する方法としては、日当たり良く、水はけの良い場所を選んで60cmくらいの穴を掘ります。
サトイモの掘り上げた根株は、茎を切って親イモと子イモもバラさずにくっつけたまま、逆さまにして入れていきます。
入れ終わったら、カヤやワラなどの量の多い枯草、または古びたムシロなどを被せ、さらに土を上に（５～10cm）かけておきます。必要な量ずつ取り出します。

ジャガイモ
（ナス科）

原産地は南米チリアンデス地方と言われている。

1	2	3	4	5	6	7	8	9	10	11	12

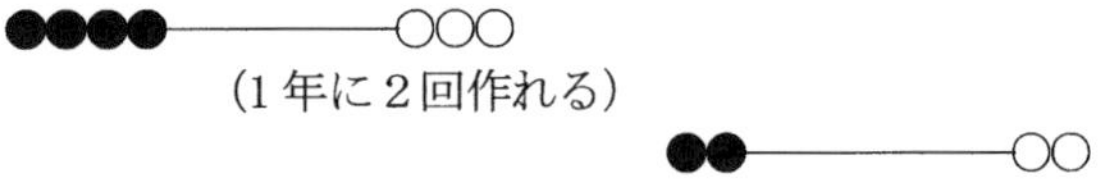

〔品種〕ごつごつと凸凹があって、煮るとくずれやすいがホクホクしておいしいのは男爵。男爵に似るが煮くずれせず、おでんに向いているのは農林1号、丸型で皮が赤く中味が黄色いのはアンデス。
細長く凸凹があまりなく、煮くずれしないメークィーン、芽の周辺が赤く中味が黄色いヒマワリ、などいろいろある。秋植えは出島や農林1号が向いている。

〔性質〕ナス科なのでトマトやピーマン、ナスの後は避けた方がよい。涼しい気候に適し、高温下、低温下では生長しない。玉ネギ同様、貯蔵性が高いので欠かすことのできない作物である。

■　種イモの植え付け

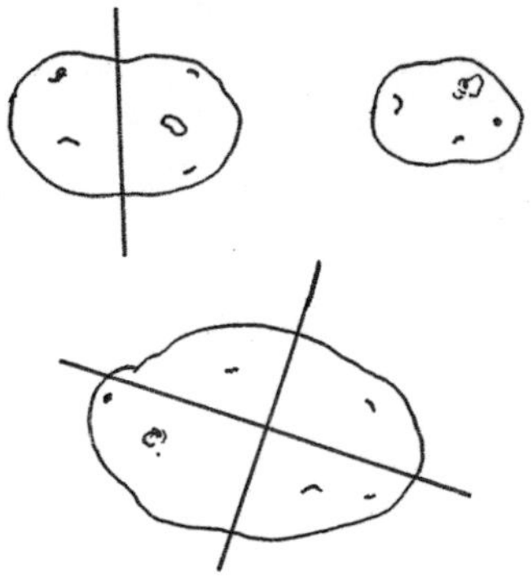

・種イモは玉子より小さいようなものはそのまま1コとし、大きいものは2～4つに切り分けても良い。その場合、各部位に芽が1～2ヶ所残るようにして切ります。
・切り口に灰などをつける習慣もありますが、自然農の場合土が健康なのでその必要を感じません。日に当てて切り口をかわかす程度で良いです。
・それから食用のものでしなびてきたものを種イモにしても充分育つようです。ただし、市販の食用のジャガイモは芽出しを止める放射線照射がしてあるものもあるのでご注意を!!

・植え付けの時期は霜の降りる心配がなくなった頃の3月上旬から3月いっぱいを目安にします。暖かい地方では2月下旬からでも可能です。

・前作にナス科のもの（トマト・ナス・ピーマンなど）を栽培してない畝を選び、湿気を嫌うので畝を高めにして排水をはかります。株間は約30cm、条間は40～50cmにして植え付けます。

・冬草、春草をかき分けて、植える場所だけ地面に穴を掘ってゆき、芽を上に向けて種イモの大きさと同じ分の土を被せます。

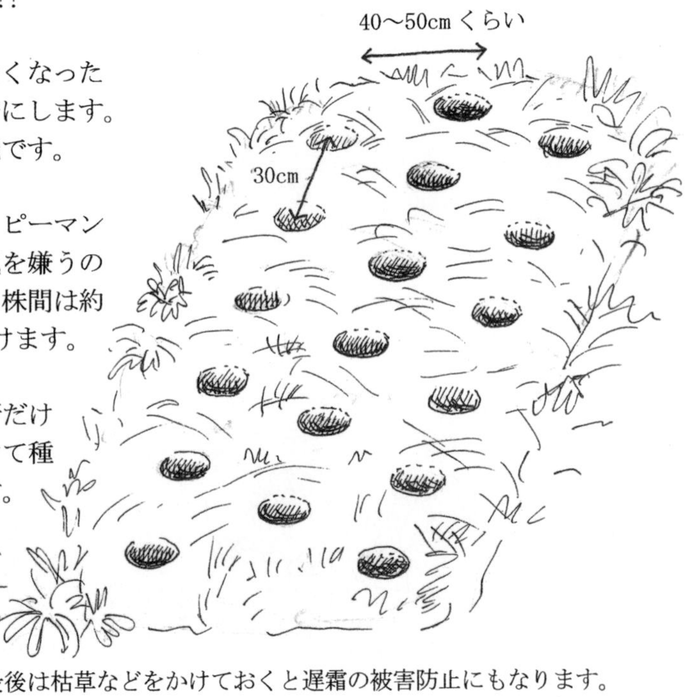

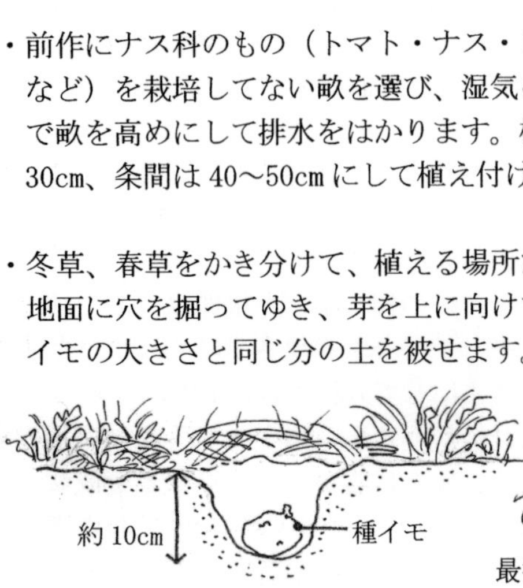

最後は枯草などをかけておくと遅霜の被害防止にもなります。

■ 発芽と芽欠き

1～2本を残してあとは芽欠きする。

残す芽の根元のところを手で押さえる。

・発芽したあと、もし遅霜が降りそうな時は、芽の上に少し土を被せておいたり、枯草をたくさん寄せておくとよいでしょう。

・1コの種イモから5～6本発芽することも多く、そのままにしておくと収穫するイモが小さくなるので、芽は1本～2本にします。太い芽を残して不要なものは中の種イモを押さえるようにし、ゆーっくり引きぬくとよいです。

■ 生　長

・草に負けそうな所だけを刈る。

■ 収　穫

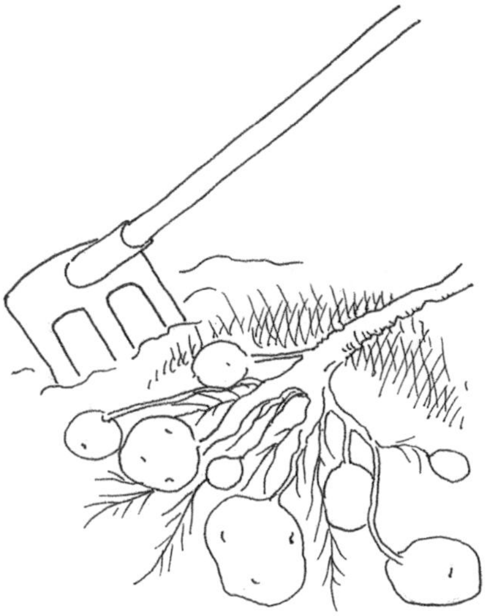

・花が咲き終わって下葉が黄色く枯れ始めたら、天気が良く土の乾いている日を選んで掘り上げる。雨上がりなども避ける。

・できるだけ土を動かさないように三っ鍬などで掘るとよい。

■ 保　存

掘り上げたら風に当て、充分に土を乾かす。(湿気に弱い) そのあとコンテナやダンボール箱などに入れ、冷暗所で保存する。

■ 種イモのこと

・6月に収穫したジャガイモを普通の家庭で春まで保存しておくのはむずかしいです。

・8月にもう一度植え付けて11月に収穫した芋の中から種イモを選んで、湿気がないようにして大きな紙袋などに入れて保管しておきます。

・参考までに保存にふさわしい温度は5℃前後だそうです。

サツマイモ

（ヒルガオ科）

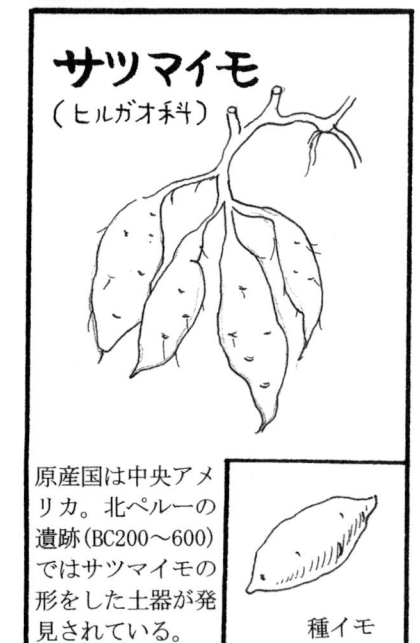

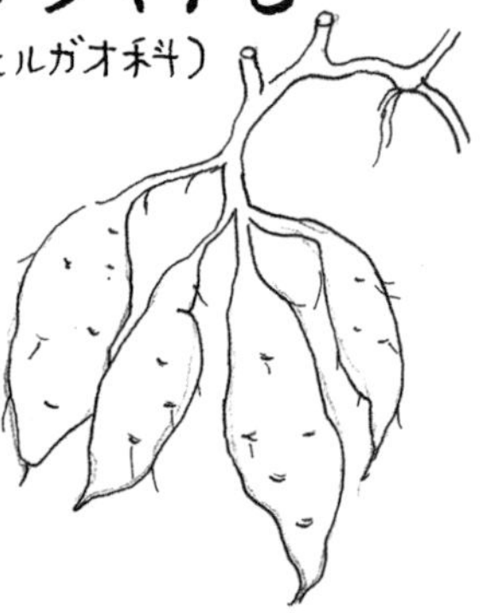

原産国は中央アメリカ。北ペルーの遺跡（BC200～600）ではサツマイモの形をした土器が発見されている。

種イモ

1	2	3	4	5	6	7	8	9	10	11	12

●●●――△△△――――――○○○○

（種イモ植え）（つる苗の植え付け）

〔品種〕たくさんの品種があるので、好みのものを選んで２～３種つくると楽しい。

赤系〈紅アズマ〉…形は紡錘形で、甘味強く多収。

〈紅サツマ〉…味よく昔から親しまれている。

〈紅赤・または金時〉…ツルボケしやすいが皮の色・形が美しくおいしい。焼きイモ用につくられた。

〈紅ハヤト〉…中の色が濃くお菓子用によく利用される。

〈高　　系〉…全国的につくられる。作り易いが苗のできる数が少な目で、温度も必要。

白系〈コガネセンガン〉…たくさんとれる紅アズマの片親。デンプンやお酒を作る原料につくられる。

〈ハヤト〉……中の色がオレンジに近く、甘くおいしい。

〈安納芋〉……やや赤味もある皮の色で中はオレンジ色、甘み強くおいしい。

紫系〈山川紫〉……中の色が鮮やかな紫色、皮は赤、甘味はうすい。

〈種子島紫〉…皮は白系で、中は熟すほどに鮮やかな紫になる、甘味ある。

〔性質〕サツマイモは野菜の中で最も高温を好む種類に入る。救荒作物と言われ、やせ地でもよく育ち、自給性の強い作物であるが、水はけ良く、日当たりの良い場所を好む。

■　種イモを植える（３月中旬～４月上旬）

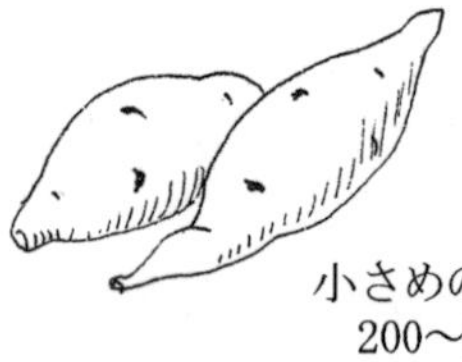

小さめの
200～250g
くらいのイモ

・苗をとるイモを種イモと言います。ジャガイモなどと違い、種イモから発芽するたくさんのつる状の芽を切り取って、それを苗とするので、種イモは必要に応じてその種類と数を決めます。だいたい１コの種イモから15～30本の苗がとれます。

・種イモは200～250ｇくらいのそれほど大きくないものが良く、芽の出る数はイモの大きさというより、品種と気温に依るところの方が大きいようです。

・端を切ると白い汁が出るような、冬期の保存の状態が良いものが良いとされます。

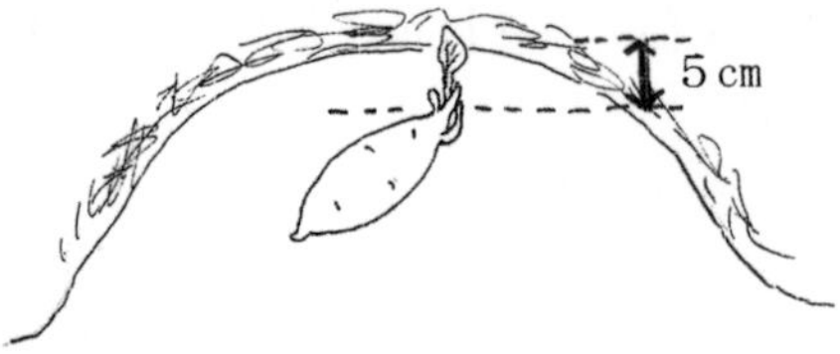

・植え付ける前に、48℃のお湯に40分間浸すと芽が早く出て、黒斑病の予防になると書いた文献もありますが、九州は暖かいのでやったことがありません。次回試してみたいと思います。

・60cmくらいの畝に、株間を50cmくらいとって、１コずつ植えてゆきます。芽の出る方を上に向けて、土は５～６cm被せておきます。

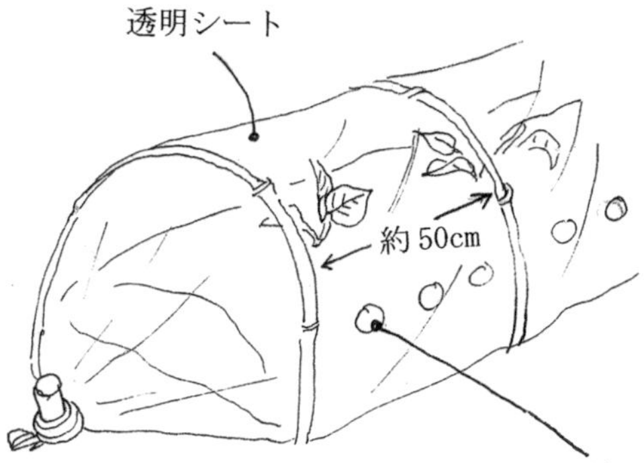

通気孔をあけるか、時々、シートをめくって換気する。

・関東以北では露地での苗つくりは難しいかもしれません。その場合、左図のように畝の上を竹などでアーチ状に囲い、ビニールなどでおおって簡易温室をつくってやるのも一つの方法です。
・ビニール類は廃棄物としてはやっかいなので、必要に応じて他の素材による温室を作っておくと、他の作物にも応用できます。

（「温床または温室について」P210参照）

■　苗をとる

・５月下旬から６月中旬にかけ、つる性の芽が何本もさかんに伸びてきます。
先端から葉の数を数えて、７～８枚目のあたりをよく切れるハサミで切り取って苗とします。

・長い苗が少なければ、葉の付いている節が３ヵ所くらいの短いものでも充分苗にできます。

・すぐに植え付けできない時は、新聞紙を湿らせて束ねた苗を包み、冷暗なところで保管します。
・また苗は何回かに分けてとれるので、その都度植え付けるようにすると、田植えで忙しい時期に少しの時間で効率良くできます。

■　苗の植え付け

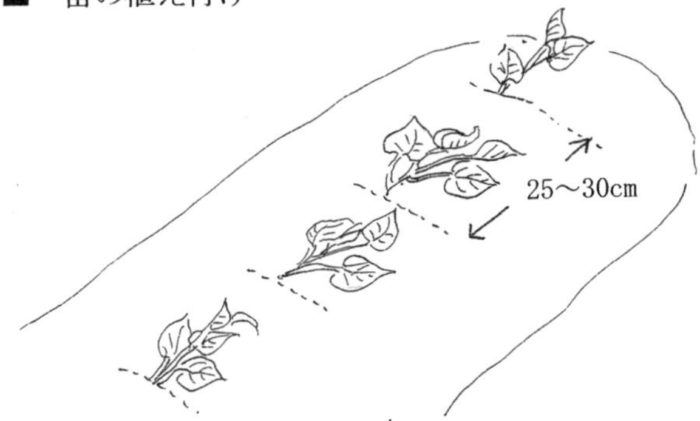

・畝は水はけが良く、日当たりの良い場所を選びます。畝幅は60cmほどあれば良く、広い畝では２列に、また夏に上へ伸びてゆくトマトやニガウリなどの野菜の足元へ植え付けることもできます。

連作は可能で、松尾農園では10年来同じ場所で作り続けておられるとのことです。（ただし、冬から春にかけては放置し、他の作物を栽培しないそうです。）

◦ 水平挿し

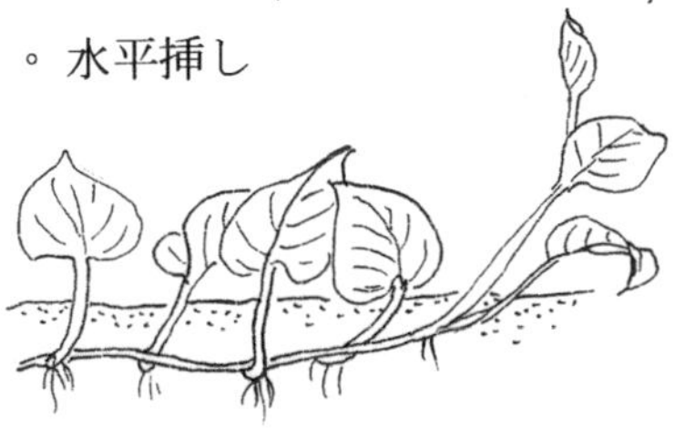

長い苗を４～５節水平に埋める。深さは約５cm

◦ 斜め挿し

３節ほどを地中に埋める。

◦ 直立挿し

・前作にラッカセイが良いとされるのは、ネコブセンチュウを防いでくれるらしいのですが、耕さない自然農では、年数がたつほど土中も健康な状態となり、そのような配慮がなくても美しい健康なサツマイモができます。

・植え付けたあとは、苗の上にもかかるように畝全体に周囲の草を刈って被せると、乾燥から苗を守ってくれる。

・植え付けて１週間から10日で活着する。乾燥には強いが、活着して約 1 ヶ月は水分に恵まれると発根を促し生長が進みます。

・植え付ける時期は梅雨時ではありますが、配慮としては雨の降りそうな夕方などに植え付けるのが良いでしょう。

■　つるの生長と草刈り

９月になると畝全体を覆うほどに広がる。

・植え付けて約１ヶ月するとつるが伸び始めます。つるは３ｍほどにもなるので隣接する畝はその影響がなく、むしろ地表を覆うことで、その作物の生長を助けるようなオクラやトマト、ナス、ニガウリなどだと良いと思われます。

・夏になって気温が上昇すると草も茂ります。つるにからんで刈りにくくならないうちに草刈りをした方がよい場合は刈っておきます。
葉が夏草に覆われてしまうとデンプンが作られなくなり、収量が減ります。

・その後はほとんど放任状態でよいが、時々つるを上げて伸長するつるから出る根を地面からたち切ってやると、大きいイモを収穫できます。
・若いつる先の葉柄は食べられます。淡白な味ですがキンピラなどにするとおいしいです。夏の葉物が少ないころ食卓を助けてくれます。

■　収　穫

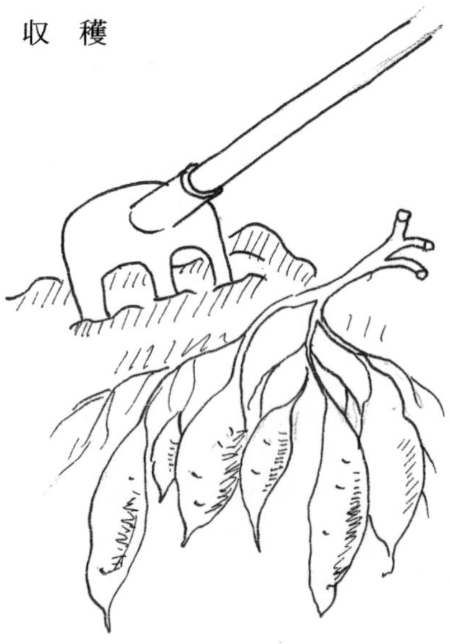

・まず、地上の茎のところでつるを切り離して、溝のところか、となりの畝などにいったん取り除いて置いておきます。

・三っ鍬やスコップなどで、茎の周辺を見当をつけて掘りおこします。
なるべく必要以上の土を動かさないようにします。

・左図のようにだいたいまとまってできているのでなるべく茎ごといっしょに掘ります。
（保存の場合はこの方が長く保存できる）

・収穫の目安としては、植え付けて 120 日から 150 日くらいです。

・掘り終わったら、畝の形を整えて除いたつるを被せ、地表を裸にしないようにします。

■ 保存と種イモについて

（陰干しをする）

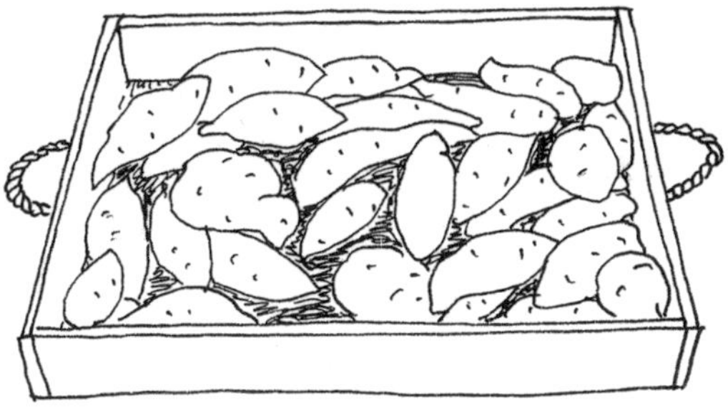

・掘り上げたサツマイモは土を落とし（洗わない）、品種ごとにまとめて陰干しして 1 週間ほどおきます。
こうすると水っぽいイモもホクホクとなって、甘味も増してきます。

・サツマイモは５℃以下になると腐り始めるので、暖かくて適度な湿気もある所に保管します。

（貯蔵について）

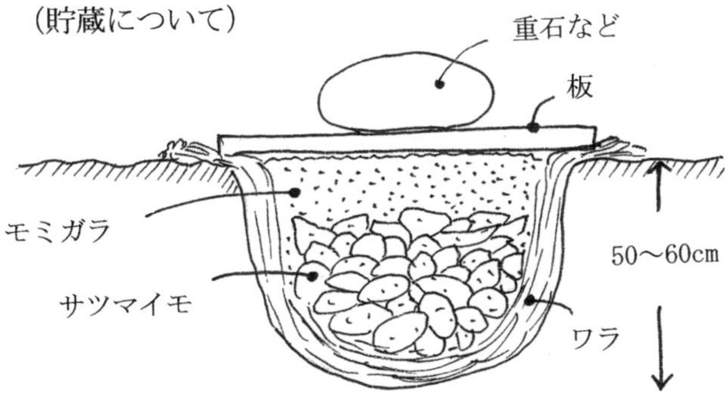

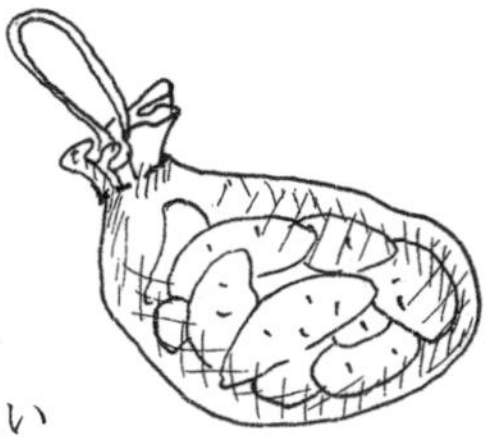

・年内に食べきるようだったらコンテナなどで保存しますが、たくさん収穫した場合は低温対策が必要になります。

・松尾農園では納屋の中に穴を掘って、まず、ワラを内側に敷きイモを入れて、その上にモミガラをたくさん被せて、最後に板などを置き、重石を乗せてネズミなどに食べられないようにするそうです。

タネイモの貯蔵について

・タネイモはできれば 10 月いっぱいまでに掘り上げたものの中から選び、土の中に入れる場合も 10 月いっぱいにしまうようにする。
少しでも良い状態のものをタネにするためである。

・また、同じ意味で皮などに傷のないものを選び、できれば茎から切り離さない状態のもの（前ページの下絵）を選ぶとよい。

・貯蔵の仕方は地方ごとに、あるいはその家ごとに様々で、床下にそのための戸棚が造ってあり、その中に入れるやり方や、地下室などに置いたり、もっと寒い地方では温床を作ってその上に置いたりして保存します。

去年、我が家で成功した方法。
これはどこの家でもタネイモ分くらいはできますよ。紹介します。
イモを一つずつ新聞紙でくるんで、ふた付きの発泡スチロールの箱に入れ、台所の天井に近い棚とか冷蔵庫の上などに置いておきます。台所は料理をするのでわりと暖かく、適当に水分もあり、同じように低温の苦手なショウガもこの方法で冬じゅう、大丈夫でした。
サツマイモは子どものおやつにも最適です。いろいろ楽しみたいですね。

※松尾農園……福岡で自然農を生業として、すでに 10 年経過しています。

サヤエンドウ
エンドウ
（マメ科）

メソポタミア地方が故郷です。日本へはエンドウが奈良時代、サヤエンドウは江戸時代に。

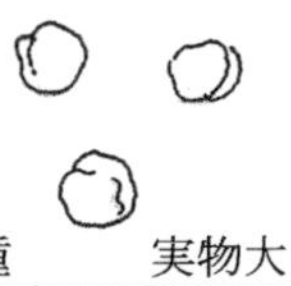

1	2	3	4	5	6	7	8	9	10	11	12

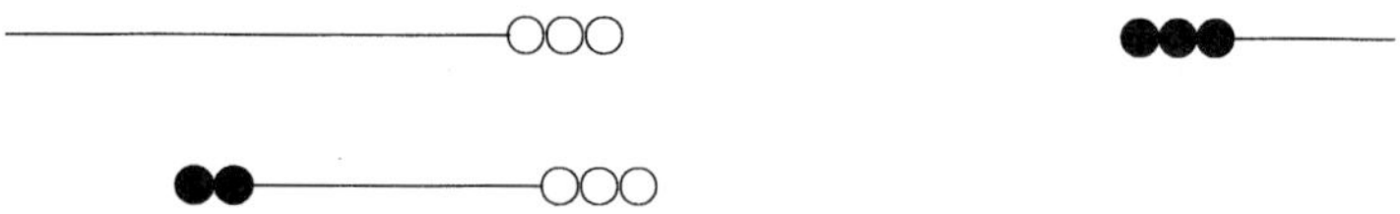

（霜の降りない暖かい地方のみ）

〔品種〕サヤエンドウ

これは莢ごと食べる品種で、白花種、赤花種、また草丈でつるあり、つるなし、それから莢の大きさで小型の（伊豆赤花、渥美白花）、大型の（フランス大莢、オランダ大莢）などがある。

エンドウ

豆が青いうちに収穫して豆を食べる種類。
つるあり、つるなしがある。

スナップエンドウ（あまいえんどう）莢ごと食べられて中の豆も柔らかく大きくなり、これもつるあり、つるなしがある。

〔性質〕マメ科ですので前作が豆だったところは避けた方がよい。日当たり良く、水はけの良い所であれば失敗なく、初めての方でも収穫が楽しめる。

■　種降ろし

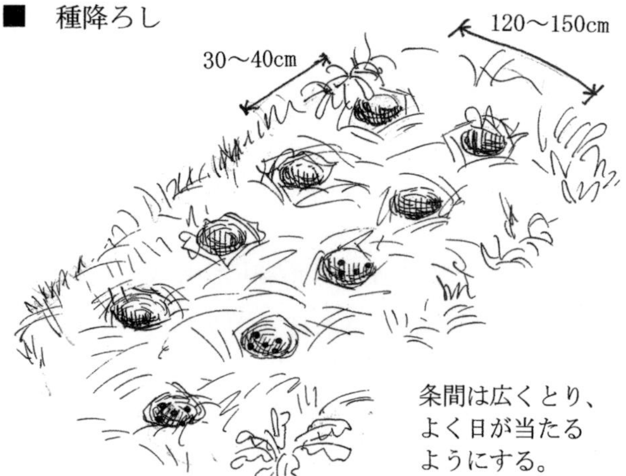

条間は広くとり、よく日が当たるようにする。

・エンドウ類はおよそ10月下旬から11月中旬くらいに種を降ろします。

・夏野菜の後の畝などに30〜40cm間隔に夏・冬草をかき分けて、３〜５粒ずつ種を降ろしてゆきます。種と同じぐらいの量の土を被せ、手のひらでトントンとたたいて締め、その上に枯草などを軽く被せておきます。（豆類は蒔いた種を鳥に食べられることもあり、それを防ぐ意味もあります。）

■　発　芽

・約７〜10日くらいかかって発芽します。
発芽の邪魔になりそうな枯葉（被せておいたもの）は取り除いてやりますが、冬の寒さや風から守ってくれますので、適度に周囲にある方がよいでしょう。

・地方によっては異なると思いますが、この状態で冬を越します。
暖かい地方で早く種を蒔くと、つるが伸びて大きくなり過ぎて霜にやられることがあるので早蒔きは要注意です。
九州などの温暖地では、２月後半に種を蒔いても間に合います。

■ 支柱立て（つるありの場合）

春になりぐんぐん大きくなってきたら、そろそろ支柱を立てます。時期は４月中旬ごろで、草丈は 30〜40cm くらいのころでしょうか。支柱立てにはいくつかの方法がありますので、３つの方法を紹介します。

その１　川口さんのやり方
稲ワラと支柱を使います。

木（ヒノキなど）や竹の支柱
エンドウの背丈が伸びて次のささえが必要となってから上段をとりつければよい。
ワラ縄（細めでよい）
ワラは株元を下にして細い方を１回縄にまきつけてしばりぶら下げる。

エンドウの巻きヒゲのようす この部分が巻きついてゆきます。
花
莢エンドウ

・エンドウの仲間はアサガオやインゲン豆のように、茎そのものが支柱に螺旋を描いて巻きつくのではなくて、葉の先の細い巻きヒゲが何かにつかまるようにして巻きつきます。したがって、ワラや網、枝のある笹竹などが適しています。周辺で手に入る素材で工夫して下さい。

その２　笹竹を枝を落とさず、そのまま立てるやり方

その３

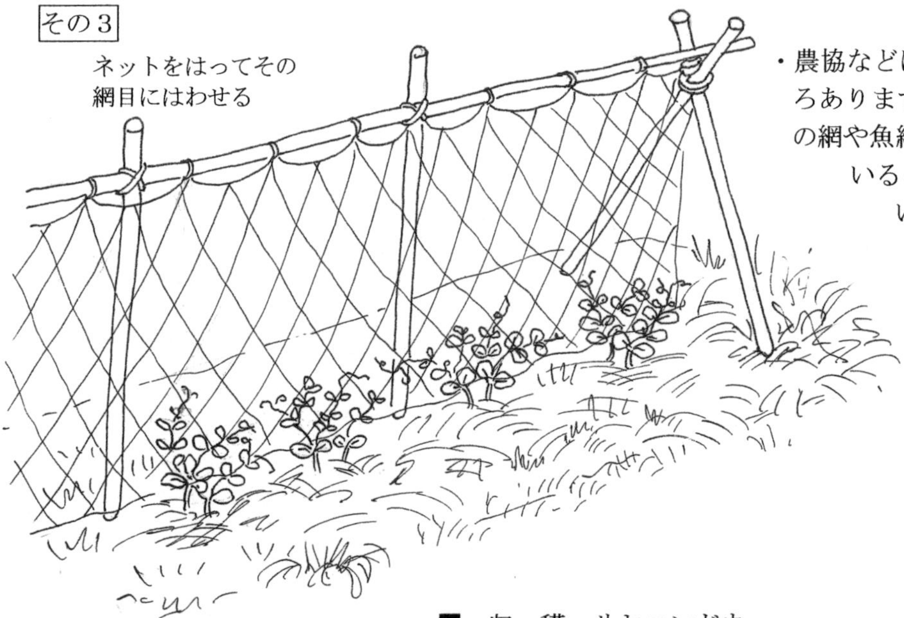

ネットをはってその
網目にはわせる

・農協などにもネットはいろいろありますが、のりの養殖用の網や魚網などが安く手にはいるところでは、他にもいろいろ使えて何かと重宝します。

■　収　穫　サヤエンドウ

大莢、小莢の種類により大きさの目安は違いますが、緑色が濃く柔らかいうちがおいしい。

実エンドウ・グリンピース

中の豆が程良くふくらんで、柔らかく青味のあるうちに……。莢の色は少し白っぽくなって色が抜けるころが実のとり頃です。

スナップエンドウ

中の豆も大きくなりますが、やはりこれも豆と鞘の柔らかいうちに。

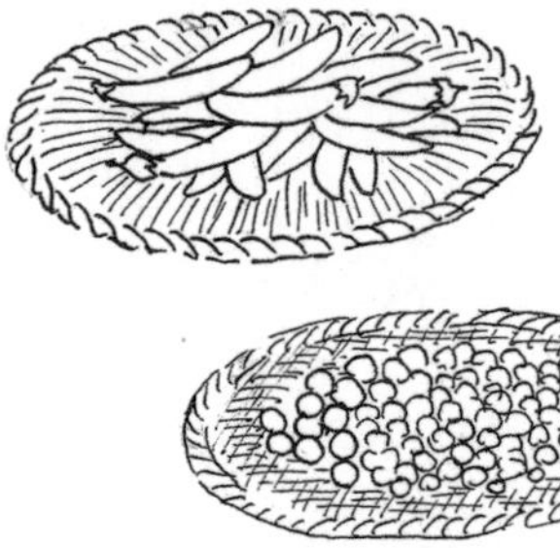

■　保　存　サヤエンドウとスナップエンドウは青いうちが食べごろですが、実エンドウは硬くなったら、大豆のように硬い豆で収穫して保存することもでき、水にもどしてから料理します。
あとは青いうちにたくさん収穫したなら、莢から出して生のまま冷凍もできますし、うぐいすあんに仕立てておくとおやつに便利です。

自家製うぐいすあんは最高においしい！

■　採　種　どの種類も中の豆が充分大きくなって（サヤエンドウは莢いっぱいの大きい豆にはなりませんが）莢がだんだん薄茶色になって、カラカラに乾いてきたら順に採種していきます。いつまでもおいておくとカビることがあります。
むしろやシートの上に広げ、天気の良い日にさらに乾燥させて、手で莢をはずし（多い場合は軽くたたいてはぜさせる）、さらに豆だけを充分干して乾燥させたものを保管します。

小さいジャムのビンは種の保存用に捨てられませんネ

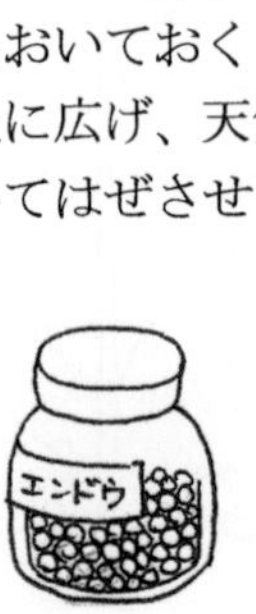

※実エンドウの種は丸くふっくらした種ですが、莢エンドウやスナップエンドウの種は乾燥させると少しシワシワになります。

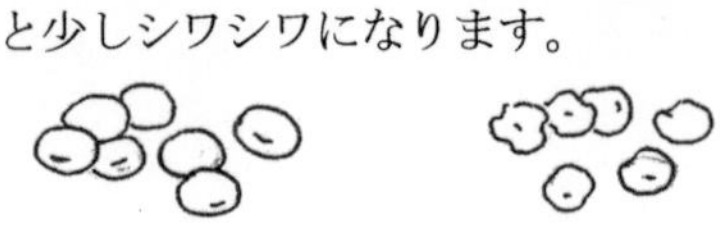

サヤインゲン
サ サ ゲ
（マメ科）

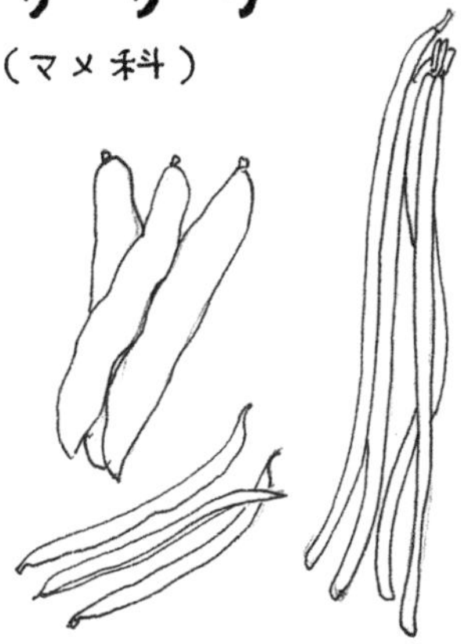

種（実物大）

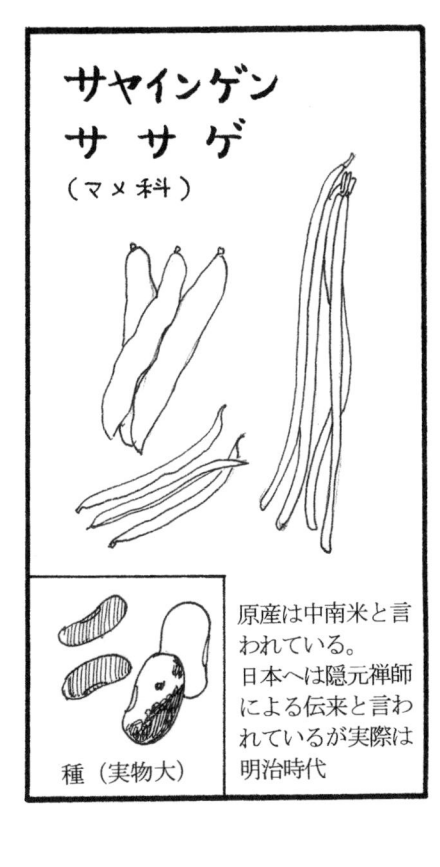

原産は中南米と言われている。日本へは隠元禅師による伝来と言われているが実際は明治時代

1	2	3	4	5	6	7	8	9	10	11	12

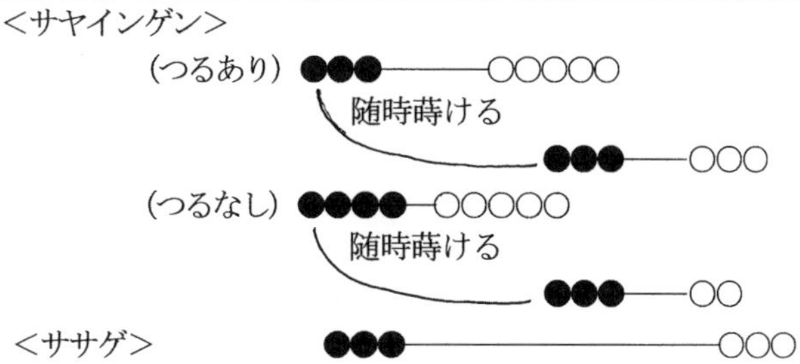

〔品種〕実の若い時に莢ごと食べるサヤインゲン、三尺ササゲ（ドジョウインゲン）などと、実を熟させて乾燥豆として豆を収穫するものと大きく分けられる。乾燥豆では、煮豆や甘納豆、餡などに利用される。

呼び名は地方によっても異なっていて、大豆やソラマメ、エンドウ以外の豆は全てササゲだとする所もある。

● 莢インゲン……ツルありとツルなしがある。
若い実を莢ごと食べる。

○ ササゲ……三尺ササゲ
ジュウロクササゲ

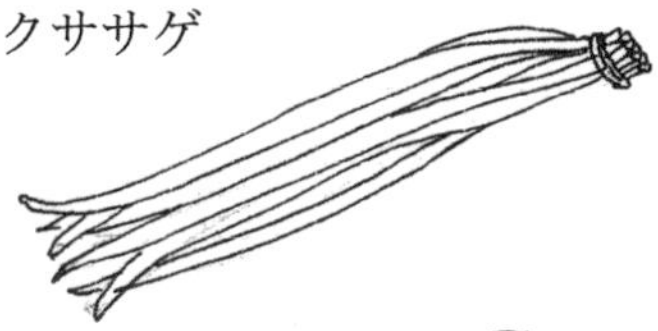

● 乾燥インゲン豆
白インゲン、トラ豆、白花豆、十六寸、
金時豆、うずら豆、紫花豆など

○ 乾燥豆ササゲ
ミドリササゲ、アズキササゲ、
テンコウササゲなど

〔性質〕ソラマメやエンドウと異なり、温暖性のマメ科の作物である。

日光を好み、保湿力のある場所が良いとされるが、水が停滞するような所は不向きで、水はけは良い方がよい。

莢インゲンは５月から７月頃まで次々に種を降ろせるが、夏の気温が30℃を越えると実を結ばなくなることがある。また、霜には弱いのでやはり適期に栽培するようにする。

つるなしインゲンは支柱を立てなくてすむので手間入らずだが、収穫時期がつるありに比べ短いので、２～３回に分け時期をずらして種降ろしをするとよい。

■ 種降ろし

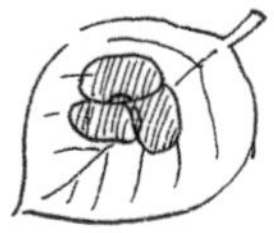

柿の葉

種降ろしの時期は各地域ごとに多少ずれると思うが、いつごろから蒔いてよいかの目安として、ここ糸島地方では「柿の若葉がひらき始めてその若葉にインゲンの種を３粒のせて包める頃」と言われています。毎年畑の入口の柿の若葉を見ているとだいたいそのとおりだと思います。

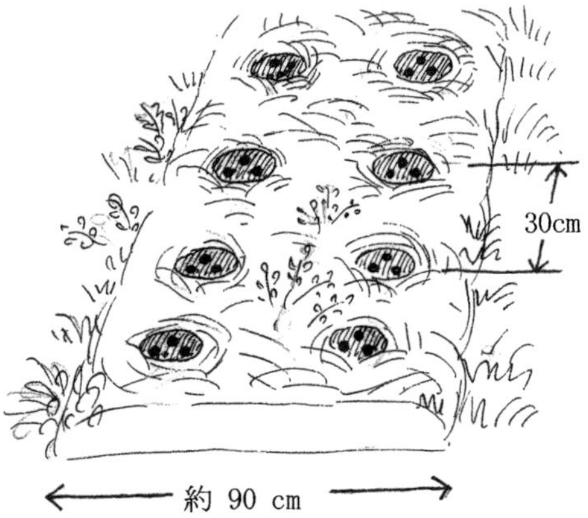

・こんな目安があると、多少地域の差があっても応じられますね。ちょっと参考にされてみませんか。

・種降ろしは直蒔きで点蒔きとします。
畝幅 90cm くらいのところに２条に、株間を 30cm ほど空けるとよいでしょう。

・点蒔きをする所の草をかき分けるようにして、種を降ろす直径10cmほどの土を小さい草などあれば抜くなどして整え、２～３粒ずつ種を降ろしてゆきます。覆土は種の倍なので約１cm くらいかけておきます。

■ 発芽と間引き

・その後手の平などで軽く押さえ、枯草などをその上に被せて乾燥を防ぐようにします。
・また鳥が種をつついて食べてしまうような所では、ひもを１本蒔き条の上に張っておくとか、条間に竹の枝のたくさんついたものを横にして置いておくとよいでしょう。

発芽後 17 日目くらい

・約５～６日たつと発芽します。左図のように双葉が頭を持ち上げた頃、被せていた枯草を除いてやります。

・周囲の草は発芽したインゲンが陰になったり、風通しが悪くなっているようだったら少し刈ってやります。

・約１ヶ月ごろになったら、少し苗が混み合っている所は丈夫な苗を残し、間引きをして２本仕立てとします。

株の根元は
刈った草を
敷いておく

・つるなしインゲンは高さ 40～50cm くらいで枝を張り地面からあまり高くない所に実がたくさん生りますので風通しが悪くならないよう、まわりの草が茂っていたら刈ってやります。

・また、サヤインゲン・ササゲは土の乾燥には弱いので土が裸の部分がないよう、刈った草は株の根元を中心に敷いておきます。
草が少ない場合は、土手の草などを刈って利用したりします。

・つるありインゲン、ササゲは、そろそろつるが伸びてくるので竹など支柱の用意をします。

■　支柱の立て方（つるありインゲンとササゲ）

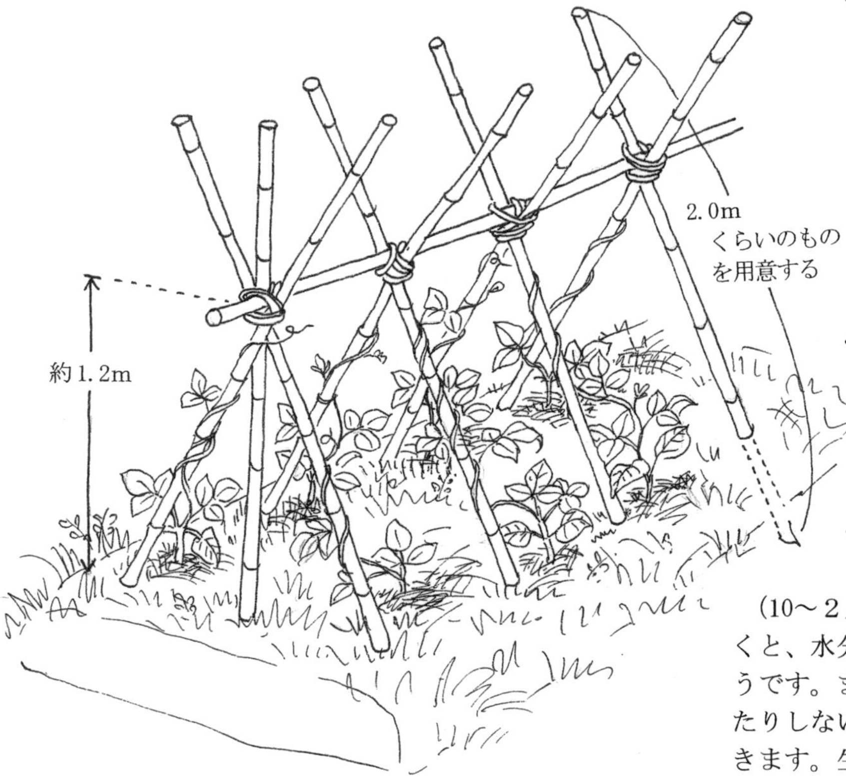

・支柱は長さ２ｍぐらいのものを用意します。
インゲン・ササゲはけっこう上の方まで伸びるので、収穫しやすいように地上から 1.2ｍくらいのところで交差して組むといいかもしれません。

・このように斜めに組んでいくのが一般的ですし、また丈夫に作れるやり方です。

・竹で支柱を組む場合、可能であれば、竹は冬の間（10～２月頃）に切って用意しておくと、水分が少なくて腐りにくいようです。また、支柱は後で風に倒れたりしないよう、しっかり組んでおきます。生長してからやり直すのはつるがからんでたいへんやりにくいです。

■　収　穫

・収穫は莢が柔らかいうちにします。中の豆が大きくなって莢がふくらんでくると莢も硬くなってしまいます。

■　採　種

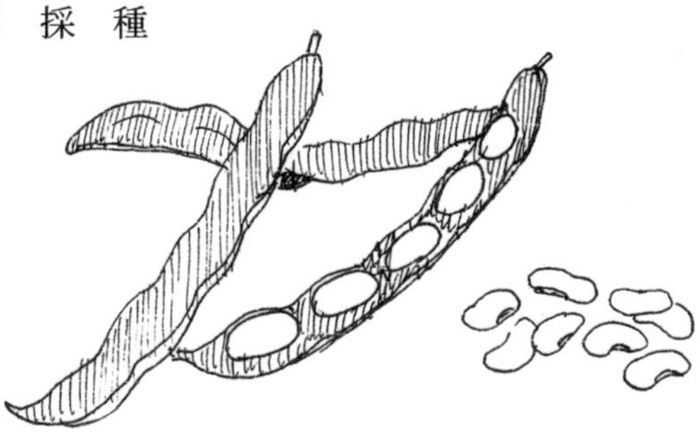

・健康に丈夫に育った株の中で、形のよいりっぱな莢を収穫せずに残しておきます。
・莢が薄茶色になって枯れてきたら、刈り取って莢ごと直射日光に当てて乾かします。
そのあと莢から種を取り出して傷んでいるものを除き、もう一度乾燥させて保管します。

マメ類

ソラマメ

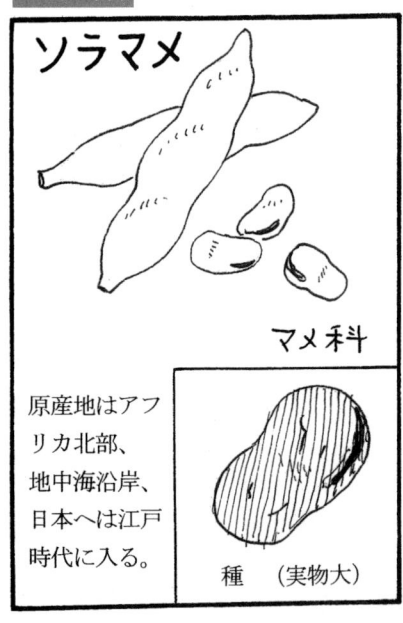

マメ科

原産地はアフリカ北部、地中海沿岸、日本へは江戸時代に入る。

種　（実物大）

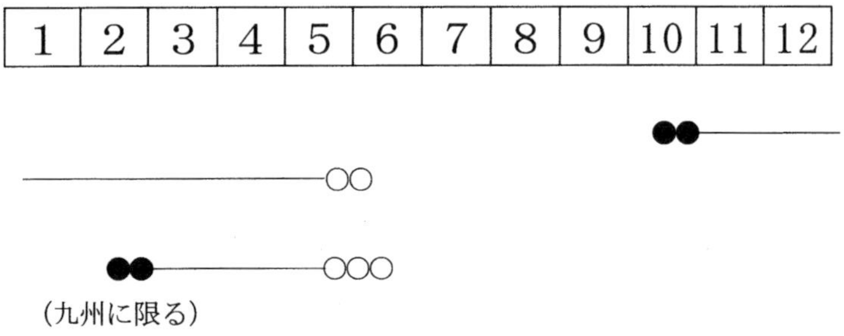

〔品種〕早生種…房州早生、熊本早生、金比羅
中生種…仁徳一寸、打越一寸
晩生種…陵西一寸、河内一寸
以上は緑色の豆だが赤ソラマメもある。エンジ色であざやか。

〔性質〕冷涼な気候を好み、寒さには強いが、早蒔きしすぎると寒害を受ける場合がある。
日当たりの良いやせ地でない所

■　種降ろし

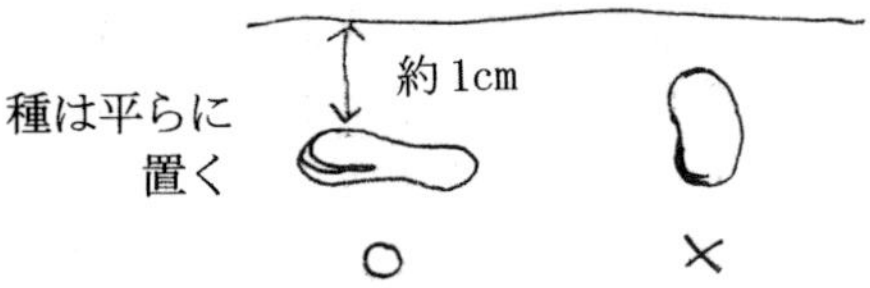

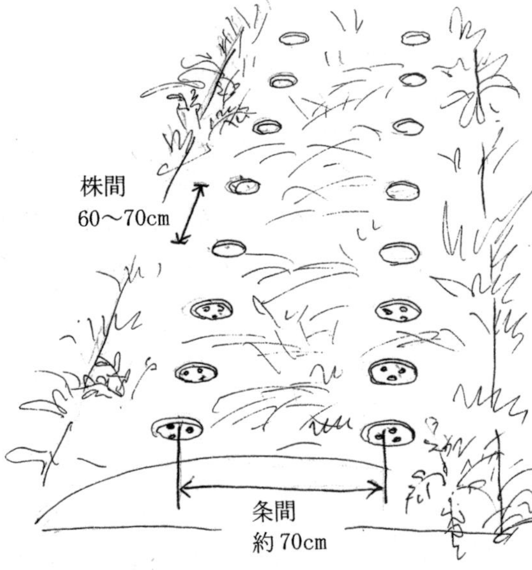

・冬の寒さに強いと言われていますが、エンドウほどではないようで、早く蒔き過ぎると苗が大きくなり過ぎ、寒害を受けます。また、遅すぎると生長しないうちに冬を迎えて生育が悪くなるので、だいたい 10 月の上旬から、下旬の間を目安にします。暖地ほど遅く蒔きます。
九州の一部で霜が降りにくい所では、２月下旬に蒔くこともできるようです。

・畝は日当たりの良い所を選び、株間を 60〜70 cm ほど、条間は約 70cm ほどにして、２〜３粒ずつの点蒔きにします。

・まず、点蒔きする所だけの草を刈って、直径約 10cm くらいの面積の表土をはがし、3粒を少しの間隔をとって降ろし、土を被せます。約１cm くらいの厚みの土を被せ、軽く手で押さえて、その上に刈った草をふりまいておきます。これは鳥の害を防ぐ意味もありますし、乾燥を防ぐ意味もあります。

自然農では原則的に灌水は必要ありませんが、雨上がりの土の湿っている日や、雨が降る前などを見計らって行うと都合よく、また、日照りが続くようならば必要に応じて灌水も行います。

■　発芽と間引き

・種降ろしをしてから、約１週間ほどで発芽し始めます。
・約10cmくらいに伸びてきたら、弱そうな苗を摘み取り一ヶ所２本にします。
・冬の間はほとんど生長せず越冬しますが、厳寒期の寒害を防ぐために土は裸にならないよう、枯草などを周囲に敷いてやるようにします。

■　生　長

・３月頃になり気温が上昇し始めると、急に生長してきます。
　側枝が地面から何本も出てきますが、数が多いと莢のできる量が少なくなるので、４～５本を残しあとは欠き取ってもいいでしょう。

・ソラマメの莢はエンドウやインゲンなどと違い、上に向かって生るので空マメだという説もあります。

■　収　穫

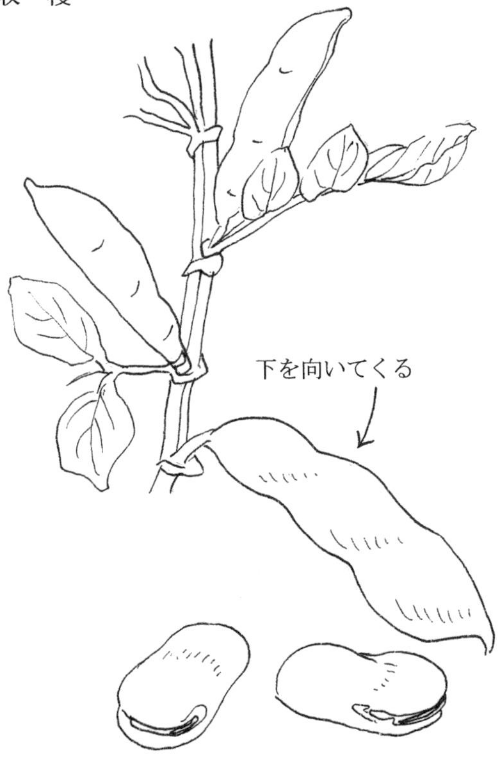

・ソラマメの莢は初め上向きですが、莢がふくらむにつれ下向きにかわります。
　その頃が収穫期です。
　中の豆の緑色につやがあって、豆も充分大きくなっていたら早めに取ります。

■　採　種

・茎の下の方から莢ができますが、大きめできれいな莢はそのまま収穫しないで、種として残します。
・外側の莢が少ししなびてきて、少し黒くなってきたら（６～７月）種として収穫します。中の実は薄茶色に熟し、変色していて固くなっています。
・種の収穫までに莢の内側が黒くなることがあるので、風通しが悪くならないよう、不用な枝は切り落としておくといいです。

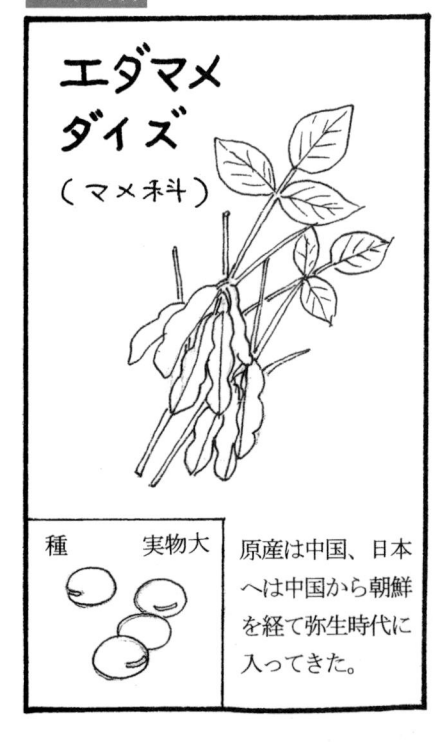

エダマメ
ダイズ
（マメ科）

種　　　実物大

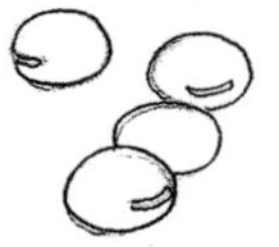

原産は中国、日本へは中国から朝鮮を経て弥生時代に入ってきた。

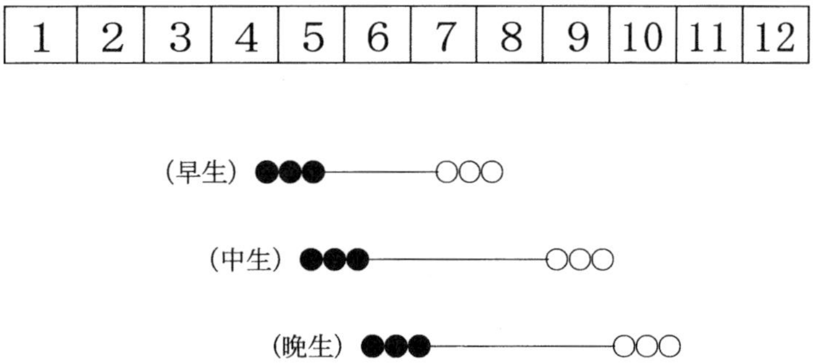

〔品種〕エダマメはダイズを生育途中の青いうちに収穫したもので、主に早生種が多く、エダマメに向く品種ということで種苗店で売られている。

幸福えだ豆（早生）、青入道（晩生）
白鳥（中生）、だだ茶豆（中生）、奥原（早生）
早生盆茶豆（早生）、岩手みどり豆（晩生）

※茶豆やかおり豆と呼ばれる品種に、風味の良い香り米のようなにおいをもつエダマメがある。

※みどり豆はエダマメとしてもみどり大豆として完熟させてもよい。

ダイズは完熟させ乾燥させて、味噌、とうふなど、様々に加工もできる保存食品としてたいへん重宝します。また、畑のお肉とも言われ、植物性のたんぱく質をたくさん含み、栄養価が高い。

黄色の大豆……トヨムスメ、トヨホマレ、ミヤギシロメ、エンレイ、オオツルなど
緑色の大豆……早生緑、岩手みどり豆、信濃青豆、大袖の舞など
黒大豆…………丹波黒大豆、信濃黒大豆、黒丸など

〔性質〕ダイズ（エダマメ）はマメ科で地下に根瘤菌を多くつけるので、空気中の窒素を固定することでやせ地でもよく出来る。また、連作を嫌うといわれているので連作を避け、むしろその後作に玉ネギやキャベツなど地力の必要な作物を持ってくると良い。
日当たり良く、水はけの良い場所で、適当な保水力もあると結実が良いと言われている。（根元が乾燥しないよう草を刈って敷き、風通し良くつくるとよい。）
川口さんは映画の中で田の畦塗りの後、畦の上に１～２粒ずつ鍬を使って蒔いてゆかれたが、田の畦、畑の淵、ちょっとしたスペースを使ってほとんど放任状態で作ることができるので、ぜひ作りたい作物の一つである。

■　種降ろし

エダマメとしてなら早生種、または中生種、ダイズとしてなら中～晩生種が一般的ですが、地方の寒暖の差によっても違いますので、目的とする品種についてはよく検討し、それぞれの品種の適期を選んで種を降ろすようにします。
ダイズは日本中、どこでも作られていますので、それぞれの土地の地元のお百姓さんに品種や蒔き時期をたずねて参考にしてはいかがでしょうか。ダイズはかなり昔からお米といっしょに田植え時に蒔かれていたようです。

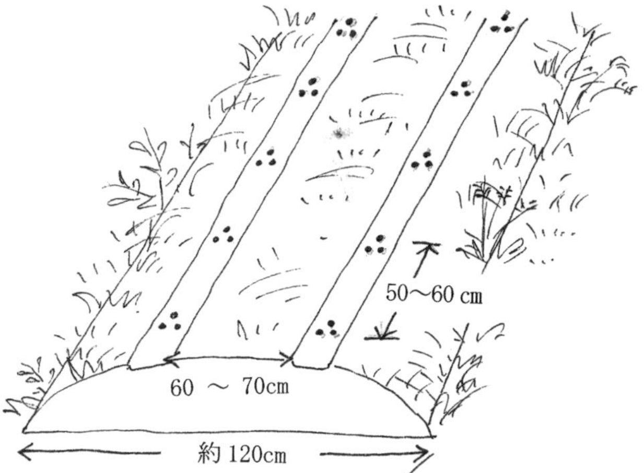

・植える場所は、日当たり良く、水はけの良い所を選び、そこが肥沃地であったり、種類が晩生種で草丈が大きくなる場合は条間、株間を充分にとって風通し良くします。

・やせた所でもできるということから、新しく開いた土地で肥えてない場合、まず、大豆を１年目に作るというのはいい方法です。

・畝に蒔き条のところだけ草を刈り、株間50～60cmくらいの点播にしてゆきます。種を降ろす所だけ、土の表面をはがして種を３～４粒蒔き（種と種の間隔は１～２㎝とっておく）上からはがした土を被せ、刈った草も少し被せておきます。

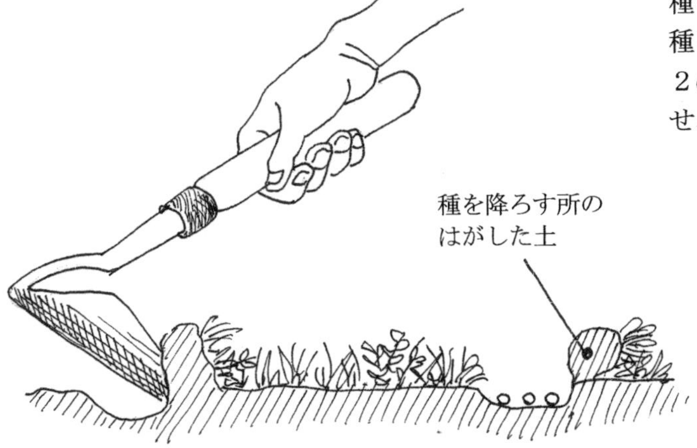

・マメ科の種は大きく、カラスやハトの大好物なので蒔いた直後、鳥にやられることがよくあります。
対策としては刈った草を被せて、畝の上に１～２本糸を張っておくとよいでしょう。
またはカラスやハトに見られない時に種を降ろすことも肝心です。

■ 発芽と間引き

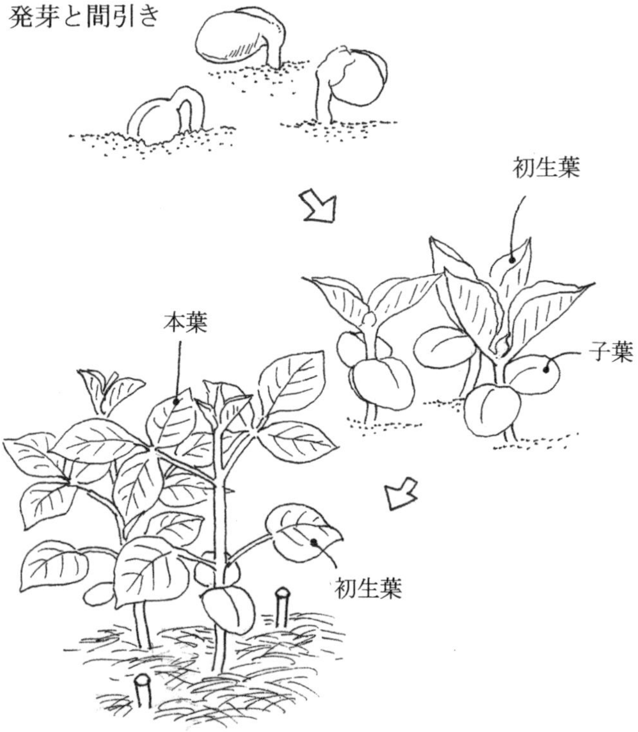

・子葉が土の中から頭を出し、初生葉が開くまでも油断はできません。

・さらに本葉が出てきたら一ヶ所につき株を２本にして、あとは間引きます。

・この頃に周囲の草が大きくなって大豆の方が負けそうだったら、随時草を刈ってやります。
刈った草はその場に広げておくと地面の乾燥も防いでくれます。

・自然農ではよほどの干ばつでない限り灌水の必要はありません。

■ 生長と収穫（エダマメ）

・早生のものは生長が早く、エダマメとして収穫する種類ですと、発芽から約 60〜70 日で開花が始まります。

・このころ土が乾燥すると結実が悪くなるので、もし乾燥している場合は周囲の草を刈って、根元に敷いてやります。

・自然農の場合はむしろ下草が風通しを悪くすることもあるので、草が伸びすぎないよう刈ってやります。

・エダマメの場合は開花から約 20 日から１ヶ月で収穫適期となります。
莢の中の豆がふっくらと丸くふくらんでいるのが、株全体の約８割ほどになった頃、根元から株全体を刈り取ります。

・エダマメの収穫適期は５〜７日と言われていて、莢が少し黄ばんでくると、もう中の豆は硬くなってしまいます。
長く収穫するためには、種降ろしの時期を３回ほどに分けてするのも良いでしょう。

■ ダイズの収穫と調整

・さらに成熟させると、10〜11 月にかけて葉は落ちて豆の莢や茎全体が白茶色になり、豆の莢をふるとカラカラと乾いた音がします。
こうなった時がダイズの収穫時で、根元から刈り取ります。

・軒下などにつるして雨の当たらないところでさらに乾燥させ、豆の莢が自然にはじけるくらいまでなったら、天気の良い日にシートの上に広げて、棒などでたたいて爆ぜさせます。
・よく乾燥していれば、足踏み脱穀機でお米のように脱莢することができます。

・さらにガラ落としで莢や茎の部分をとり除いて、唐箕にかけるとダイズだけをより分けることができます。

・手箕を上手に使って、手箕一つでダイズとゴミやガラをより分けることもできます。（箕撰という。）

・さらに豆だけをよく乾燥させてから、缶やビンなどに入れて保存しておきます。
枯れた茎葉や莢の部分は畑にもどしてやります。

■　採種と保存

ダイズとして収穫した完熟した豆は、そのまま種となります。次の年に蒔く分の種は、あらかじめよい粒だけを選別して、袋や缶、ビンなどに入れて保管しておきます。種の容器には必ず採種の年.月.日を記入しておくようにします。前々年度の種ですと発芽力が落ちる品種もあります。
また、エダマメの種を採る場合もダイズと全く同じです。したがって、全部食べないで健康に育った良い株を残しておき、ダイズのように完熟させて採種します。

大豆のこれがホントの豆知識

節分に豆を「鬼は外、福は内」と言ってまくのと、一部の地方にヒイラギやトベラという植物を門戸に飾るという風習は意外なところで共通項がありました。
大昔の人たちにとって、病気や作物の害は最も避けて通りたいどうしようもないことで、それを鬼と称し、追い払う風習や行事がたくさんあります。
その中で節分の日に豆を炒ってまくのは、炒る時にパチパチとはじける音、マメをまく時に飛び散る音に鬼を追い払う意味があるのだそうで、ヒイラギもトベラも燃やすとかなりパチパチとはじけて燃えるのだそうです。大豆の仲間アズキには、疾病を除く力があるとさえ言われていましたが、音は大豆の方が大きく、また最も力強くはじけるソラマメは、日本に入ってきたのが遅かったのでそれで大豆なのだそうです。

「植物と行事―その由来を推理する―」　湯浅浩史著
朝日選書より

マメ類

ラッカセイ（マメ科）

1	2	3	4	5	6	7	8	9	10	11	12

種

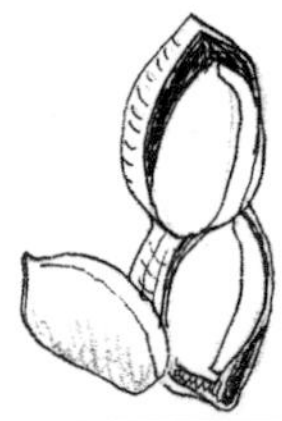

原産は中南米のアンデス山脈の麓と言われている。日本へは、江戸時代に中国より入る。

〔品種〕ラッカセイの品種は、大きく分けると枝が立っているものと、地面を這うように広がっていくものと、その中間のものとある。

ナカテユタカ、タチマサリ、千葉半立、郷の香、千葉43号など

〔性質〕夏の高温と土の乾燥を好むので、日当たり良く、水はけの良いところを選ぶ。マメ科なので地力のないような場所でもよく育つ。むしろ補い過ぎると葉ばかり茂って実が少なくなるので留意すること。

■ 種降ろし

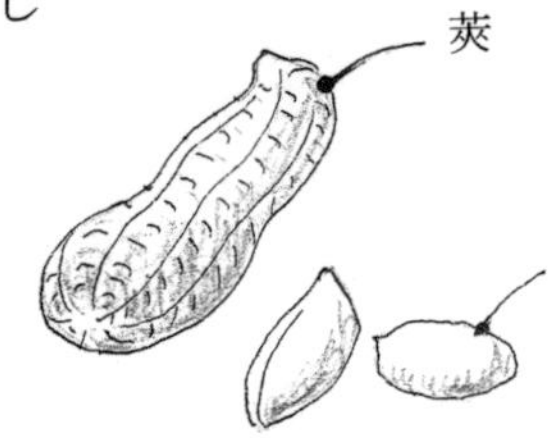

・種は硬いラッカセイの莢（カラ）を割って、中に入っている粒一つを種一粒とします。

・日当たり良く、やや乾燥気味の場所がよいようです。株は大きく広がりますので、畝幅は90cmくらいに1列の点蒔きとします。

（直蒔き）

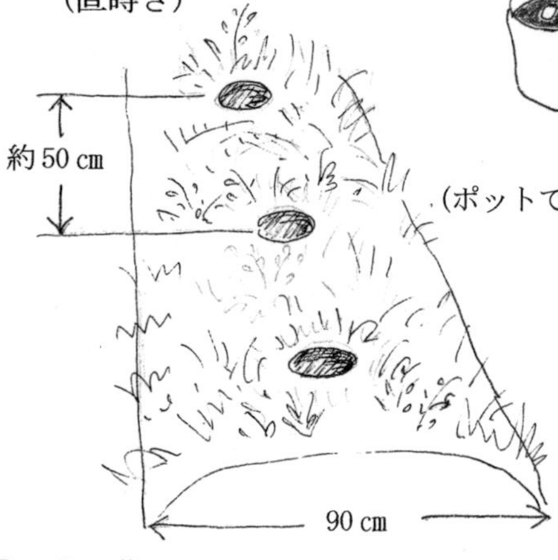

（ポットで苗をつくる）

・株間を約50cmほどあけて、種を降ろす箇所の草を刈り、手の平ほどの広さの表土をはがし整え、軽く手で圧したところに、２～３粒の種を降ろします。種が大きいので指先で３cmほどの深さの穴をあけて、その中に種を入れ覆土します。さらに細かい草を刈って、被っておきます。乾燥を防ぐためと、鳥に食べられるのも防ぎます。

・ポットで苗を仕立てて移植してもよいでしょう。

■ 発　芽

・適温であれば約８日ほどで発芽します。直蒔きの場合、灌水の必要はありませんが、ポットに種を降ろす場合の灌水はやり過ぎないようにします。

・発芽の頃も鳥に食べられることがあるので、被った草はすぐにはずさないでおきます。

■ 間引き・移植

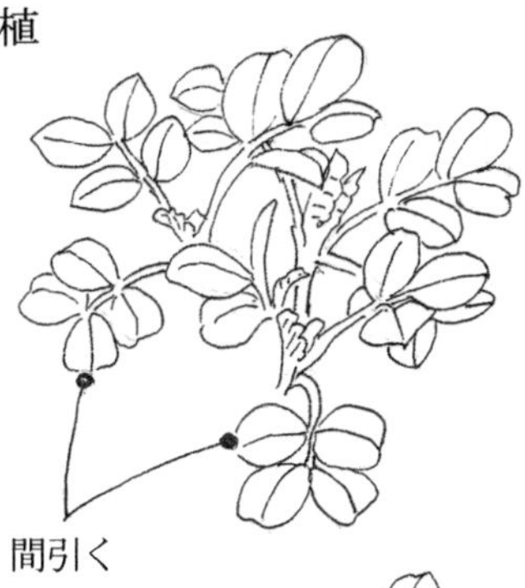

・一ヶ所に２～３粒種を降ろして、そろって発芽している場合は、最も丈夫そうなものを１株だけ残してあとは間引きます。

・そっと慎重に引き抜いた株は、他の場所に移植してもよいです。

・ポットで育てた苗も本葉が３～４枚になるころ、直蒔きの株間と同じに 50cm 程の株間をとって定植します。

■ 開　花

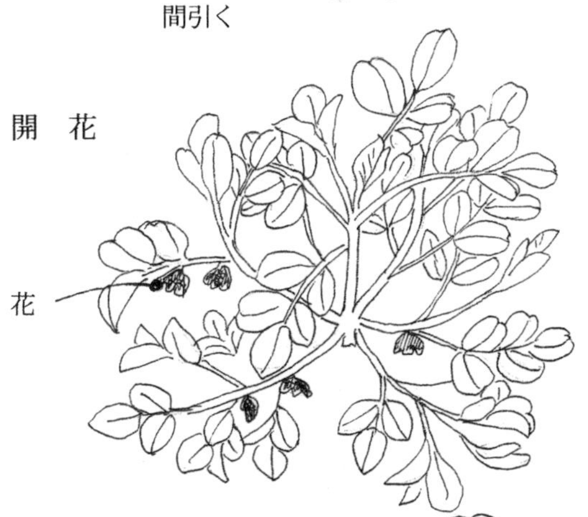

・気温が上がるにつれ生育盛んとなって、地上部はどんどん分けつし、直径 50cm くらいの株に広がってゆきます。

・８月になると、黄色い花が咲き始めます。
その花が落ちて、花の中の雄しべが子房柄と呼ばれる先のとがったものに生長して伸びてきます。

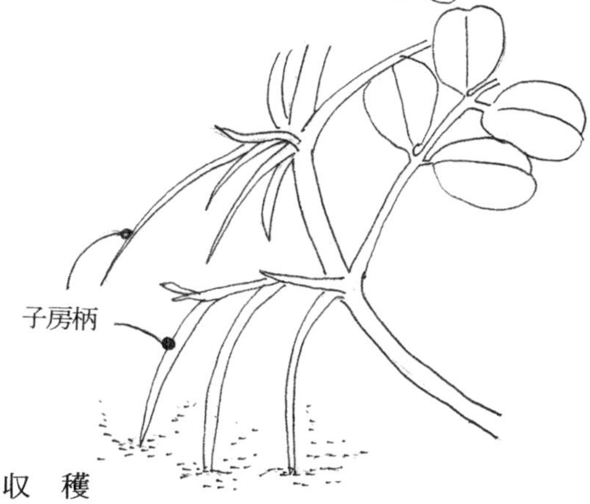

・一ヶ所から４本くらいずつ伸びて、地面の中に向かって次々に入ってゆきます。この子房柄が土の中でその先端に落花生の実をつけてゆくのです。

・そこで花が咲き始めたら株の下草を除草してやります。子房柄が土の中に入ってからは、除草できなくなるので、子房柄が出る前に除草しておきます。

■ 収　穫

・10 月下旬から 11 月上旬にかけて、下葉が黄ばんで枯れてきたら収穫します。
・中央に直根の根があるので、その上を持ってゆっくりと株全体を引き上げます。
・半日、畑で日に当てたあと、実を取ってゆきます。地中に残っている実もあるので、それも掘って収穫しますが、後は株も畝の上にねかせてもどしておきます。
・実はよく洗い、大粒のものは種として残し、よく乾燥して保存します。

果菜類

トマト
（ナス科）

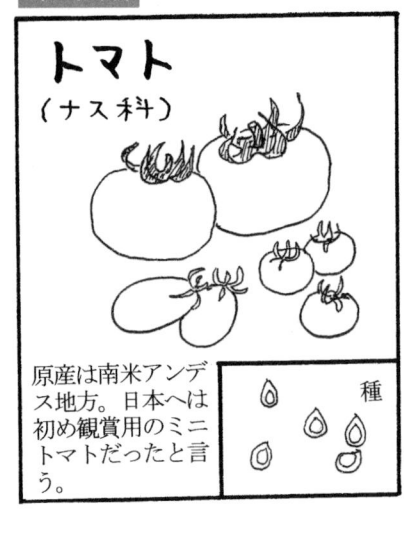

原産は南米アンデス地方。日本へは初め観賞用のミニトマトだったと言う。

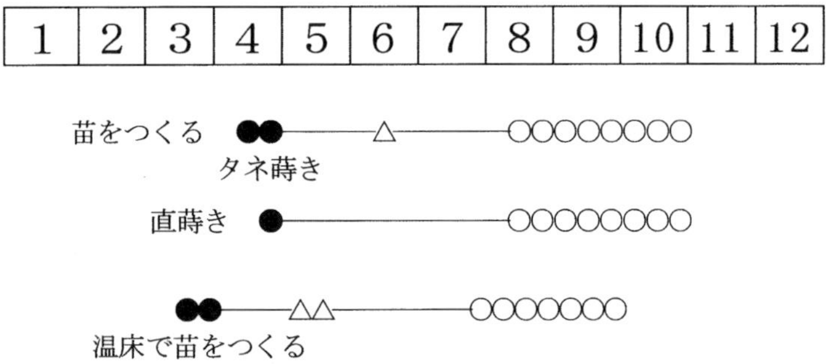

〔性質〕日当たりが良く、排水性良く、多少保湿性もある土壌に向くとされる。一般には難しいとされているが、完熟した実からこぼれてよく発芽するので、むしろ育てやすい作物ではないかと思われる。芽摘みや支柱立てなど少し手入れが必要。連作しにくい（ナス科のものと）。

〔品種〕ミニトマト　ほおずき大の丸いものや細長いレモン形、洋ナシ型のものなど、色も赤、黄、オレンジと様々である。

イエロープチ、オレンジキャロル、レッドプチ、乙姫、トイボーイ、タイニーティムなど……

トイボーイとタイニーティムは草丈 20～40cm で、芽欠きの必要性なく、支柱も不要、ミニトマトは大玉より強く栽培しやすい。

中玉トマト　在来種で自家採種でよく収穫できる（実は４～５cm）。

イタリアトマト　外側の皮が多少固めだが煮て食べるとおいしい。秋まで次々にたくさん収穫できる。

大玉トマト　桃太郎、おどりこ、瑞光、ひかり、ボンテローザなど

---

① 苗床で苗を作って移植する場合

■ 種降ろし（川口さんのお住まいの奈良で４月 10 日～４月末まで）

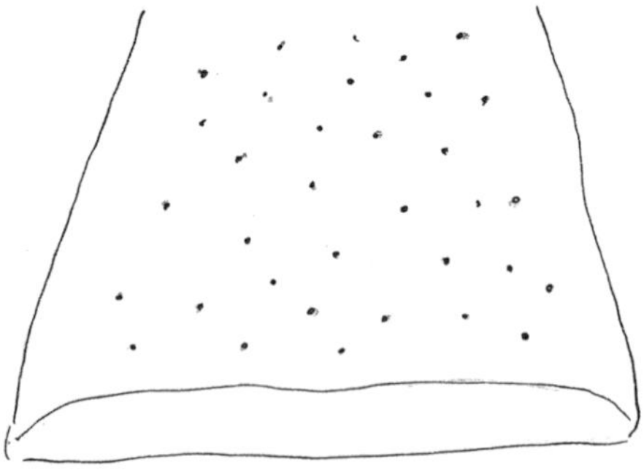

・キャベツや玉ネギと同じように、苗床を作って種を蒔き、苗を作る事ができます。自給用ですと苗は多く要りませんので 60×60cm で 10 本から 15 本くらいを目安に少し多めに種を降ろします。

・苗床は草の種の混じらないように表面をはがして軽く表土を押さえ、種を蒔いたら種が全部かくれるくらい土をかけ、再び表面を押さえて乾燥を防ぎ、さらに細かい周囲の草などを刈ってその上にふりまいておきます。

・上にかける草は、細い芽の発芽を邪魔しないよう細かいものを……。

■ 発　芽

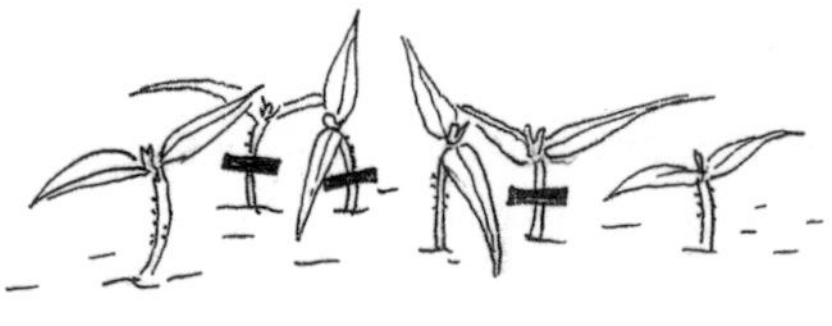

・約 10 日ほどで発芽するが、その時の気温により異なる。また、密な場合は少しずつ間引きを行う。他の芽を傷めないよう、ハサミなどで切るとよいでしょう。

■ 生　長

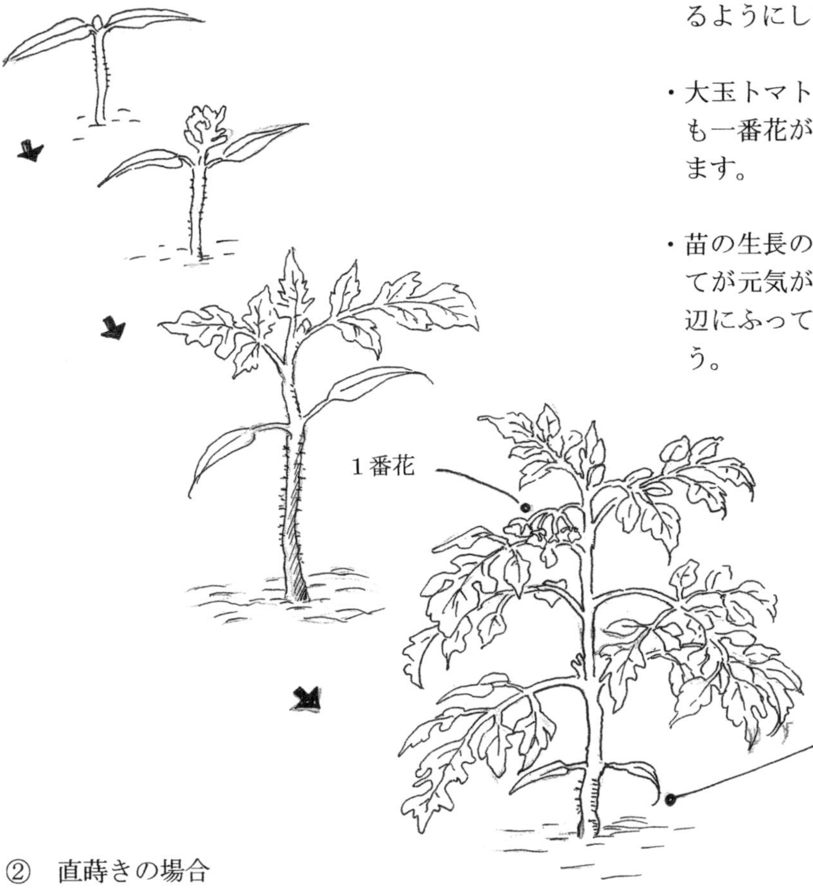

双葉はこのころ黄色く
なって自然に落ちて
しまいます。

- 発芽した苗は段階的に少しずつ間引きして、最終的に15cmくらいの間隔になるようにします。

- 大玉トマトの場合もミニトマトの場合も一番花ができる頃を移植の目安とします。

- 苗の生長の段階で葉の色が黄色っぽくてが元気がないようなら、米ヌカを周辺にふってやり少し補うとよいでしょう。

- もし苗を購入する場合は、葉っぱが巻いていたり病気のはいってない健康なものを選びます。

②　直蒔きの場合

■　種降ろしと間引き

- 畝幅に応じて、狭い場合は1列に、広い場合は条間を90cmくらいはとり2列に、株間はどちらの場合も約50cmはあけて点蒔きします。
- 草を押し倒し、種子を5粒ほど蒔ける広さだけ刈って、亡骸の層の中あるいは土の中に種を降ろしてゆきます。

- 芽が出たら、少しずつ丈夫なものを残すように間引いて、最終的には1本にします。

- トマトは、日光が生長に欠かせないので、草の密生した畝に直蒔きする場合、発芽した幼苗によく日が当たるように、特に南側の草はこまめに刈っておきます。

- 苗床で苗を作る場合と同じように、苗の生長の具合によっては周囲に米ヌカなどを補ってやるとよいでしょう。

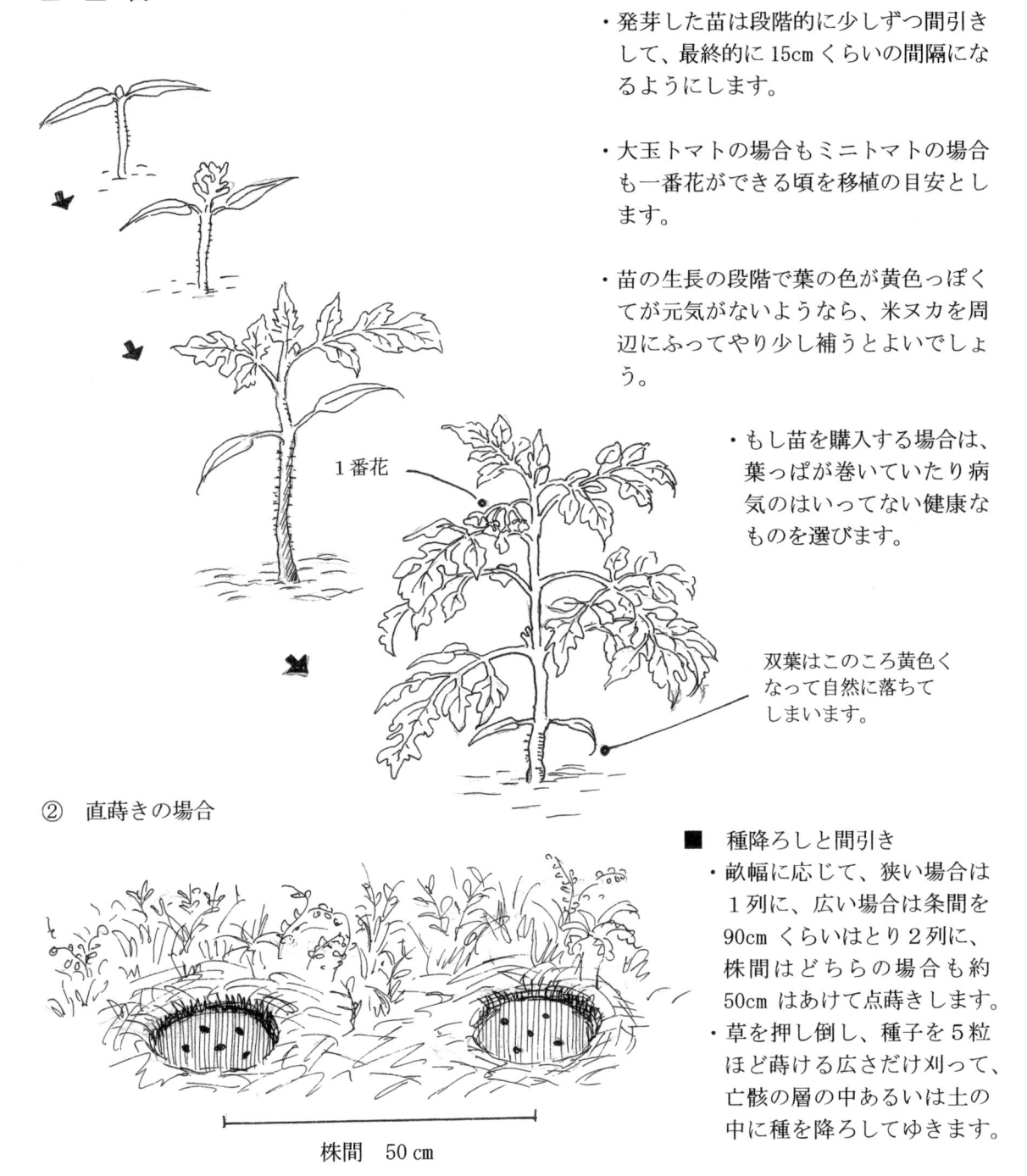

■　移　植

（①の苗床で苗を作った場合）

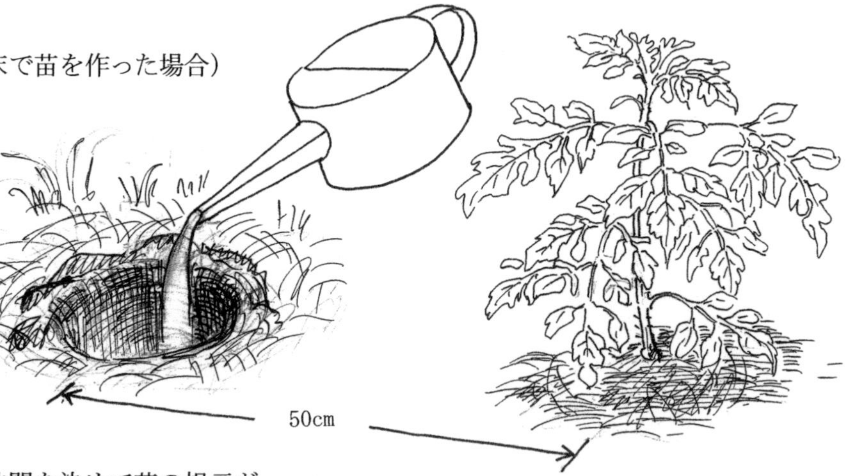
50cm

・移植は株間を決めて苗の根元が
すっかり入るくらいの穴を空けたら、水をたっぷり入れます。
その水が自然に土中に沁みこんで、水がたまってない状態になったら苗を入れます。

・苗を入れたら掘った時の土を周囲にかけて、軽く根元を押さえてその場所に苗が治まるようにします。最後に根元に周囲の草を集めてかけておきます。

・もし、晴天が続いて苗床が乾燥している場合は、この作業の 30 分くらい前に灌水し、根を傷めないように掘る。できればこの作業は雨が降った日の翌日とか、土のほどよく湿っている日にすると良いです。

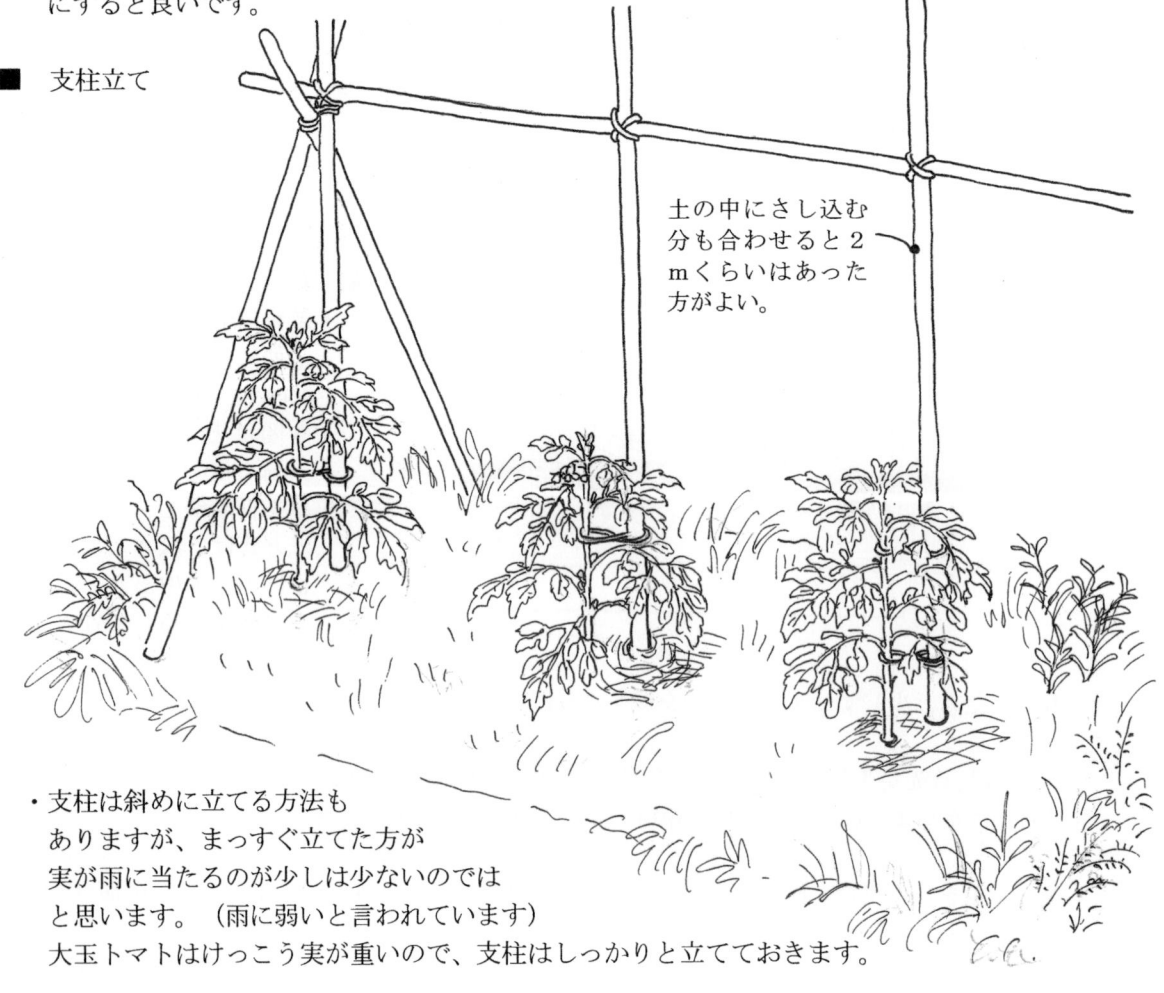

■　支柱立て

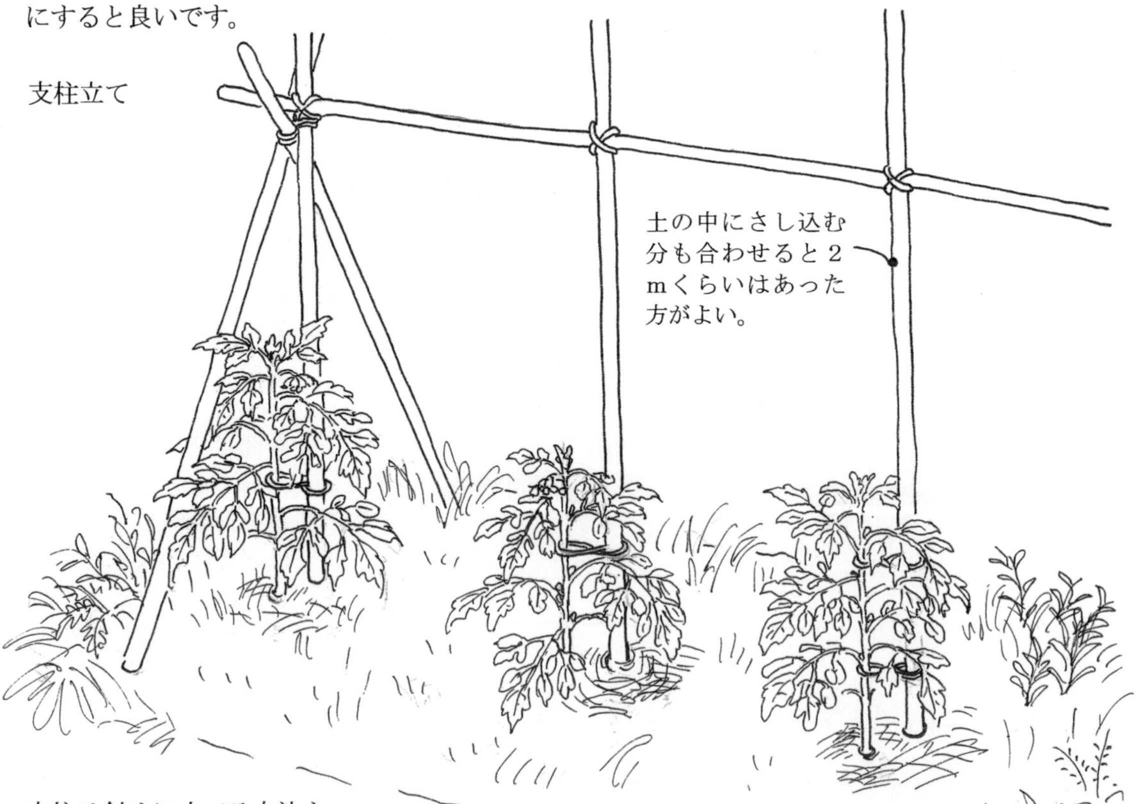
土の中にさし込む
分も合わせると２
ｍくらいはあった
方がよい。

・支柱は斜めに立てる方法も
ありますが、まっすぐ立てた方が
実が雨に当たるのが少しは少ないのでは
と思います。（雨に弱いと言われています）
大玉トマトはけっこう実が重いので、支柱はしっかりと立てておきます。

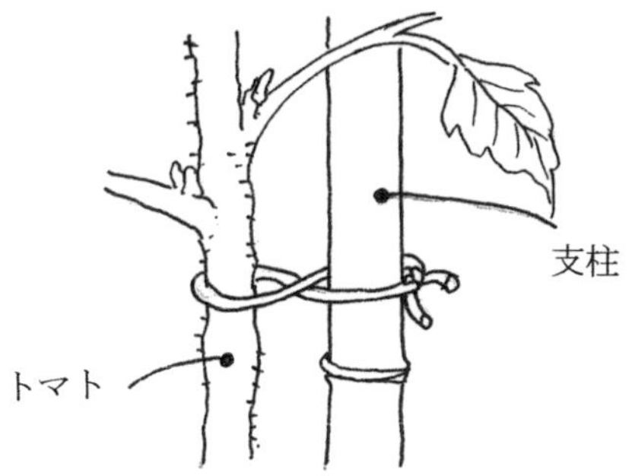

〈支柱と苗の固定の仕方〉

苗がまだ小さい場合は、これから生長することも考えて、また支柱も作物に密着するように立てるのは根を傷めるので、少し離して立てた方がよいので、左絵のように8の字にゆるく結びます。

■　芽欠き

（大玉トマトの場合）

・トマトは茎から出た葉の付け根のところに次々と腋芽がでてきます。これをそのままにしておくと限りなく枝数が増え、実も小さくなるので腋芽は欠いてゆきます。

・実が５～６コとまとまってできるところを果房と言い、下から５段目の果房くらいのところまでは腋芽を欠きます。トマト栽培のプロの方はその先の生長点である芽を摘芯して、茎の伸びを押さえ、実を大きくさせるようですが、かえって真夏の露地植えでは伸長を止めない方が実も傷みにくいようです。

・したがって、そのあとは伸び放題となり、実をつけることもあります。

・腋芽は苗数が足りなかった時など、やや半日陰のところの畝に挿し芽しておくと、すぐに根がはって充分苗になります。

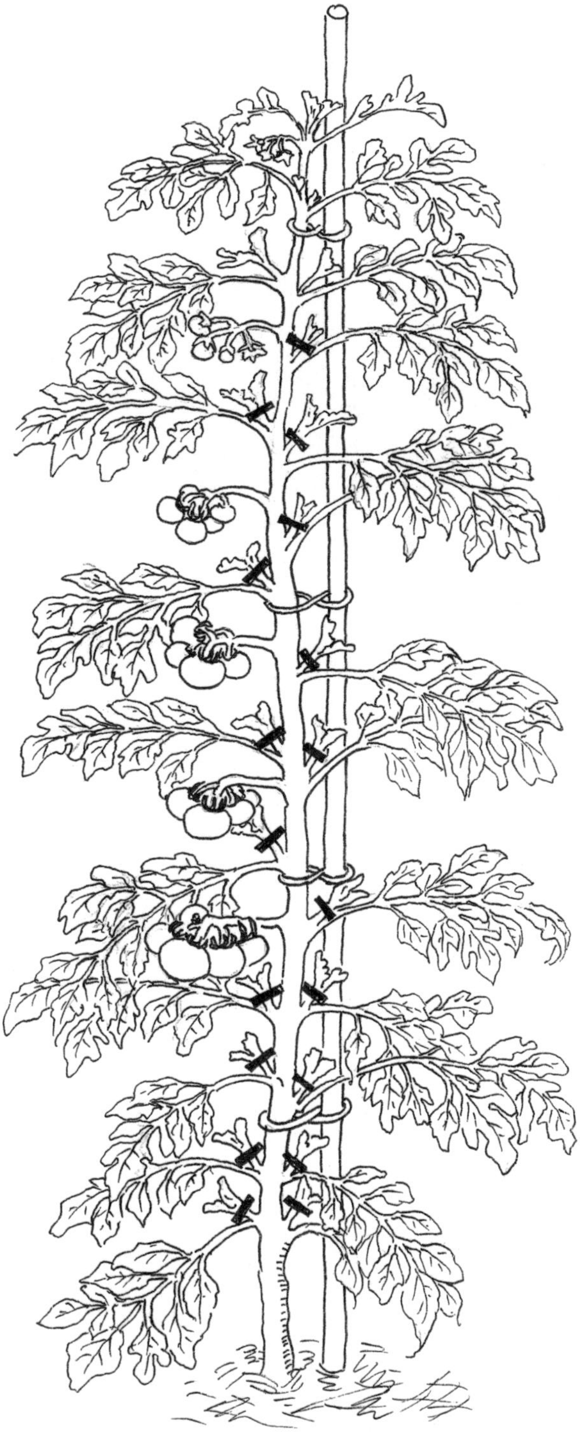

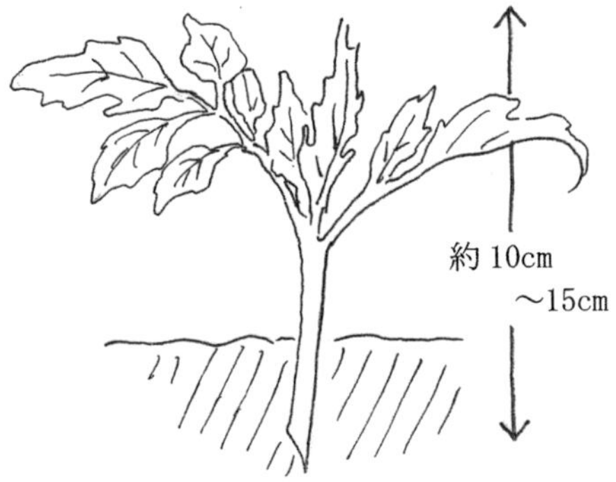

（ミニトマトの場合）

- ミニトマトの種類は、いずれも大玉のものより丈夫で作りやすく、芽欠きも初めの何本かを欠くだけでもよいようです。
腋芽が次々に伸びてあっという間に広がりますが、倒伏しても草の中でけっこうたくさん実をつけます。
- 実は茎に近い方から順に色づきますが、落果したり列果しやすいので、適宜収穫してゆきます。

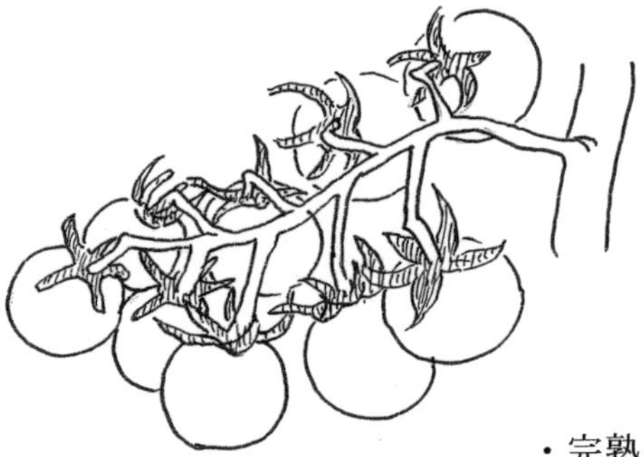

■　採　種

- 完熟したりっぱなトマトから種をとります。
- まず器に水をはってその中に種のあるドロッとした部分をとり出します。
- 水の中でよく洗い、２～３回水をかえて沈んだ種だけを金網ですくって、よく日光に当てて乾かしてから保存します。

浮いてくる種は未成熟なものなので捨てて沈んだものだけをとる。

種が細かいので目の小さいだしすくいなどの金網で干すとよい。

■　保　存

トマトの保存に最適な温度は５～10℃だそうです。
となると、やはり冷蔵庫ということになりますが、食べておいしいのは常温のままの方がおいしいような気がします。収穫の都度、食べきれたらいいですね。
たくさん収穫できたら、ぜひトマトソースにしてビン詰めなどでの保存もおすすめします。
スパゲティにはそのままかけられますし、カレーをつくる時にたくさん入れるとおいしいです。

《トマトソースの作り方》

材料

完熟トマト
ニンニク・玉ネギ
オレガノ
バジル　）など
塩・こしょう
オリーブオイル

① 完熟トマトを湯むきして乱切りにしておく。
② ニンニクは多めに用意しみじん切りに。玉ネギはトマトの三分の一くらいの量をみじん切りに。
③ なべにオリーブオイルを入れ火にかけ、ニンニクを香りが出るまでいためる。
④ 次に玉ネギを入れてしんなりするまでいため、トマトを入れて中火で煮る。
⑤ オレガノかバジルがあれば入れて、塩こしょうして全量が三分の二くらいになるまで煮つめる。
⑥ 少しさめてからビンにつめ、保存する。

ピーマン・シシトウ
（ナス科）

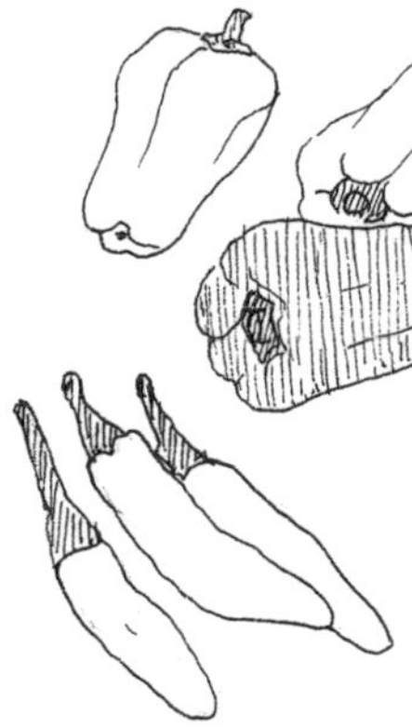

原産は中央アメリカから南アメリカ。日本へは 16〜17 世紀にかけて入る。

種　実物大

1	2	3	4	5	6	7	8	9	10	11	12

●●●――――△――――○○○○○○○
（移植）

直蒔き　●●――――――――――○○○○○○○

〔品種〕トウガラシの仲間で辛くないもののうち、実の大きさで分けて中果種〜大果種のものをピーマン、小果種のものをシシトウと言う。

・ピーマン……緑色の未熟果を食べる。熟すと赤くなる。果肉は薄いもの。
（エース、京みどり、にしき、あきの）
熟して赤、黄、橙、白、紫などの色々な色の実になる。果肉は厚く甘みが多い。この種のものはカラーピーマンとかパプリカとか呼ばれる。
（ソニア、ワンダーベル、ゴールデンベル）

・シシトウ……緑色の未熟果を食べる。熟すと赤くなる。たまに辛みのあるものがあり、トウガラシと離して作らないと辛くなると言われている。（シシトウ、伏見甘長、翠光）

〔性質〕ナス科なので他のナス科の作物との連作は避けた方が良い。日当たり良く、保湿性のある土壌がよく、枝、茎が折れやすい。

■　種降ろし

・直蒔き、または苗床を作って移植する方法のどちらでもよいです。

・苗床の作り方は、稲の場合とほぼ同じに考えるとよいです。
健康で丈夫な苗づくりのために苗床は、冬の内から少し補ったりして準備しておくとよいでしょう。

・草を刈って表土を少し削り、草の種や根を取り除いたあと、板などで土を固め、密にならないよう、ゆるやかな間隔に種を降ろします。

・上から草の種子の入っていない土をかけ、再び板などで上を固く押さえ、最後に刈った草を上からふりまいておきます。（乾燥を防ぐ）
・冷涼な地方ではもっと早い時期に、温床や温室で箱苗を作るという方法があります。

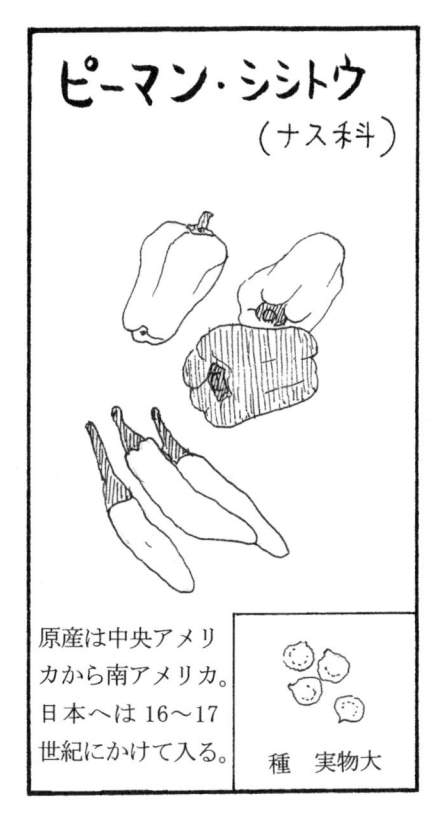

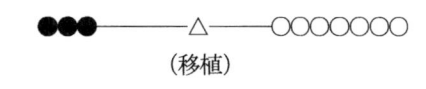

■　発芽と間引き

・約１週間で発芽します。
種を降ろした時にかけてあった草が、発芽の妨げになるようならそっと取り除いてやります。

・段階的に少しずつ間引いて、苗床でとなりの苗と葉が重なり合わない程度に間引いて、本葉が７～８枚になるころを目安に移植します。

・直蒔きの場合は、間引いて本葉が５～６枚の頃に丈夫そうなものを １ 本だけ残します。

■　移　植

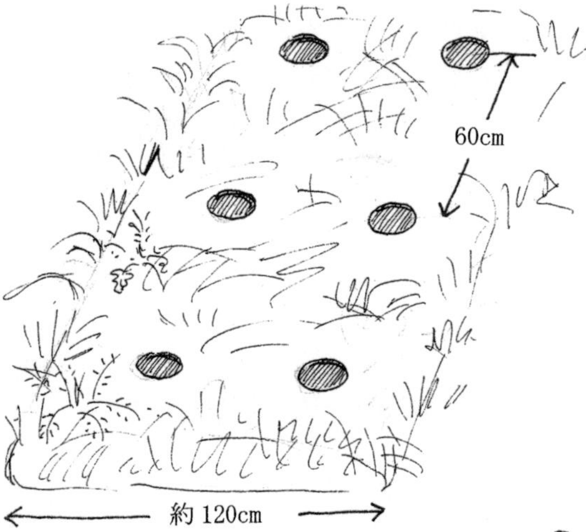

・畝幅 120cm くらいで、２条植えで株間は 60cm くらいとします。

・ピーマンはもともと熱帯性の作物なので、日当たりが良く、保湿性が高く水はけも良いようなところがよいでしょう。

・冬の間に少し補って準備しておいたところに、苗を植えるところだけ草を刈って穴を空けます。

・苗床の苗には移植をする直前に水をやって、土をやわらかくとりやすくしておきます。

・畝の穴の中にも水を入れ、その水が地中に浸み透ったら苗を入れますが、この時ナスと同じように深植えをしないようにします。

・またピーマン、シシトウは枝が柔らかく折れやすいので、支柱を立てます。真っすぐ立ててもよいですが、この方法ですと根を傷めることも少なく、生長につれてナスのように、２本３本と付け加えて仕立ててゆけます。

■　生　長

・ピーマンやシシトウが生長するにつれ伸びてくる枝を３本くらいに整理し、ナスの時のように、その中心になる３本の枝を支えるような形で支柱となる竹や棒をさしてゆきます。

・ところどころの枝をひもで結んで支柱に固定させ、その後出てくる腋芽は、風通しが悪くならないように時々摘んでやります。

・ピーマンの花は、白く下を向いて咲きます。一番初めに大きくなった一番果は、少し早めに収穫してやると、そのあとの実がよく生ると言われています。

・ピーマンやシシトウの足元が草でおおわれていると、湿り気が保たれ、生長に好条件となりますが、草丈が伸び、作物の方の生長をじゃまするようであれば、適宜刈ってそこに敷いておきます。

・ピーマンもシシトウも 10 月頃まで、次々と収穫できます。最後は、先の方の柔らかい葉もつくだ煮などに利用するとおいしくいただけます。

■　保　存

ナスと同じように 10℃前後が最適と言われているので、冷蔵庫よりは涼しいところのダンボールの中などに入れるか、その都度食べ切る方がよいでしょう。

また、青ピーマンも熟すとカラーピーマンのように赤くなります。甘みも出てくるので、赤いのはそれはそれで利用するとカラフルです。

■　採　種

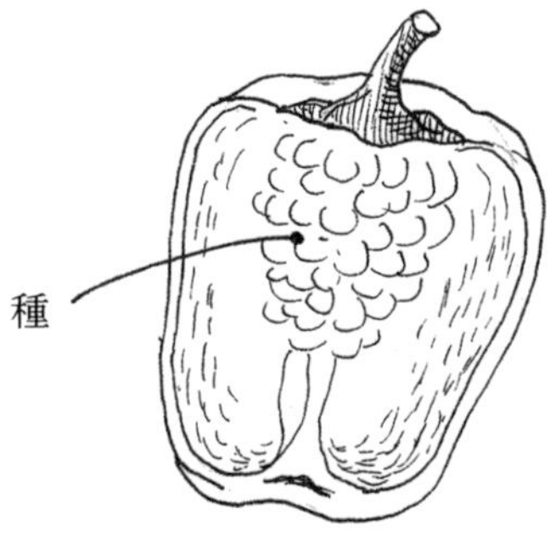

・ピーマン、シシトウの実が赤または黄色などに完熟し、しかも外側の果肉が水分が抜け、シワシワになる頃摘み取ります。

・中央の種のところを手で軽くしごくようにして取り、水につけ浮いた種は捨てて、沈んだのだけをきれいに乾かして保存します。

・ピーマン、シシトウの種は古くなると発芽率が悪くなるので、毎年種を採るようにします。

果菜類

ナス（ナス科）

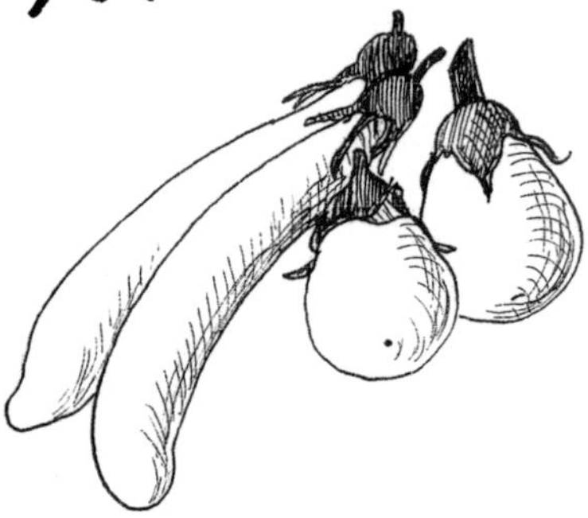

原産は東インド
日本には古くから入っていたようで正倉院の文書に750年6月にナスが献上されたとある。

種（実物大）

1	2	3	4	5	6	7	8	9	10	11	12

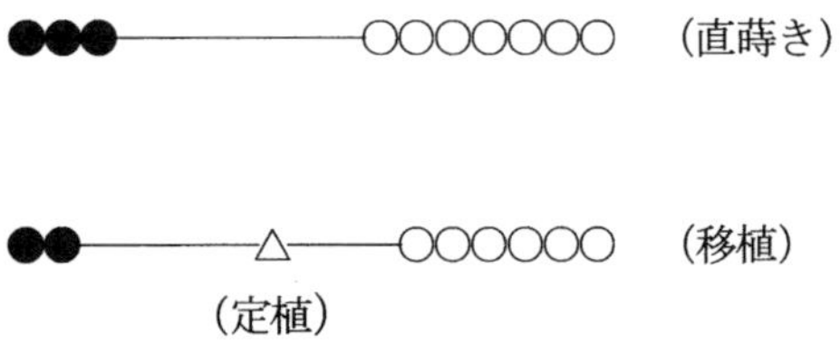

〔品種〕ナスは主にその形でいろいろな品種に分かれている。
あとは早生か中生か晩生かということになる。主なものを紹介すると、

・長ナス……博多長ナス・長崎長ナス（晩生）
どちらも35cmくらい。暑さに強い。柔らかく秋口まで収穫できる。

・中長ナス…千両ナス・大阪本長ナス
ごく一般的な定番のナスです。油と相性が良い。

・卵形ナス………………真黒ナス　皮・果肉ともに柔らかく、数々の交配種の親に使われる固定種（早生）

橘田ナス　これも交配種の親に使われることが多い。
収量多く、生育旺盛（早生）
賀茂ナス　京都特産の在来種。果肉が緻密で柔らかい。
水ナス　水分が多く、一夜漬けを始め漬物がおいしい。
米ナス　丸みがあって大きい。味はやや淡白で、田楽などに向く。

・小ナス  民田一口ナス　からし漬などで有名な山形の在来種。

〔性質〕ナス科なので、同じナス以外の作物でナス科のもの（トマト・ジャガイモ・ピーマンなど）との連作は避けた方が無難である。また、作物の中ではわりと地力を必要とするので、冬の間に残菜や草をふりまいて、豊かになっているような畝を用意しておくとよく、水分多く、水はけも良く、よく日光の当たる場所を選ぶようにする。

■　種降ろし

ナスはトマトやキュウリのように直蒔きもできますが、ここでは苗床を作って移植する方法について説明します。

この方法ですと、冷涼な地域では露地の地温が上がらなくても、温床や温室で苗を準備しておくという応用もできます。

また、種は古いものでもよく発芽し、7〜8年は大丈夫といわれています。

種降ろしをする面積は作る作物の量にもよりますが、50cm×50cmもあれば自給用には充分です。よく肥えている、日当たりの良い、水分を含んだ、それでいて水はけも良いような畝を準備します。

（苗床の広さは必要に応じて）

・畝幅 90〜100cm くらいの所を何ヶ所かに区切って、夏の果菜類をそれぞれいっしょに作っておくと世話もしやすいです。

・表面の草を刈り、表土をうすく削って草の種がないようにし、宿根草の根がはびこっていたら少し除いてやったりします。

・お米の苗床作りと同じように、表面を板や鍬の裏側で押さえ土を締め、その上に種を間隔広く降ろしてゆきます。種の混じってない土をもってきて、手でもみながら（あるいは篩でふるいながら）土を種がしっかりかくれるくらいまでかけてやります。
・その上を再び板などで押さえたあと、周囲の草や初めにそこで刈った草などを細かくして、均一にふりまいておきます。乾燥を防ぎ、灌水の必要はありません。

■ 発芽と間引き

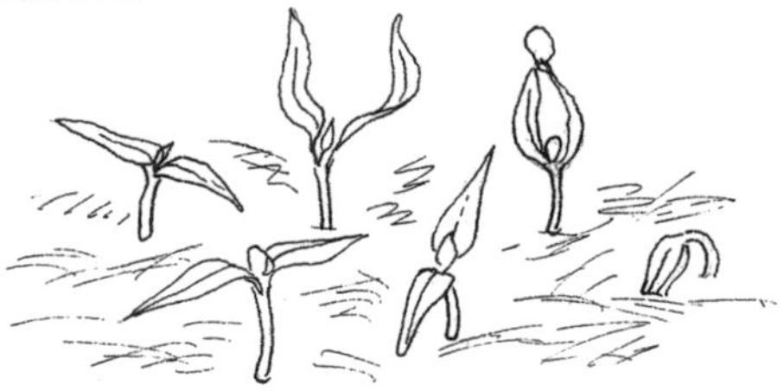

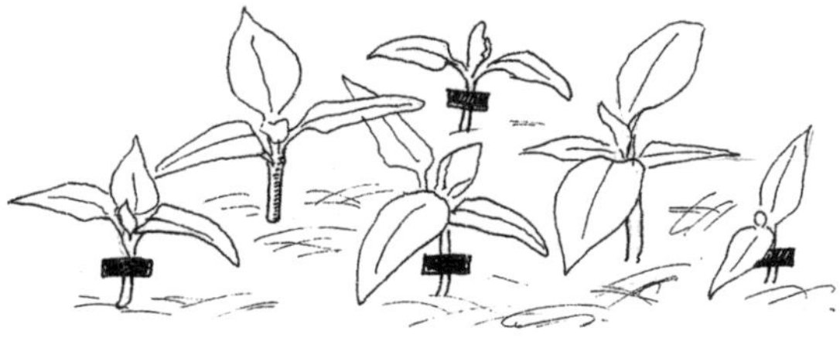

・発芽温度は 20〜30℃くらいで、約２週間ほどかかります。
・その頃、こまめに様子をみて、上からかけた草が発芽の妨げにならないよう、双葉が地面から頭を持ち上げるころ、そっとはがしてやります。
・混み合っている所は、葉が重ならないのを目安にして間引きます。根を傷めないように間引いて、別のところで育てることもできます。
・一度にやらないで、少しずつ丈夫そうな徒長していない苗を残していくようにやります。

■ 移　植

ナスは深植えをしないようにすると育ちが良いです。

本葉が６〜７枚になったら
別の畝に移植します。
株間を 60〜70cm くらいとって
草を刈り、移植する穴を空けます。
そこへ水を少し入れて、その水が土中にしみ渡ったら、苗を入れて周囲の土を寄せ治めます。

■　支柱を立てる

・移植してしばらくは少し萎えたようになりますが、根が活着し気温も上昇してくると、やがて勢いよく生長し始めます。

・次々に腋芽も出てきますが、３本から４本くらいを残し、摘んでやります。

・風に倒れないよう、初めに①の棒を斜めにさして、苗と交わる所をひもでゆるく固定し支えてやります。

・３～４本の枝が大きくなってきたらその位置にそって斜めに②や③の支柱をさし、それぞれの枝を固定してやります。４本仕立ての場合は、４本の支柱を当てて支えます。それぞれ３本～４本の竹の交わるところは、苗の太い茎をとりまくように組み、ひもでぐるっと巻いて丈夫にしておきます。

＜支柱の立て方を上から見た図＞

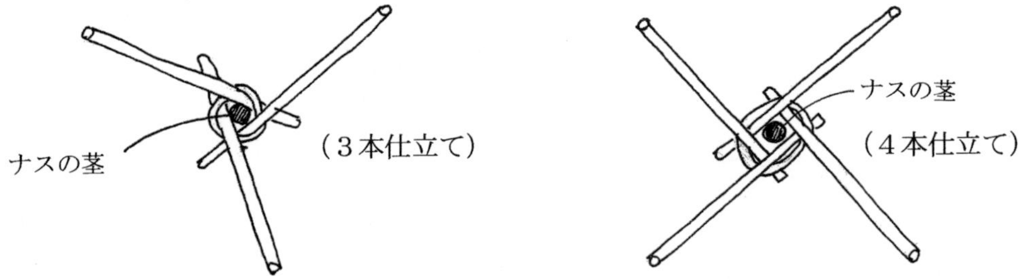

■　生　長

・夏に入って気温が上昇し、雨も降ると、草々が勢いよく茂りだします。目的とするナスが負けないよう、ころ合いを見て刈ってやります。刈った草はその場に敷きますが、生えている草と共に地面が乾燥するのを防いでくれます。

・ナスにつく虫たちにニジュウヤホシテントウムシ、その幼虫、カメムシ、アブラムシなどがついてしまうことがありますが、いろいろな原因が考えられます。草々を刈り過ぎてしまったり（刈る場合は片側だけを刈るなどいっぺんに刈らない）、肥料過多だったり、風通しが悪かったり……などです。

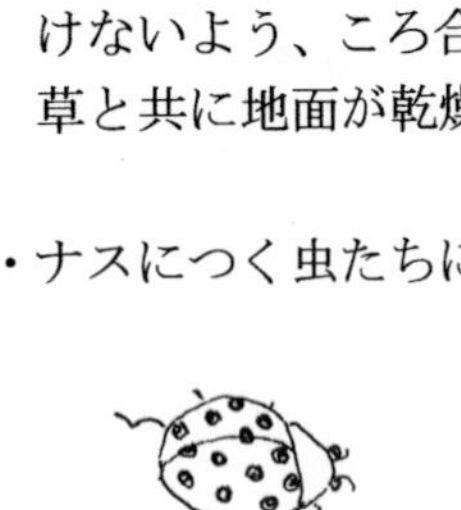

・また逆に、地力不足でナスに生命力が欠けていたりする場合、少し補ってやると、しばらくして元気をとりもどし、虫にも負けないでどんどん大きくなってくるという事もありました。

・その場、その場の状況を正確に把握し、私と作物との関係、作物と草、草と私、虫と私……などの関係を最善の状態に整えられるよう応じてゆけたらいいですね。

■ 収　穫

- ナスはキュウリと異なり、両全花といって一つの花の中に雌しべと雄しべがあり、条件がそろえばほとんどの花が実を結びます。
- 一番生りの実は、小さめのうちに摘み取ると、その後の結実が良いようです。
- また、収穫時はあまり大きくなり過ぎないうちにやや小さめのうちに収穫すると、皮も果肉も柔らかいです。

保存　ナスの保存の適温は10℃前後と言われていて、冷蔵庫ですとかえってバナナのように茶色くなって傷んでしまいますので、涼しい所で段ボールの箱などに入れておくとよいようです。
その他、床漬け、からし漬けなど、漬け物に加工しておくと、また楽しみが増します。

■ 採　種

- 夏の盛りのナスの最盛期の頃に、姿形がよくて健康そうなナスの実を１株あたり１本くらいを残しておきます。（印をつけておくと良いですね。）
- 食べ頃を過ぎて、若々しい紫色から茶色い紫色に色が変わって実も固くなってしまったら（多少採るのは遅くてもよい）実を縦に２～４つ割りにして、水の中でもみほぐして種をとり、浮いたものは捨てて沈んだものをよく乾かして保管しておきます。

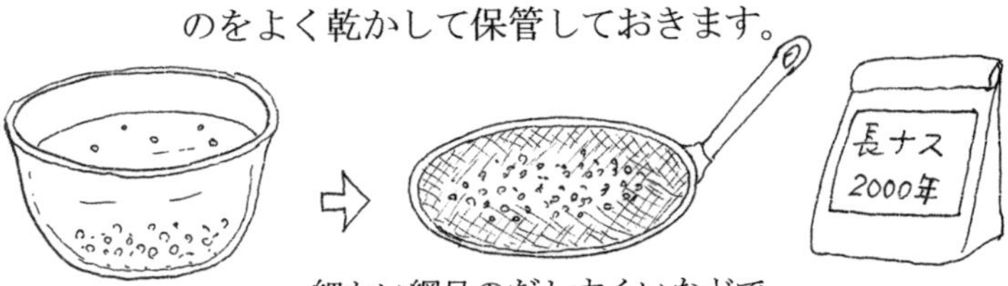

細かい網目のだしすくいなどで

ナスの話　その１

- 正月の初夢の縁起の良い順番は「一富士、二鷹、三茄子」と言いますが、これは静岡の名物を指している言葉と一説にはありますが、こういう話もあります。
1612年の正月に、江戸幕府の徳川家康にナスの初物が献上され、それを天ぷらにして食したという記録が残っているのです。当時、初物がとても重宝がられ、温床などで手間をかけて作ったナスは、一個が一両もしたといいますから、今も昔も季節はずれのめずらしいものを欲しがる心は変わらないのですね。

正月のナスは、もちろん庶民にとっては高嶺の花で、だからこそ「三茄子」となるんだそうであります。

その２　今はめずらしくなりましたが、以前は各小学校の校庭には必ずといってよい程、二宮尊徳がたきぎを背負って本を読む銅像が立っていました。あの二宮尊徳はある年の夏にナスを食べていて、秋ナスの味がするのを不思議に思い、その年の異常気象を予感し、非常食としてヒエを作るよう、農民たちに指導したといいます。
その年は「天保の大飢饉」の始まりで、凶作が数年続き、餓死者が続出する中で、二宮尊徳の治める桜町領は、一人の餓死者も出なかったのだとあります。
「秋ナスは嫁に食わすな」とも言われる秋ナスの味の違い、解りますか？

参考図書：「野菜学入門」三一書房

果菜類

オクラ（アオイ科）

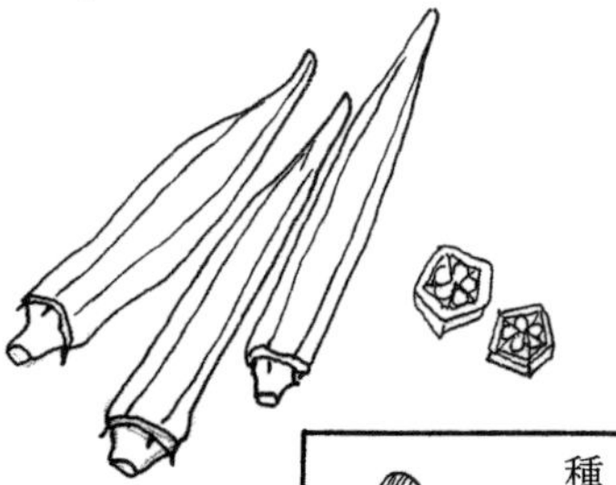

原産国はアフリカ東北部

1	2	3	4	5	6	7	8	9	10	11	12

●●●――――――○○○○○○

（直蒔き）

〔品質〕緑色の５角オクラ、紫紅色オクラ、丸莢オクラなどがある。丸莢オクラは柔らかいが収量が少なめである。花オクラは花を食べるがトロリとしてこれもおいしい。

〔性質〕地力のあるような所で、日当たりが良く、水はけが良くて、しかも保水力のあるような所が向いている。高温性で、低温に弱い。種は新しいものを。

私が子どもの頃、母が庭先で作っていたオクラは、よくおろして食卓に上りました。トロロ芋のようにねっとりと粘り気のあるトロロオクラにしょうゆをちょっとかけてつるんと食べるんですけど、あんなオクラにもう 20 年以上出会っていません。どうしたらあの昔のオクラに出会えるのだろうと思います。

■　種降ろし

（４月下旬～５月中旬）

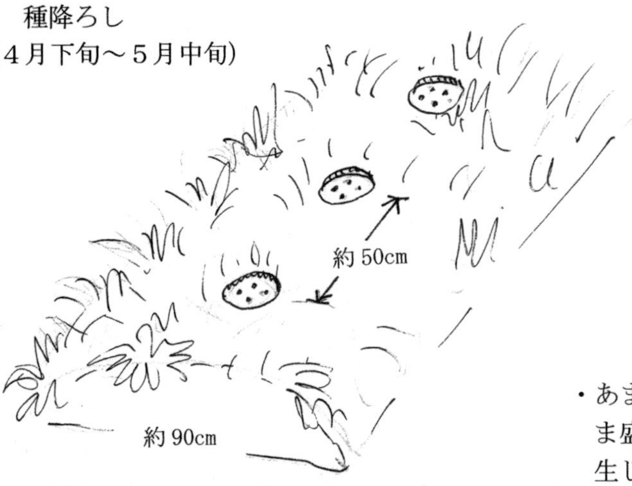

・オクラは直根性なので移植を嫌います。ポットに育苗して定植することはできますが、自然農では直蒔きで充分育てることができます。

・よく肥えていて保水力もあるような畝を選びます。低温に弱いので遅霜の心配がなくなって、４月下旬から５月中旬ごろ種を降ろします。

・あまり遅くても根のはりが充分できないまま盛夏を迎えると、収量が減ったりイボが生じる原因になると言われています。

・畝幅は 90cm 以上はあるところに株間を 50cm くらいとって草を刈り、宿根草の根などあればとり除いて、土または亡骸の層の中に一ヶ所に４～５粒種を降ろします。

・種と同じくらいの厚みの土をかけ、軽く押さえて乾燥しないよう周辺の草を刈って上からふりかけておきます。オクラも幼苗の時は密生していた方が育つと言われているので、ポットで苗を作る場合も３～４粒いっしょに蒔きます。

■　発芽・間引き

発芽温度は 25℃（地温）

苗が 30cm くらいになるまでは３本くらいのままでよい。その後、１～２本にする。

■ 生長と収穫

・オクラは日光を好むので周囲の草が日光をさえぎらないように時々刈ってやります。刈った草はその場に敷いておきます。

・６月になると急に大きくなりますが、生長が思わしくない場合、少し様子をみながら米ヌカや油カスを少し補ってやります。

・花が咲くとその４～５日後にはもうその実は収穫時となります。花オクラの場合は花を食べますが、花は一日の生命なので午前中に収穫し、水につけておくと良いです。

・実をもぎとるときにそこについていた葉をいっしょに欠きとる必要はありません。全体の元気が損なわれるので実だけ収穫するのがよいでしょう。

・オクラは収穫が遅れると固くなりますので、早め早めに収穫するのがよいでしょう。

■ 採　種

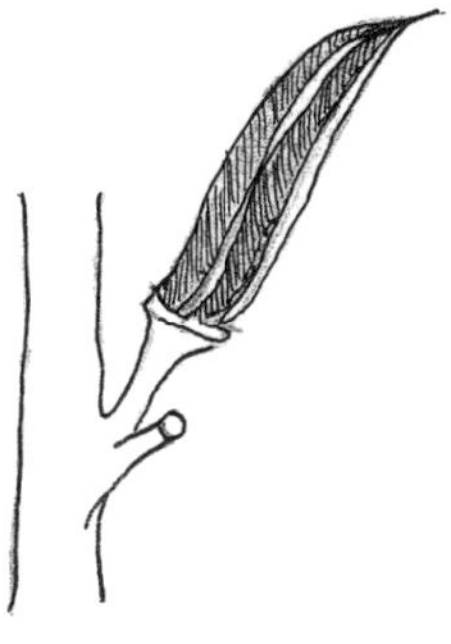

・オクラの種とりはわりと簡単です。これをと思う健康なオクラの美しい実を収穫せずに残しておきます。するとだんだん固くなって、しまいには黒ずんでカラカラになるので、その時茎から欠きとって、２～３日直射日光に当てて、完全に乾燥させてから、莢ごとあるいは種をとり出し、保管します。
（但し、固定種でないとＦ１の場合は、そこから固定種をとり出すのに数年かかると思われます。）

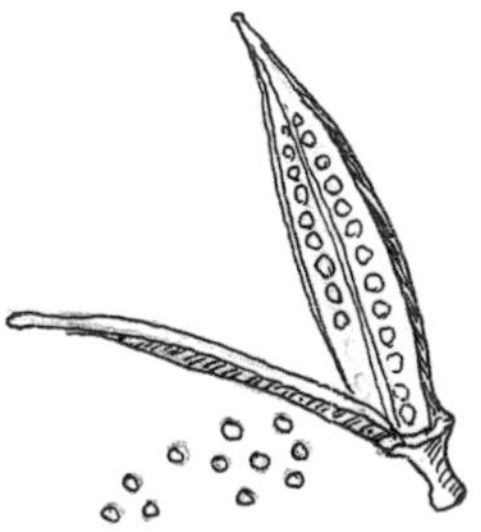

■ 保　存

保存適温度は10℃です。冷蔵庫に入れる必要はなく、かえって肌が黒ずみます。新しいうちにどんどん料理して食べましょう。生でもおいしいし、油とも相性が良いので揚げもの、炒めものもＯＫ。和風に煮物に加えてもよいし、工夫しだいで何でもいけそう。
ちなみにオクラは英語でもオークラ（Okra）です。

トウモロコシ（イネ科）

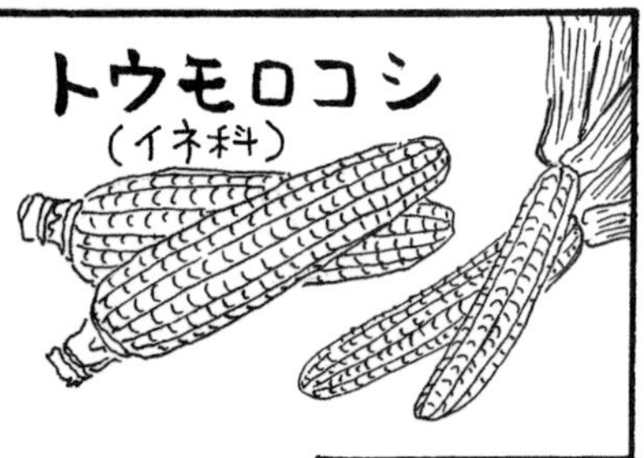

原産地はメキシコから南米北部地域と言われている。

1	2	3	4	5	6	7	8	9	10	11	12

●●●●————○○○○
（直蒔き）

〔品種〕大きく分けると柔らかくて甘味も強いスイートコーン、甘さは少ないがモチモチとして歯ごたえがあり加工もできるフリントコーン、さらに皮が固く火にかけると爆裂するので爆裂種（ポップコーン）などがある。

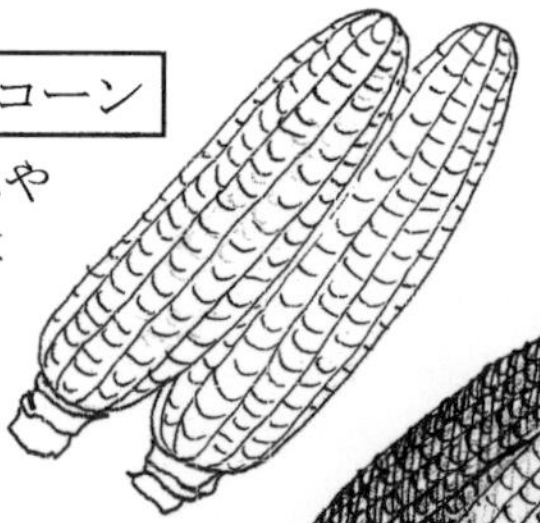

スイートコーン

ハニーバンダムやピーターコーンはスーパースィートと言われる改良種

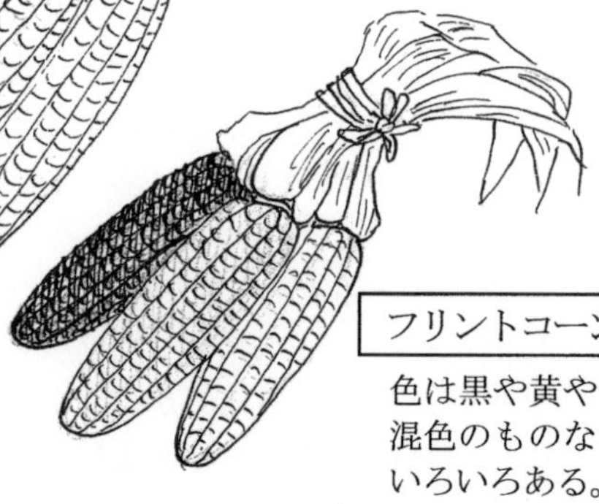

フリントコーン

色は黒や黄や白混色のものなどいろいろある。

コーンスターチやコーンミールなどの加工用に使われる。
日本でモチキビと言われているもので16世紀に長崎に入ったようです。

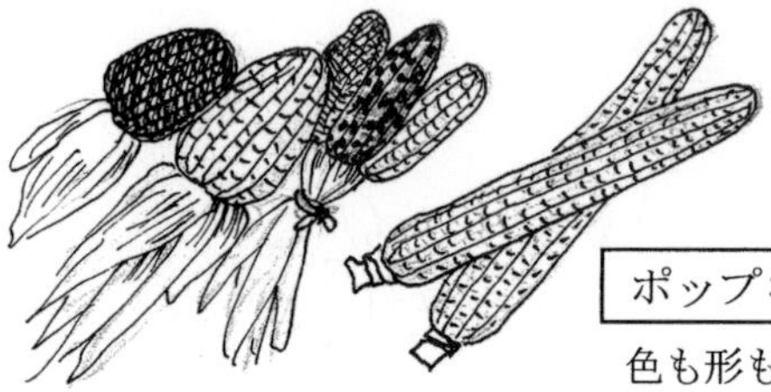

ポップコーン

色も形も様々です。
固いけどフリントコーンのように加工しなくてもゆでたり焼いたりして食べてもおいしいです。

〔性質〕日当たりが良く、水はけ良好でやや肥沃な場所を選ぶ。昼夜の気温の差が大きく、日照時間が長いと甘いトウモロコシになる。

■　種降ろし（4月中旬～5月中旬）

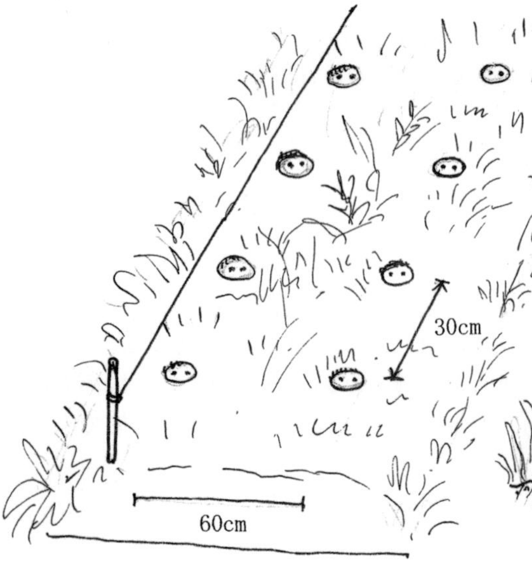

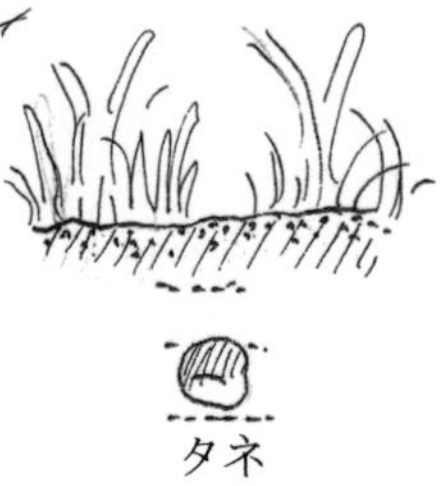

- トウモロコシは風により受粉するので、1条蒔きより2条に蒔いた方がよいでしょう。交配しやすいとされるので、違う品種を近くに植えない方が無難です。
- 1粒ずつの条蒔きやポットに苗を作ることもできますが、左の絵は30cmごとに2粒ずつの点蒔きです。
- 条間を60cmくらいとって株間は約30cmにします。鳥対策も兼ねて草を刈らないで、種を降ろす所だけをわずかに草を抜きとり、種を深めに蒔いてゆきます。

■　発芽と間引き

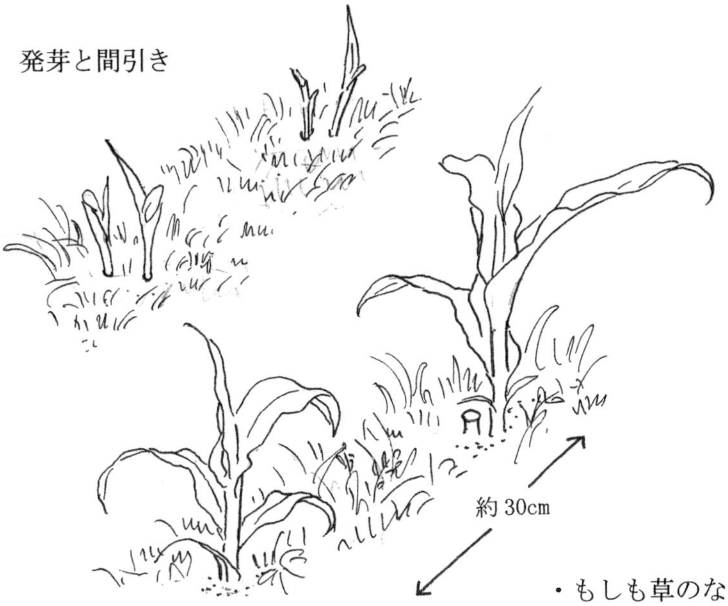

・気温が適温であれば、約１週間ほどで発芽します。

・本葉が３～４枚の頃に、草の中で発芽した幼苗に日が当たるように、周辺の草を刈ってやります。

・同時に丈夫な方を残してもう１本を抜くか、切るかして１本に仕立てます。

・もしも草のないような所に条蒔きで種を降ろす時は、鳥除けも兼ね長いカヤなどの草をからまるように上からねかせてかけておきます。

■　腋芽かき

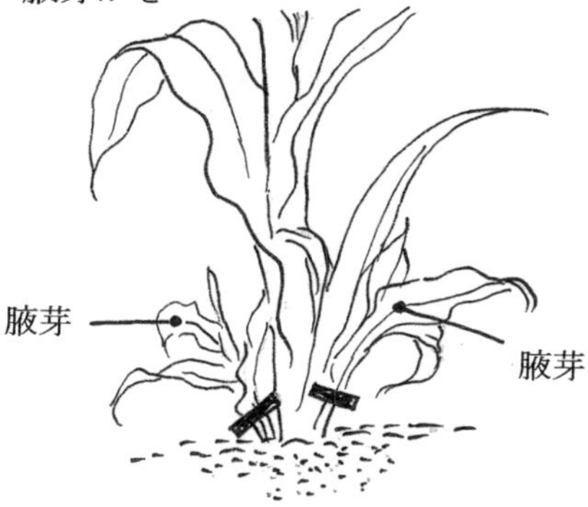

・地面の際のところから腋芽がでるのは早めに欠きとっておきます。

・トウモロコシはこのころになると一気に大きくなりますが、日光を好むのでよく日が当たるよう周囲の草の世話を行います。

■　受　粉

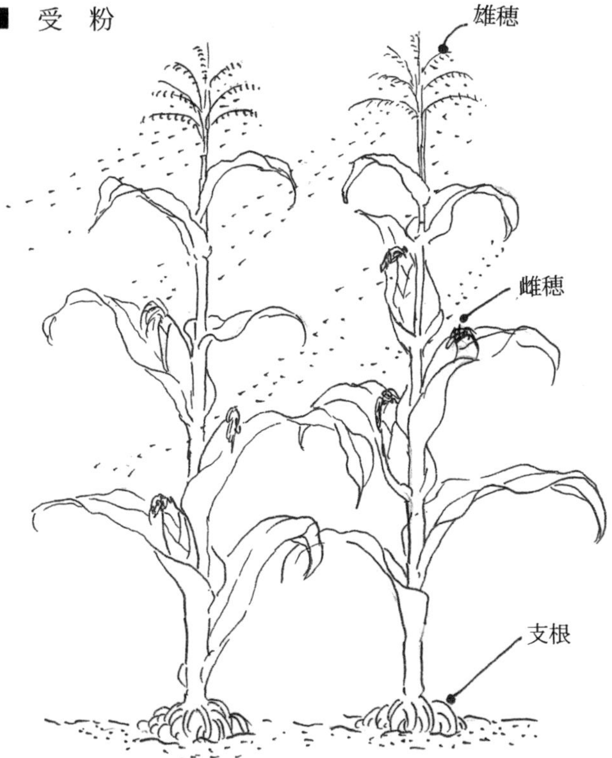

・トウモロコシはかなり丈夫な作物で、注意してみると根元には支根が張り、マングローブのような力強さがありますが、背がかなり高くなるので風の強いところでは倒伏する恐れもあるので、風当たりの弱い場所を選ぶことも大切です。

・トウモロコシは１本に雄穂と雌穂ができ、雄穂の花粉が風によって飛ばされて雌穂まで運ばれます。それでたいへん交配しやすいので、他の品種を植える場合は少し離して作付けする方がよいです。

・実は上の段から順に大きくなりますので、もし摘果するなら下の段の実を摘果するとよいでしょう。

■ 収　穫

① スィートコーン／フリントコーン ｝ 柔らかいうちにゆでたり焼いたりして食べる場合

・実が食べ頃になっているかどうかを見分ける目安としては、一つは雌穂の色がこげ茶色になっていること（初めは薄い白っぽい緑色からだんだん茶色く色づいてくる）と、もう一つは実が茎から約40°ほど開いていること、この二つを目安とするとよいです。

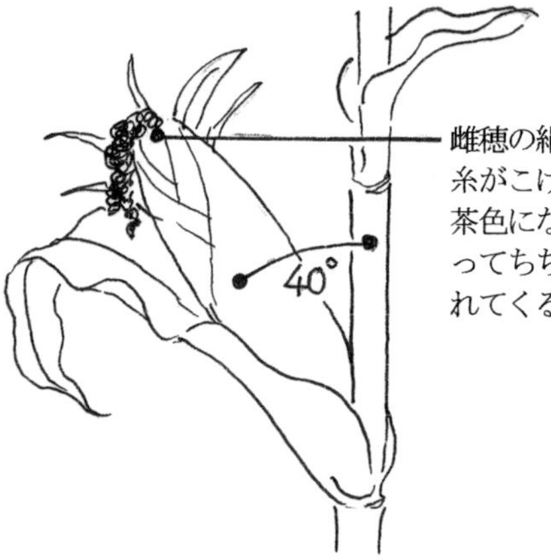

雌穂の絹糸がこげ茶色になってちぢれてくる。

・トウモロコシはその糖度が時間の経過とともに一気に失われると言われています。
24時間後にはほぼ半減すると言われているので、収穫したらすぐにゆでた方がよいようです。

葉も白茶色に枯れ始める。

オニカワが白茶色になって中の実も固くなっている。

② フリントコーン／ポップコーン ｝ 粉砕して加工したりいわゆるポップコーンにする場合

・実を包んでいるオニカワが白茶色になって、カラカラに乾燥している状態になってから収穫します。手で握ると実が固くなっているのがわかります。
中の実が柔らかいうちにとってしまうと、その後、乾燥するので実がシワシワになってしまいます。

■ 採　種

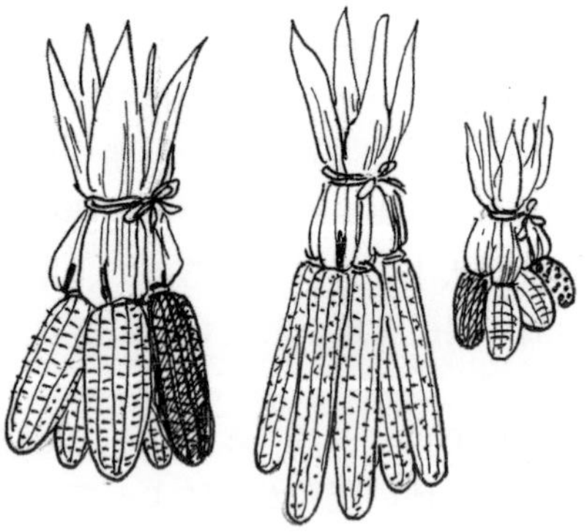

・ポップコーンを収穫するのと同様になります。
・外側のオニカワが白茶色にカラカラに乾燥し、中の実も固くなっているのを確認してから茎からもぎとります。遅すぎると雨に当たってカビたりします。
・風通しの良い所に吊るすためにオニカワははずさないようにむいて、種類別にくくってひもで吊るしておきます。
・また種を蒔く時期に１粒ずつはずしていくとよいです。

■ 保　存

・保存はゆでて**胃袋の中で！**が一番です。
・スイートコーンの場合、糖度は鮮度と同じで、時間がたてばどんどん下がってゆくようです。もしどうしても一晩おく場合は、畑にあった時と同じように実を立てて、箱か何かに入れておくとよいそうです。
・フリントコーンやポップコーンは種と同じように、風通しの良い所に吊るすようにし、必要な量だけ、その都度使うとよいと思います。

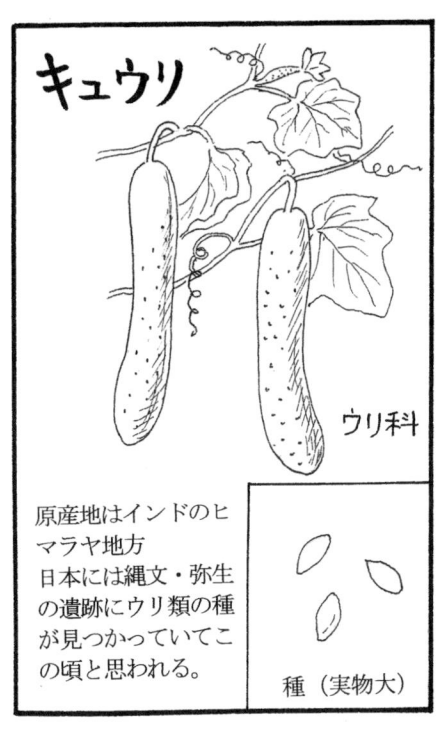

キュウリ

ウリ科

原産地はインドのヒマラヤ地方
日本には縄文・弥生の遺跡にウリ類の種が見つかっていてこの頃と思われる。

種（実物大）

1	2	3	4	5	6	7	8	9	10	11	12

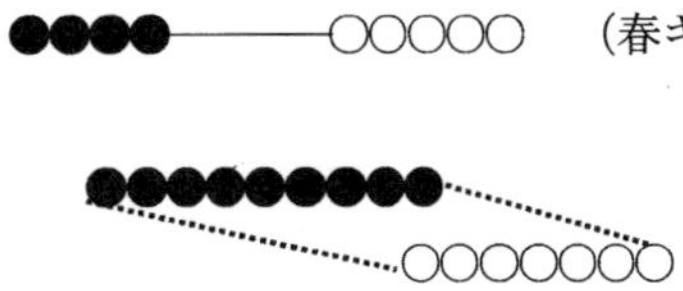

〔品種〕種類の分け方にいくつかある。

・立ち性のものと地這いのもの

支柱を立てて、つるから出てくる巻きヒゲをからませてゆく立ち性のものと、地面を這わせてゆく地這いのもの

地這い種…霜不知地這、ときわ地這

・節成りと飛び成り

節成り…親づるに第１雌花がつくと、その後もほとんどの節に雌花がつくもの（春キュウリ）
［夏秋節成り、加賀節成りなど］

飛成り…親づるにあまり雌花をつけないで子づる、孫づるの第１、２節に必ず雌花をつける。
（夏キュウリと言われ暑さに強い。）
［つばさ・奥路・ときわみどり］

・イボの種類で　黒イボキュウリ…低温に強く春キュウリに多い。（加賀節成り）

白イボキュウリ…暑さに強いので夏の露地栽培に向いている。今はほとんどこちらの品種が出まわっている。四葉（すうよう）キュウリも白イボに入る。
［四葉キュウリ・さちかぜ・夏さんご・さつきみどりなど］

・その他　加賀太キュウリ…太く短い石川県特産のもの

ブルームレスキュウリ…ぶどうなどのように実の表面に白い粉を吹く昔の品種を改良して、つるつると粉の出ない品種のこと

〔性質〕同じウリ科でもスイカは乾燥地を好みますが、キュウリは水分を多く含んでいて、それでいて水はけのよい土壌を好むようである。ウリ科同士の連作は避けた方が無難。また雌花が咲いてからほぼ 10 日程で収穫でき次々に成るが、収穫期間がわりと短いので、種を選び、３回ほどに時期をずらして種を降ろすと夏じゅう収穫できる。

■ 種降ろし

（立ち性の場合）

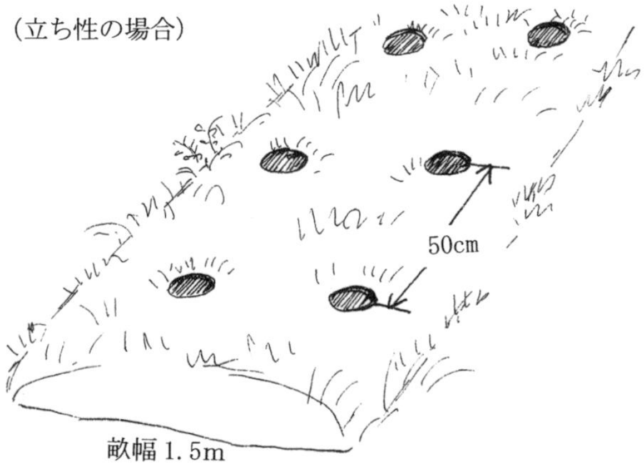

畝幅 1.5m

・種を降ろす時期は品種にもよるが、３月中旬から７月中旬まで（東北地方高冷地では４月中旬から６月上旬まで）少し時期をずらして３回くらいに分けて降ろすと長く収穫できます。

・畝幅に応じて１条に降ろしたり２条に降ろしたりします。左の図は約 1.5 mの畝幅のところに、株間を 50cm にして２条に降ろしています。

（地這いの場合）

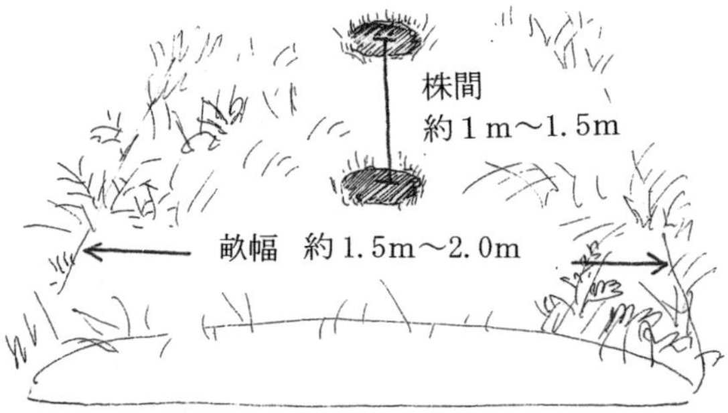

・地這いキュウリは、白ウリやまくわウリなどのように支柱を立てずともできます。したがって畝幅は広い方がよいでしょう。

・または幅の広い畝なら、立ち性の他の野菜と混生して混生して育てることもできます。（オクラやトウモロコシなど）

・立ち性の場合も地這いの場合も、種子を降ろす箇所だけを少し草を刈り、表土を薄くはいでそこへ種を点蒔きに降ろします。
種がかくれるくらいに覆土したら、表面を手の平で押さえて固く締め、その上には周囲の細かい草を刈ってうっすらとかけておきます。
こうすることによって乾燥を防ぎ、灌水の必要はなくなります。

■　発芽と間引き

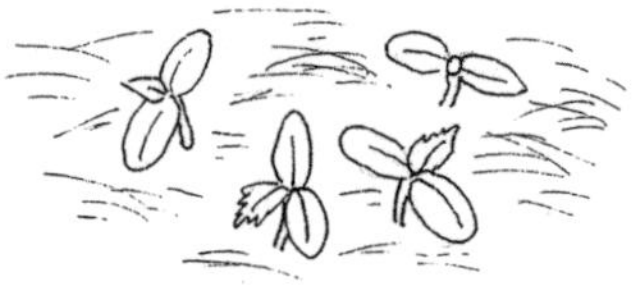

・種を降ろして約５～６日で発芽します。
上から被せた草などがからまっている場合、その部分を少し取り払ってすっきりとさせてやります。

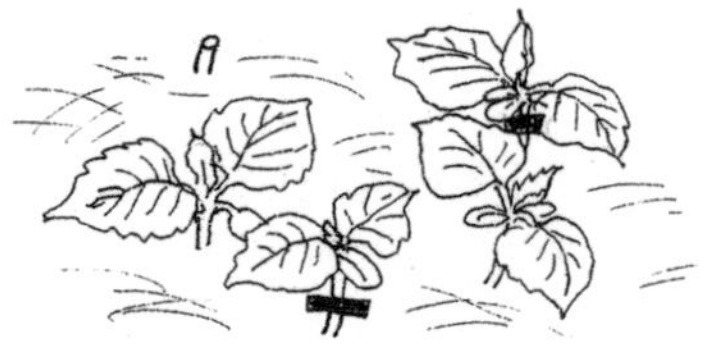

・発芽した幼苗の葉が重なって混み合ってきたら、丈夫で健康そうな苗を残し、ハサミなどで切って間引きます。
・最終的には１株にしますが、間引くのに惜しい苗は移植することもできます。

■　支柱立て

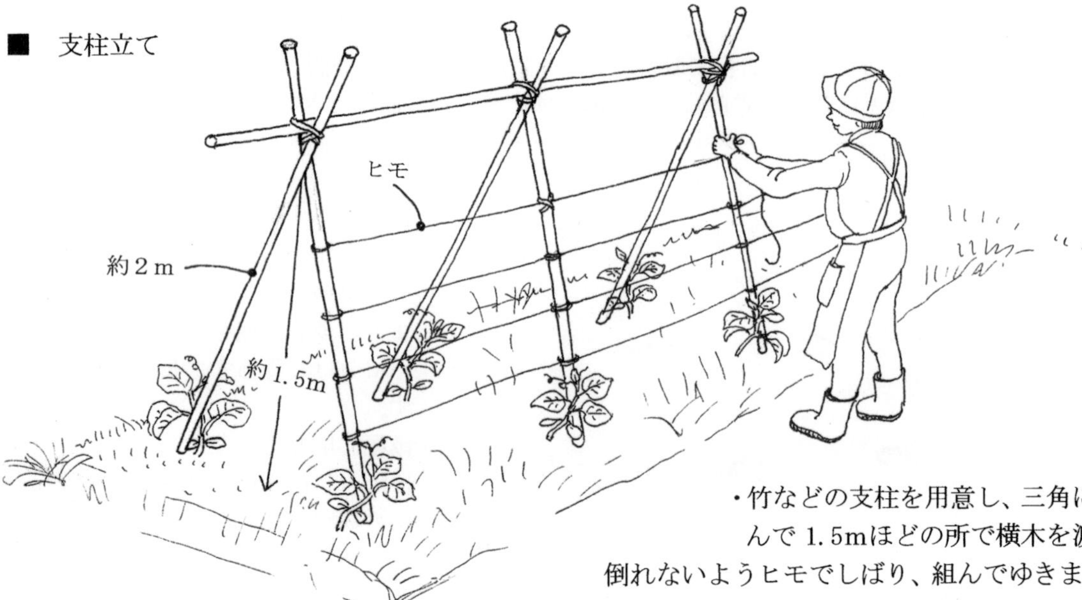

・竹などの支柱を用意し、三角に組んで1.5mほどの所で横木を渡し、倒れないようヒモでしばり、組んでゆきます。

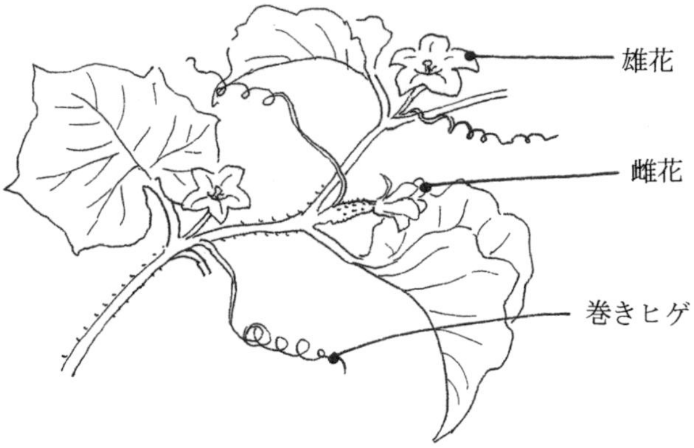

・キュウリのつるはそれ自体が螺旋を描いて支柱に巻き付くのではなく、節ごとに出る巻きヒゲがつかまる所を察知して、ぐるぐると巻き付くという、そういう性質がありますので、竹などで支柱の骨組みを組んだら、枝のたくさんついている竹を立てていくとか、細く巻き付きやすいもので応じてゆきます。

・本葉が4～5枚になる頃、周囲を間引いて1本に仕立てた幼苗を、最初はヒモで竹の支柱や横ヒモに誘引し固定してやります。
・キュウリは折れ易いので注意して、ヒモは8の字にゆるみを持たせて巻くとよいでしょう。
・また、周囲の夏草も勢いよく茂り始めますので負けないよう随時に刈って、そこへ敷いてやります。

■ 摘芯について

● 節成りの場合

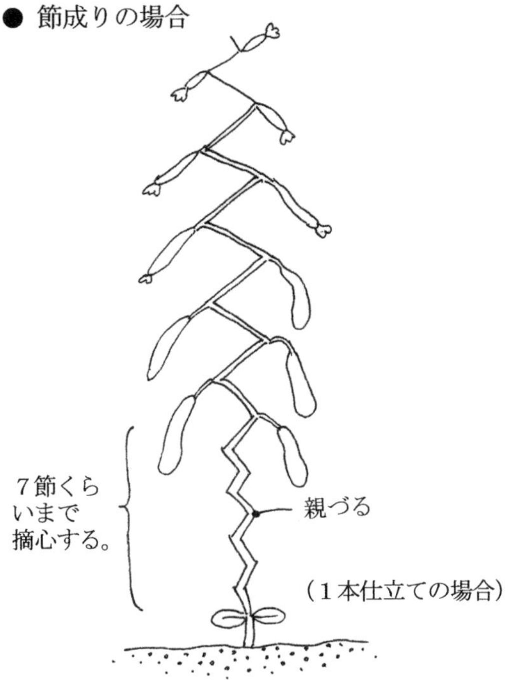

節成りは親づるに第1雌花がつくと、そのあとはほとんど節ごとに連続して雌花をつける習性があります。

● 飛び成りの場合

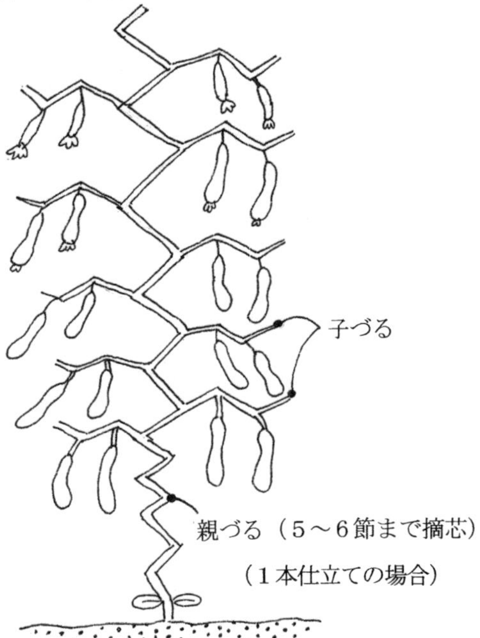

飛び成りは親づるにはほとんど実をつけないで、子づるあるいは孫づるの第1、第2節に雌花をつける習性があります。

※一応、摘芯の説明をしてみましたが、いずれにしても自然農では摘芯をすることなく、地力に応じて程良く収穫が得られます。むしろ、多収量を目的とした摘芯は株を弱らせてしまいます。

■ 地這いキュウリの育て方

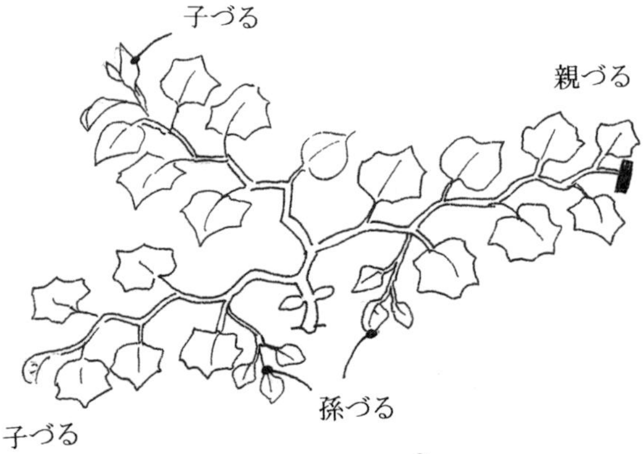

・支柱を立てなくてすむので管理に手間がかかりません。また、風の強く吹く場所などには、地這い種だと風への対策がなくてすみます。

・地這いキュウリは、放任でも充分実をつけてくれます。摘芯せず、自然にまかせた方が親株も弱ることなく、長い期間収穫が楽しめます。

・地這いキュウリの実は、他のウリ類同様、畝の上に直にころがって生りますので、地面は裸にならないよう、草が少なければ土手などの草を刈って敷いてやったりします。

■ 生長と収穫

・夏になると草の勢いも増してきます。キュウリの苗が草に負けないよう、また充分に太陽の恵みが受けられるよう、周囲の草々への心配りをします。
他の作物同様、必要に応じて刈り、その場へ敷いてやります。
・また、立ち性のキュウリは、時々支柱やひもにうまく巻きつけないでいる場合は、ひもでそっと巻いてつかまらせ易いようにしてやったりします。
・葉の勢いがなく黄ばんできたりしたら、根元のところを少し離して米ヌカや油カスなどを少しばかり補ってあげてもよいでしょう。
・収穫は朝どりが最もおいしいと言われています。
キュウリは１日１日どんどん大きくなりますが、手頃な大きさを早めにいただきましょう。
・たくさん収穫できたら、ピクルス、味噌漬け、粕漬けなど保存食にもいろいろ使えます。

■ 採種について

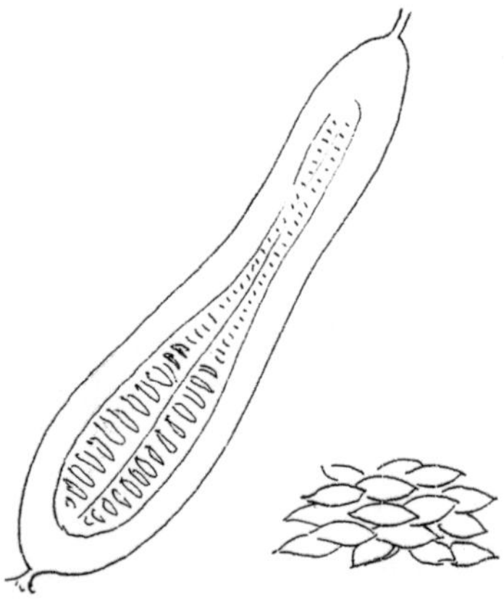

・キュウリには雌花と雄花ができますが、カボチャやスイカと異なり受粉しなくても実を結びます。それで、受粉した実には種が出来ますが、受粉せずに結実したものには種はありません。
また、花芽がついた時点で雄花、雌花は決定してなくて、その時の諸々の条件下で決定づけられるのだそうです。一説には窒素過多になると雄花ばかりになると言われています。

・キュウリは未熟果を食べますので、種を採るには黄色く熟すまで待って、少し柔らかいくらいのものを選んで水につけてから、割ってしごくように取り出します。水に沈んだ種をよく洗って陰干しにして乾かして保存します。

キュウリ　の話いろいろ

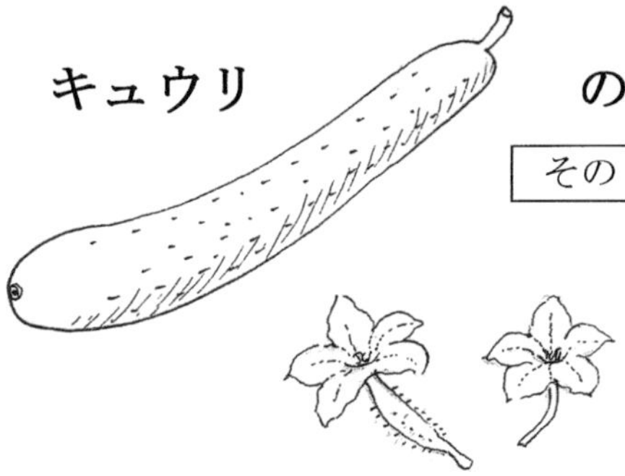

その１

江戸時代の文献「菜譜《さいふ》」（貝原益軒）では「瓜類の下品なり、味良からず、かつ小毒あり…」と書かれています。これには理由があって、当時、ウリと言えばシロウリやマクワウリが主役で、こちらの方は黄色く熟すと甘く味も良いのに、キュウリは黄色くなるとすっぱくなってしまい、しかも昔の品種はへたの方に苦味があったということから、それほど人気がなかったということらしいのです。

そしてそのキュウリが人気者になるのは、江戸時代の終わりの頃で「和漢三才図絵」などに「毒はなし、熱冷まし、のど渇きを止め、利尿をよくする…」と出てくるようになります。また、江戸時代には作物や魚などの初物を重宝して楽しむことが習わしになっていて、初物を皆が競い合うようになったので「野菜の早出し禁止令」というのが出て、タケノコは４月、シロウリは５月、マクワウリは６月というふうに出荷の時期が定められましたが、キュウリは重宝がられず、この禁止令にとり上げられなくて、その事が逆にキュウリの人気を高めたんだそうであります。

たしかに夏の暑さを冷ましてくれる食感のさわやかさ……当然の成り行きですね。

漢方生薬の働きをみるとウリ類はみな寒薬ですから（冬瓜、マクワウリ、カラスウリなど）キュウリも食べるならやはり夏だけという事になりますね……あたりまえの事でした。

参考図書：「そだててあそぼう⑪キュウリの絵本」農文協

その２

キュウリ

葵の紋

福岡は博多に「博多山笠」というお祭りがあります。博多の昔ながらの街区ごとに「かざり山」と「追い山」とが準備され、街の男衆が７月 15 日の早朝、山をかついでつっ走り、その速さを競い合うというものすごく勇壮な祭りです。

この祭りには７月１日からいろいろな昔からのしきたりを守って準備されていくそうなのですが、そのしきたりの一つに「キュウリを食べない」というのがあるんだそうです。

それは、キュウリの輪切りの模様が櫛田神社の御紋に似ているので、その御紋を食べるなんて罰あたりという事らしいです。本当は、男衆たちが祭りの血気と熱気を冷ましたくなく、カーッと盛り上がりたかったのでは……なんて。

江戸の武士たちもキュウリが幕府の葵の紋に似ているので、キュウリごときが御紋をかくし持つとはけしからん、といって、けっして輪切りにしなかったということであります。

その３　河童にキュウリ？

どうして河童はキュウリが好物なんでしょうか。

いろいろ説はあるのでしょうが、子どもが小さい頃見ていた絵本「河童よ、出てこい」によれば、河童は頭上の皿が生命なんだそうで、皿が乾くと生きられない。そこで陸に上がると、水々しいキュウリを求めてかじる……そういうことなんだそうです。

また河童は九州では水天狗とも言って、水天宮様（水の神様）の家来なんだそうです。水田の水を管理する水天宮様の仕事を、忙しい時は河童も手伝ったといいます。子どもが大好きな河童は、川に入った子どもの尻コ玉を抜くのを楽しみにしていて、子どもが尻コ玉を抜かれないように、河童の好きな初物のキュウリを必ずその時期には川へ流したというお話もあります。キュウリに河童に水天宮様と稲作、おもしろい結びつきですね。

カボチャ
（ウリ科）

原産は南アメリカ。日本カボチャも安土・桃山時代に伝わってきた当時の外来品種である。

種（実物大）

1	2	3	4	5	6	7	8	9	10	11	12

（直蒔き）

〔品種〕日本カボチャ、西洋カボチャ、ペポカボチャに大きく分けられる。

・日本カボチャ…水分が多くて甘みが少なく、すこし粘り気がある。煮くずれをしにくい。開花後30日ぐらいの未熟果を食べる。葉にトゲがある。
（小菊・鹿ヶ谷・日向・備前ちりめん黒皮・会津）

・西洋カボチャ…甘みが強く、ホクホクとしている。完熟してから食べる。葉にトゲはない。
（えびす・デリシャス・マサカリ・東京・がんこ・紅芳香）

・ペポカボチャ…皮が固めで、いろんな色や形のがある。ズッキーニもこの種の仲間。果柄が固く、果実とのつけ根に台がある。葉にトゲはない。
（ズッキーニ・プッチーニ・そうめんカボチャ・おもちゃカボチャ・テーブルクィーン）

〔性質〕乾燥気味の土地が良く、日当たりの良い所、ウリ科だが連作ができる。
かなりつるが伸びるので、広い畝が必要となる。

■ 種降ろし

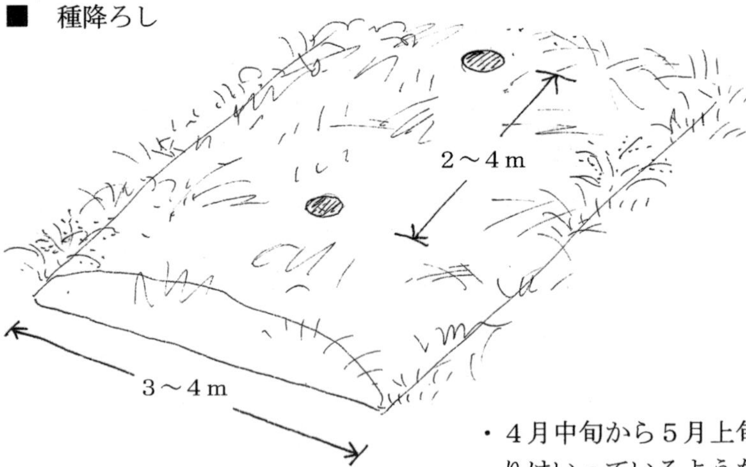

・専用の畝を作るならば、畝幅は３～４ｍは必要です。
水はけ良く、日当たりの良好な場所を選びます。

・直蒔きでもポットなどに作って移植してもよく、また果樹の下で日の当たる側とか、土手の斜面などを利用してもできます。

・４月中旬から５月上旬、種の中味がふくらんでしっかりはいっているような種を選び、一ヶ所に３～４粒ずつ降ろしてゆきます。
まず、降ろす位置を定めてあらかじめ棒などを立てておき、草を刈って約20cm四方くらいの広さの土をはがし、整えて種を降ろします。
種がかくれるほど充分土をかけて、手の平などで上から押さえ、草々を刈って上からふりまきます。

■　発芽と間引き

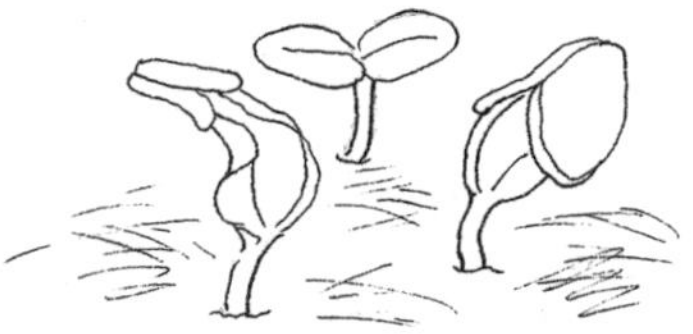

・地温が上がらないと時間がかかりますが、適期であれば１週間前後で発芽します。

・種も大きいので芽も大きく、地面から力強く頭をもたげて出てきます。
この時に上からかけておいた草がじゃまになるようだったら、取り除いてやります。

・発芽後 15 日くらいして本葉が１枚出てきている頃、２本くらいを残して間引きます。

・本葉が２～３枚のころ、再び間引いて１本にします。移植の場合はこの頃にします。

■　生　長

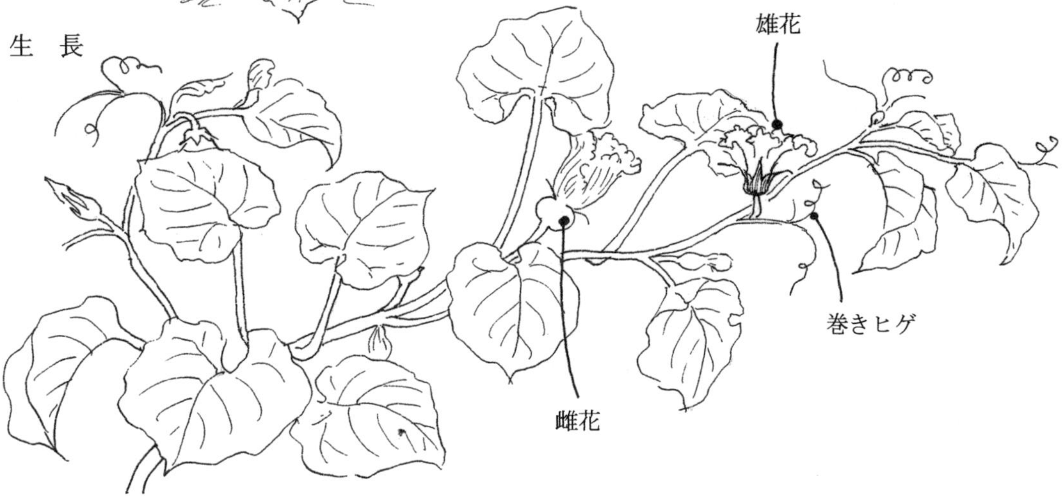

・つるが伸びてきたらつるの下の草を刈って敷いてやると、実ができた時、地面に直接触れないので傷むことなく生長できます。
また、畝全体を見てつるの伸びていく方向に片寄りがあったり、ぶつかったりしているようだったら、少し動かして（誘引と言う）整えてやります。

・カボチャは他のウリ類のように摘芯の必要はなく、伸びるに任せます。

・つるが伸びる先が草に覆われてしまって、刈るタイミングを失ったような時、あわてて刈るとあちこちの草につかまって伸びている巻きヒゲを切ったりしてしまうので、その場合はかえって放任の方がカボチャのために良いようです。

■　収　穫

日本カボチャの場合は開花より約 30 日くらい、外側の皮が少し粉をふいて、へたの周辺の実の張りぐあいが充分だと思われた頃、西洋カボチャは果柄のところが固くコルク質化した頃を目安にするとよいです。

■ 保　存

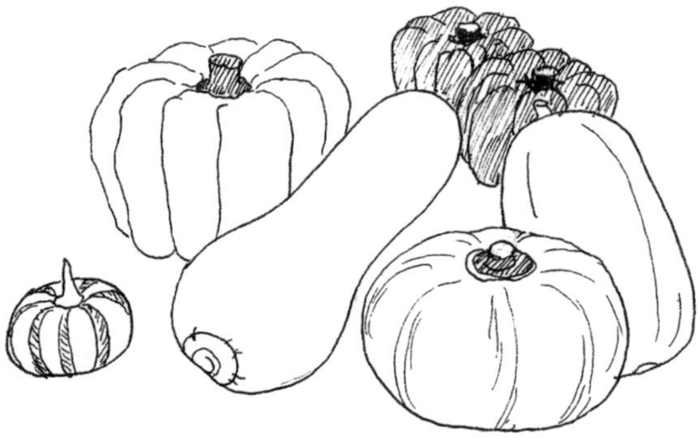

・カボチャは収穫してすぐに食べるより、少し追熟してから食べると甘みが増しておいしくなります。

・収穫したら、日陰で風通しの良いところで（気温は 20〜25℃）約 10 日ほど置きます。この頃最もおいしいようです。

・その後は涼しい日の当たらない所で（10℃前後だと理想的）保存すると、60〜70 日は大丈夫です。

■ 採　種

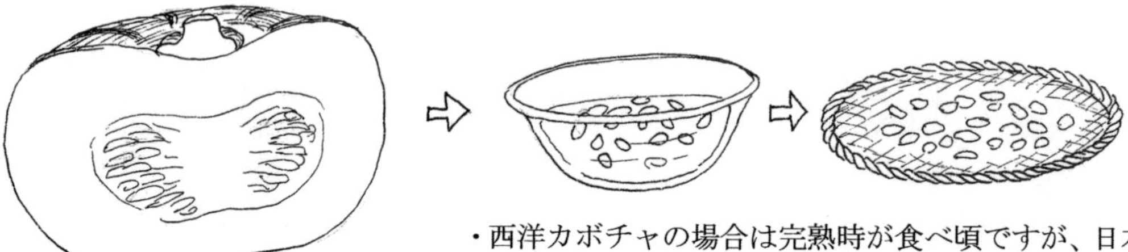

・西洋カボチャの場合は完熟時が食べ頃ですが、日本カボチャ、ペポカボチャは、食べ頃を過ぎてやはり果柄が固いコルク質になってというのを目安にして、完熟させてから取り出します。

・まず果肉を半分に切り、スプーンなどで中央の種の集まっているところをかき出し、水の中でよく洗って種だけ取り出します。

・カボチャの種はほとんど浮くので、種を陰干しして乾燥させたあと、種をさわって中味のない薄くふくらみのないものを捨てて、残りを保管します。

種も食べられておいしいです

カボチャの話

日本カボチャがもともとは、南アメリカ原産のものだという事は先に書きましたけど、1542 年にポルトガル船が豊後（大分県）に漂着し、1549 年に当時のキリシタン大名の大友宗麟に貿易の許可を求めた時、カボチャが献上されたとあります。

それでカボチャのことを別名、南京（ナンキン）と言います。昨年、近所の人からもらったボーブラカボチャは、ひょうたんのような形をしていて、外皮は白っぽい色で、中はオレンジ色でした。味は日本カボチャに近かったのですが、今思えば、ペポカボチャに入りますね。おいしかったです。種は下半分にしか入ってなくて、上半分は種がないのでカボチャという感じがしませんでした。

このボーブラという名、これも実はポルトガル語のアボウブラから来ていて、意味はカボチャだそうです。地方によってはカボチャのことをトウナスと言うそうですが、これは唐、つまり中国から入ってきたナスという意味で、中国から入ってきたカボチャの形がナスのように長かったんだそうです。名前にも歴史がしのばれます。　参考図書：「そだててあそぼう⑫カボチャの絵本」農文協

シロウリ
（ウリ科）

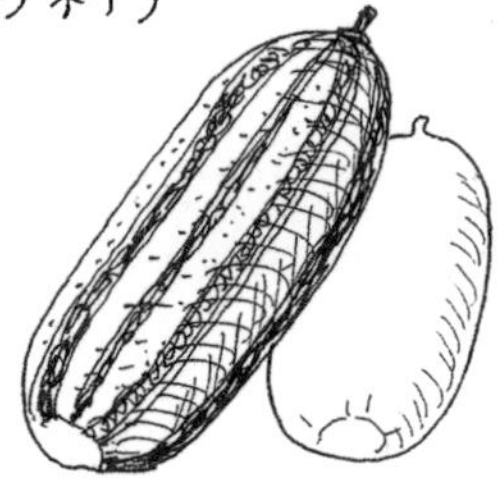

種

原産はアジア東部。醍醐天皇の時代にすでに記録が残っている。

1	2	3	4	5	6	7	8	9	10	11	12

●●●────────○○○○○

〔品種〕シロウリはそのほとんどが漬物に利用されると思うがその用途に向く様々な品種がある。主なものに、
東京早生、東京大越《シロ》瓜、阿波みどり越《シロ》瓜
桂大白瓜など。
縞の入るものに
青大長縞瓜、黒門青大越《シロ》瓜など。

〔性質〕シロウリはもともと亜熱帯のアジア原産なので、暖かく日当たり良く、水はけの良い場所がよい。それでいて保水力もあるような所を選ぶ。丈夫で草の中でも負けずに実をつけるが、移植に弱いと言われているので、直蒔きにするかポット苗を作るようにしたらよい。連作を嫌う。

■ 種降ろし

＜ポット苗を作る場合＞

キュウリやマクワウリと似ているのでラベルをつけるなどします。

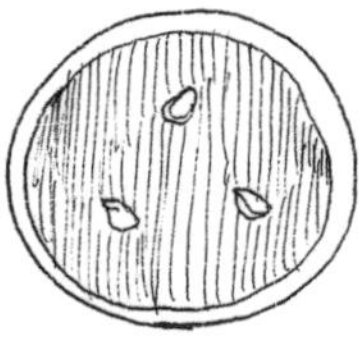

上から見たところ

・ポットで苗を育てる方法は、田畑が家から離れている場合など、庭先のわずかなスペースでできますし、虫などの害に合うことも少ないので確実性は高いです。

・直径８～10cm くらいのポットに８分目くらいの土を入れたら表面を押さえ、種を３粒ずつ入れ種が充分かくれるくらいの土をかけ、再び軽く押さえ、全てのポットに種を降ろしたら水をかけてやります。

・ポット苗の場合、水やりは毎日欠かさずやるようにします。

＜直蒔きの場合＞
（ポット苗の移植もこの間隔で）

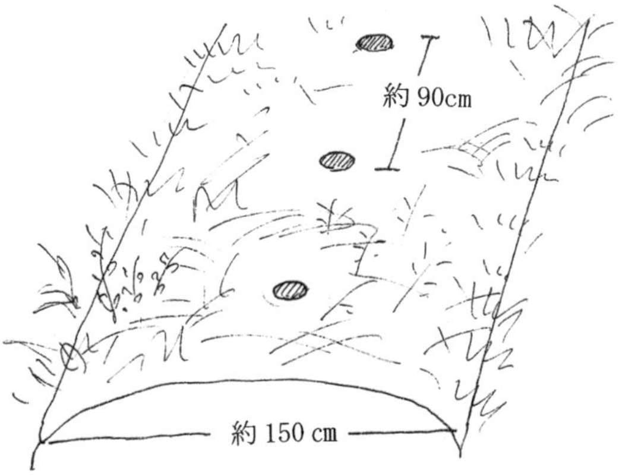

・直蒔きの場合は、ポット苗に比べると丈夫で元気な苗ができると思われます。やり方はキュウリと同じように、種を降ろす部分のみ直径15cmくらいの所の草を刈り、表土を薄くはがして一ヶ所に３～５粒ほど降ろします。

・種がかくれるくらいの土をかけ軽く押さえ、さらに枯草などをかけて土の乾燥を防ぎます。
こちらは灌水の必要はありません。

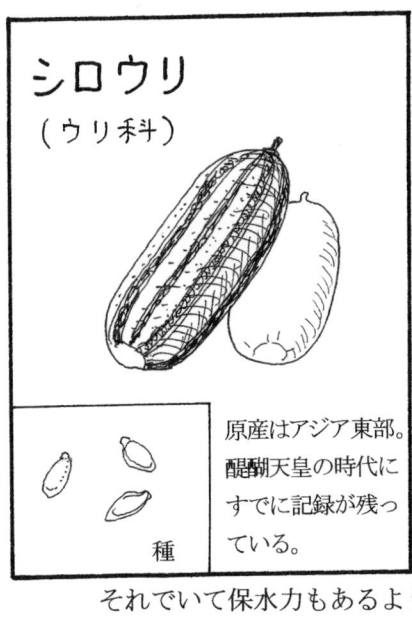

■　発芽と間引きと移植（ポット苗の場合）

・種を降ろしてから約１週間ほどで発芽します。上に被せていた枯草が発芽した芽にからまっている場合は、そっとはずしてじゃまにならないようにしてやります。

・間引きは本葉が２枚くらいの時に、丈夫そうな苗を１本残し行います。

・ポットで作った苗は早めに１本に仕立て、本葉が３～４枚になったころ、畝に移植してやります。夕方や雨の降る前などが良く、土が乾いていたら穴の中に水を入れ、水が沁みわたったところへ苗を入れるようにします。

■　生長と整枝について

・気温が上がるにつれ勢いよく生長してきます。シロウリに限らず、マクワウリ、地這いキュウリ、スイカは整枝をして、１株にたくさん実がつくようにするやり方が一般的ですが、それは実が孫づるにしか生らないためです。しかし、逆に実をたくさん生らせることで葉の数が減り、親株が弱り実を完熟させることができなくなります。ひどい場合は、共倒れになって中途で枯れてしまいます。したがって、自然農では摘芯をせず、自然に任せた方が親の生命力にふさわしい数の実が生り、より健康でおいしい実を確実に収穫できます。
ただし、用意した畝幅を越えて広がってゆく場合、他の作物の生長を妨げたり、また、畝と畝の間の溝状のところで結果したりすると、湿害に合って株を弱らせたりします。そういう場合は、つるの先端を移動させて伸びる方向を変えたり、摘芯したりします。

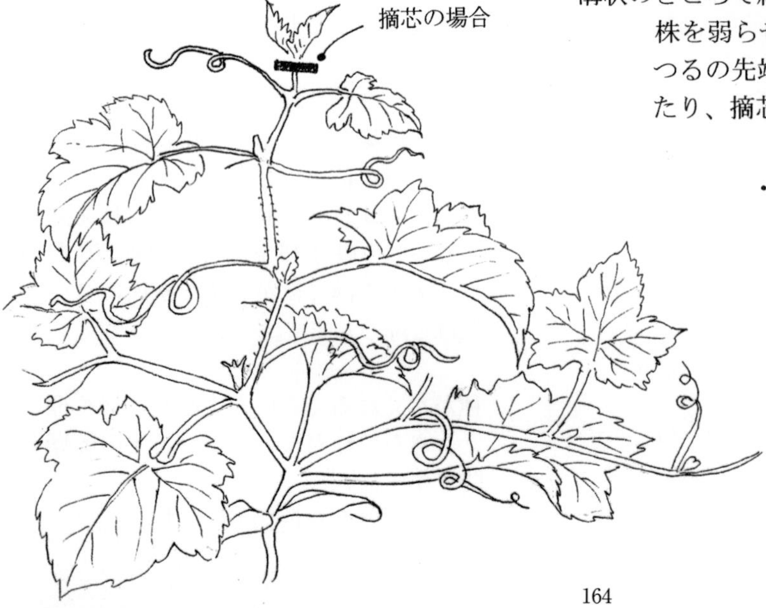

・つるの出る先々の草を刈って、刈った草の上に実が載るようにすると実を傷めることが少ないです。夏は草の勢いの方が早く間に合わない場合、無理に巻きヒゲをひっぱるより放任する方がよい場合もあります。草の中でも案外丈夫に育って実もよく生ります。

■ 着　果

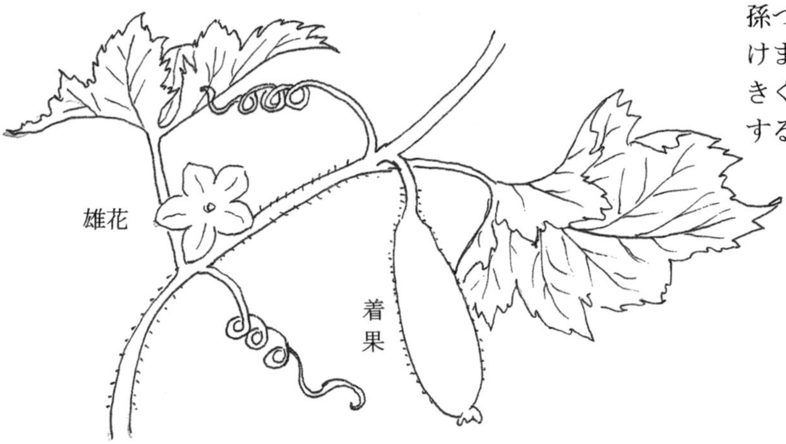

・シロウリの花は、雄花と雌花とあって孫づる１本あたり１〜２この雌花をつけます。うまく結実した実は日ごと大きくなって、おおよそ開花後 20 日ほどすると収穫できるようになります。

・実は地面に当たらないよう刈った草の上になるよう、草が少ない場合は、周辺の畦草などを刈ってそこに敷いてやります。雨の時期、実が傷まないための配慮です。

■ 収穫と保存

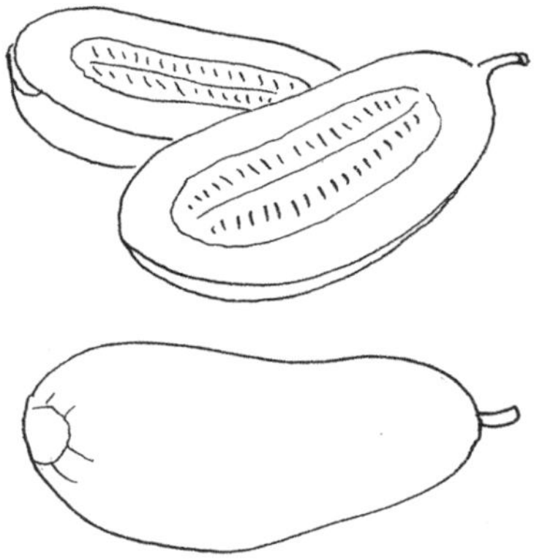

・収穫は開花後 20 日ほどを目安に行いますが、ほどよい大きさを判断して収穫します。
大きくなりすぎると硬くなってしまいます。

・シロウリは別名漬物ウリと言われているように、漬物にして保存するのが一番です。粕漬や浅漬、床漬、みそ漬など……また、酢の物や炒めたりしても意外においしいです。

・家庭用に漬ける場合は、数が一度にそろいませんが、２〜３回に分けて少しずつ漬けると食べ頃も順次伸びて重宝します。

■ 採　種

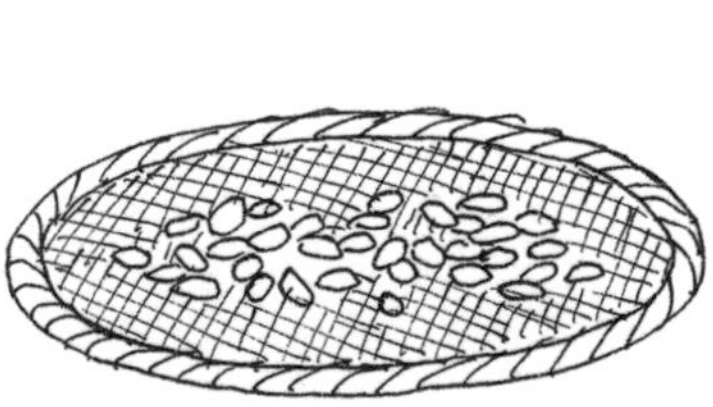

・シロウリはキュウリと同じように完熟させてから種を採ります。
健康に育った丈夫な苗の中で形の良いりっぱな実を残しておき、硬くなるまでおいておきます。

・充分に熟したら２つに割って中の種を掻き出し、水をはった容器の中でよく洗い、ザルなどにあけてよく乾かします。
充分に乾燥させてから、ビンや袋などで保管します。ウリ科の種子はよく似ているので、しっかりラベルをつけておきます。採種年.月.日も忘れずに。

・シロウリの種の保存可能期間は、状態がよければ４〜５年は持つと言われています。

トウガン

（ウリ科）

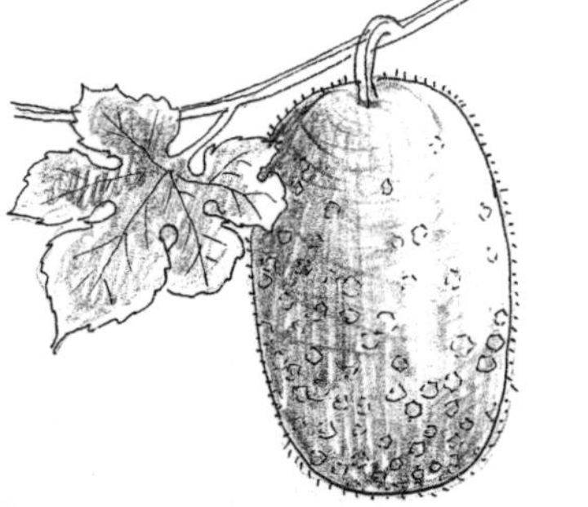

1	2	3	4	5	6	7	8	9	10	11	12

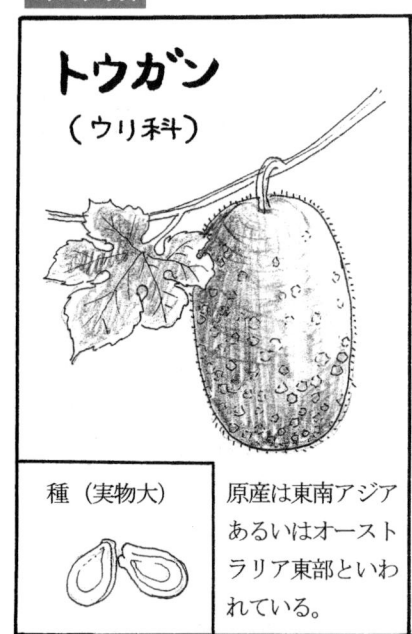

種（実物大）

原産は東南アジアあるいはオーストラリア東部といわれている。

〔品種〕品種はそれほど多くなく、小とうがん、長とうがん、大丸とうがん、琉球とうがんなどがある。
一般に早生のものは小さく、晩生種は大果で長円筒形である。

〔性質〕高温性の作物で生育適温は25～30℃、ウリ科の中では生育期間が長い方なので、関東より西の地域であればよく育つ。味は淡白だが、収穫してからも冬じゅう保存できるので「冬瓜」と言われ重宝する。健丈で土質を選ばず育て易い。

■　種降ろし

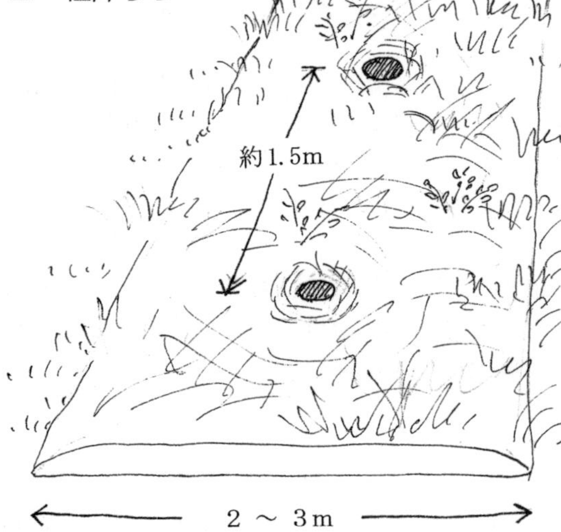

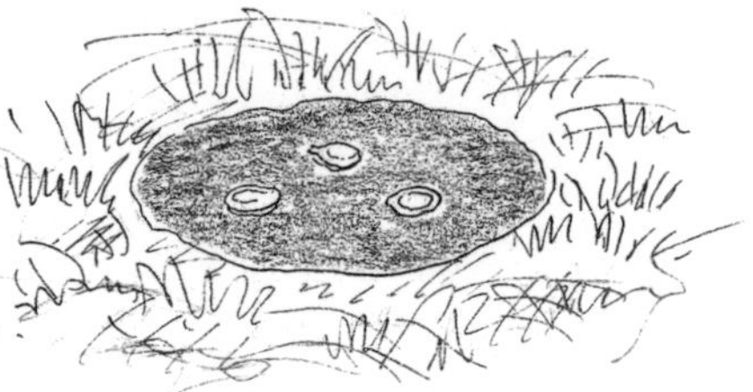

・畝は幅２～３mと広くとります。あるいは日当たりの良い果樹園に点々と、など、つるが旺盛に伸びて広がるのでそれが可能な場所を選びます。
・株間は畝上なら1.5mくらいあるといいです。
・移植を嫌うので直蒔きにしますが、ポットで苗を作るなら移植でも大丈夫です。
・種を降ろす所だけ、直径10cmくらいの場所を草刈り、表土を少しはがして１ヶ所に３粒ずつ降ろします。
・種が硬いので乾燥しないように覆土は６～７mmと厚めにし、さらに枯草、周囲の青草などを刈って被せておきます。

■　発　芽

・発芽には５～６日かかります。
発芽した双葉は大きく、被せておいた草々が双葉にかかっていたりしたら、ていねいに除いて手を貸してやります。
発芽した芽に充分日光が当たるよう、周囲の草丈が伸びていたら少し刈ったりします。

■ 間引き

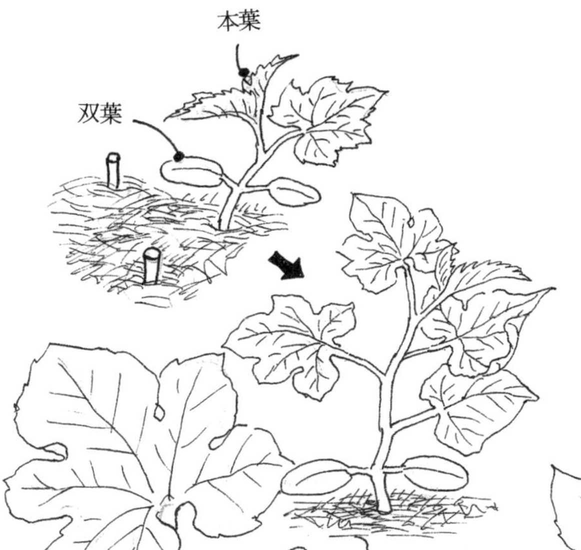

・本葉が１～２枚になったら、一番丈夫で健康そうなものを１本残し、あとは間引きます。間引くときは、残す苗のまわりの土をぐらぐらと動かさないよう注意します。
残す苗の株元を手で押さえておいて、他の苗を引き抜くか、あるいはハサミなどでカットするとよいでしょう。

・本葉が４～５枚のころになったら、ポット苗のものは定植していきます。夕方、定植する場所に穴を空けたら水を少し入れて湿らせてから定植します。株元に刈った草を敷いて乾燥を防ぎます。陽射しが強ければ定植した株の上にも草を刈ってかけておくとよいでしょう。

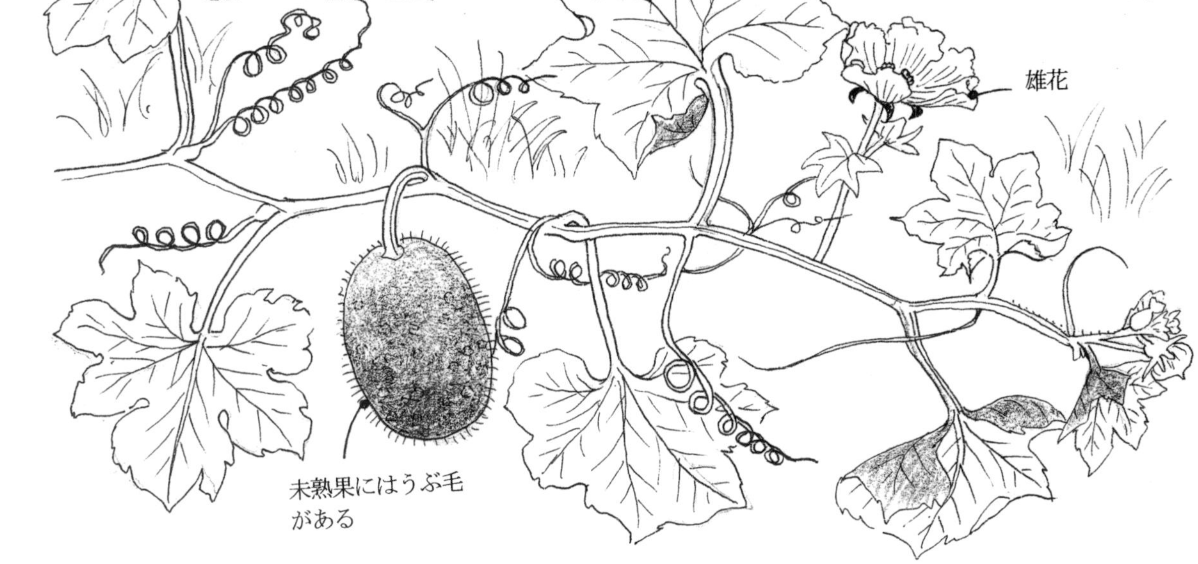

■ 生　長

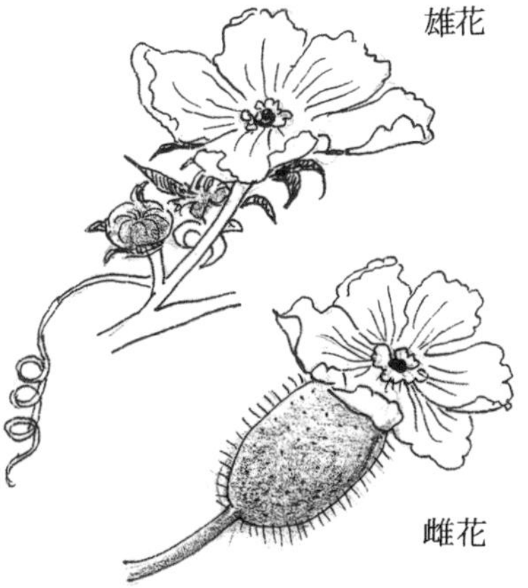

・トウガンの実は子づるに成りますので、親づるを７節目くらいで摘芯すると子づるがたくさん出て伸びますが、自然農では摘芯しなくともその場所の地力に見合っただけの量の実が生ります。

・トウガンは生命力旺盛で、こぼれ種から芽吹いた株に何もしなくても２～３コ大きな実ができるほどです。

・つるの勢いが大きいので、つるの伸びる先々の草を刈って敷いてやるようにすると、あとは多少草が生えてきてもその中で元気に結果します。

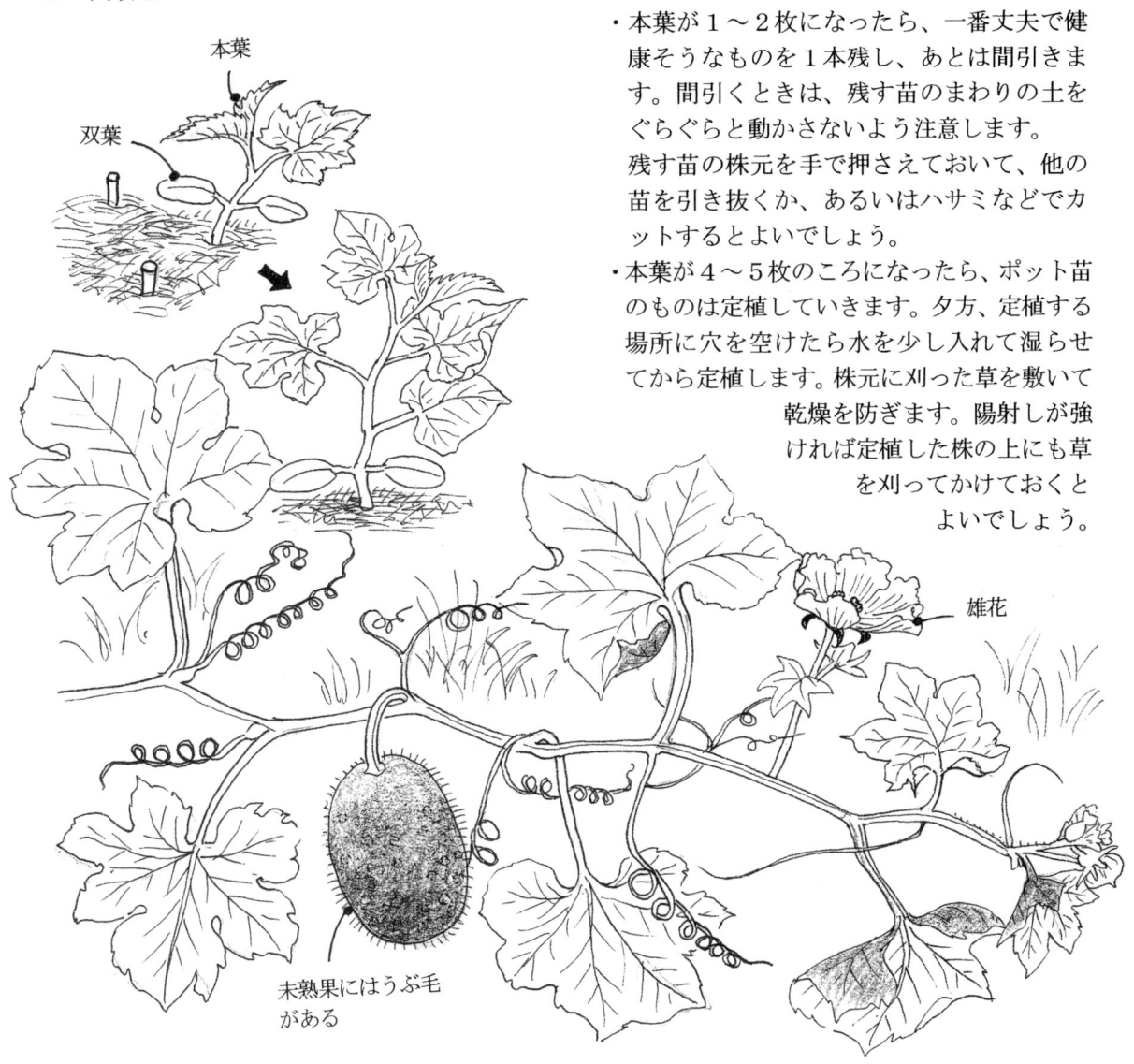

■ 収　穫

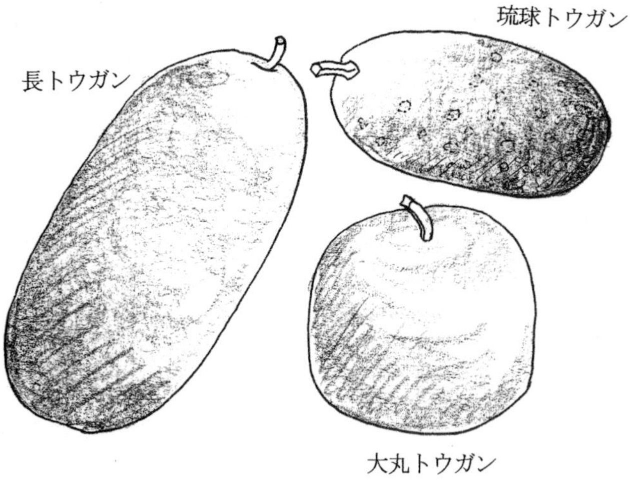

・トウガンは７～８㎝のかなり小さい未熟果を早取りして生食することもできます。

・普通は完熟のものを収穫しますが、だいたい開花後 25～30 日ごろになります。

・実際の目安としては、実の表面を覆っていた細かいうぶ毛が、落ちてしまった頃がその時期です。品種によっては完熟するにつれ、白い粉をはたいたように表面が白く粉っぽくなります。ただ、全く白くならないトウガンもありますので、よく品種を確認しておきましょう。

へたのところの茎は硬いので鎌や包丁などで切ります。

■ 保　存

完熟したものは切らなければ、涼しい所で冬じゅう保存することができます。

それで冬瓜（トウガン）と呼ばれるわけです。

切ってしまったらなるべく早く食するしかなく、冷蔵庫で３～４日は保存できますが、大きいものは近所であるいは知人と分け合うのが一番です。

■ 採　種

・トウガンは有難いことに他のウリ科の作物とは交配しません。

果実が完熟するのを待って食べ頃が種の採り頃ということになります。

白い半透明の果肉の中央の空洞のところにびっしり種ができますので、その種を採り、洗って日光に当てて、完全に乾燥させてから保管します。

◎ 種子は常温で３年は持つようです。

ニガウリ

（ウリ科）

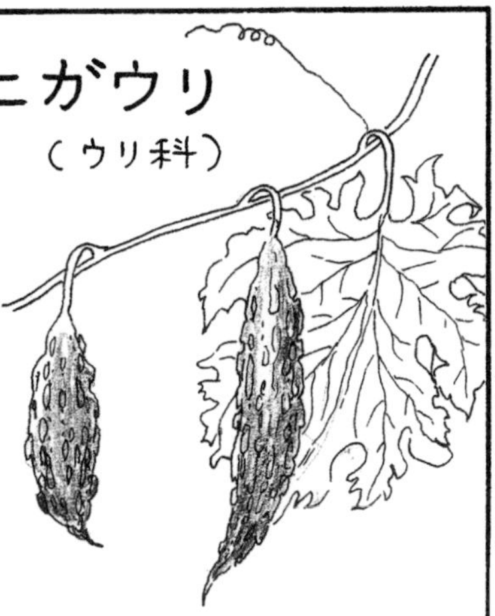

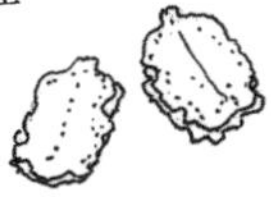

原産地は東アジア、熱帯アジア、日本では、九州南部より沖縄で栽培されていた。

1	2	3	4	5	6	7	8	9	10	11	12

●●●●————○○○○○○
（直蒔き）

●●●●———▲——○○○○○○○○
（温床にて苗づくり）定植

〔品種〕果実の長さが 10〜15cm の短果種と 25〜30cm の長果種があり、色も緑色の濃いもの、淡いもの、白色のものなどある。沖縄ではゴーヤ、鹿児島・宮崎では二ガゴリと呼ばれ、学名はレイシ、またはツルレイシである。

品種名としては、さつま大長レイシ、こいみどり、太みどり、太レイシ、白レイシ、台湾白などがある。

〔性質〕果実はその名のとおりたいへん苦いが、盛夏時には身体を冷まし、栄養価も高いと言われている。栽培には 25℃以上の高温が必要なので夏の高温期が短い地域では、温床などで苗を育てる必要があるが、野生に近く、日照と高温が確保できれば作りやすい作物である。

ウリ科で連作もよしとされている。

■ 種降ろし

<直蒔き>

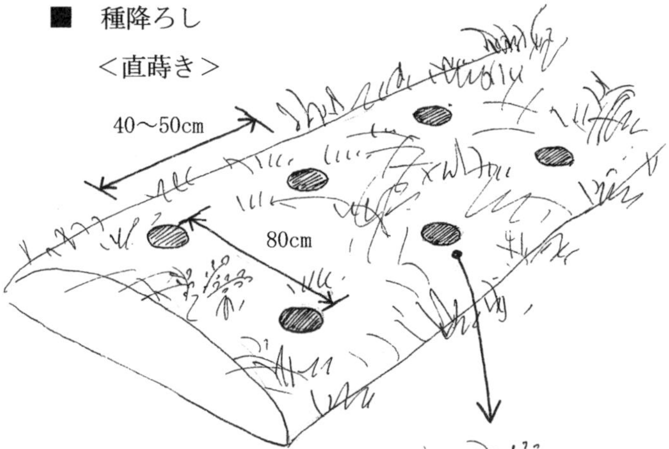

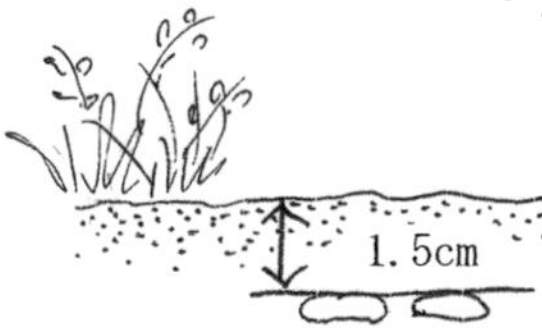

種の外皮が固いので、乾燥しないよう覆土も厚めにします。

・発芽に必要な温度は 25〜28℃と言われています。
・直蒔きが適していますが、夏の高温期が短い地域は（25℃以上の気温が４ヶ月未満しかない地域）温床で育苗すると良いでしょう。

・直蒔きする畝は日当たり良く水はけ良い場所を選びます。それほど地力がなくてもよく育ちます。

・種を降ろす直径 10cm ほどの円の草を刈って表土を薄くはがし、宿根などあれば取り除いて平らに整えます。

・種を一ヶ所に２〜３粒ずつ降ろします。覆土は 1.5cm くらいの厚みでやや厚めにかけます。覆土の後、手の平などで軽く押さえ周囲の青草を刈って薄くふりまき、土の乾燥を防ぎます。

＜簡易温室での育苗＞

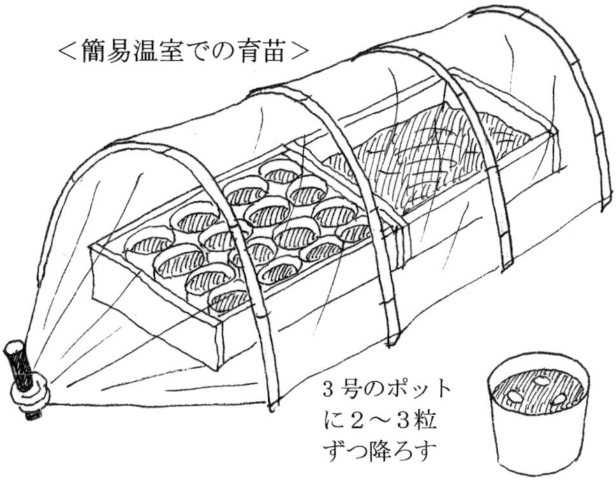

3号のポット
に2〜3粒
ずつ降ろす

・温床についてはＰ210 の「温床について」で詳しく説明してありますので参考にされてください。

・ここでは簡単な温室状のビニールトンネルを描いていますが、この程度の工夫でもずいぶん効果があるようです。

・畑の土を入れたポット（３号くらい）に種を２〜３粒ずつ降ろします。

■　発芽と間引き

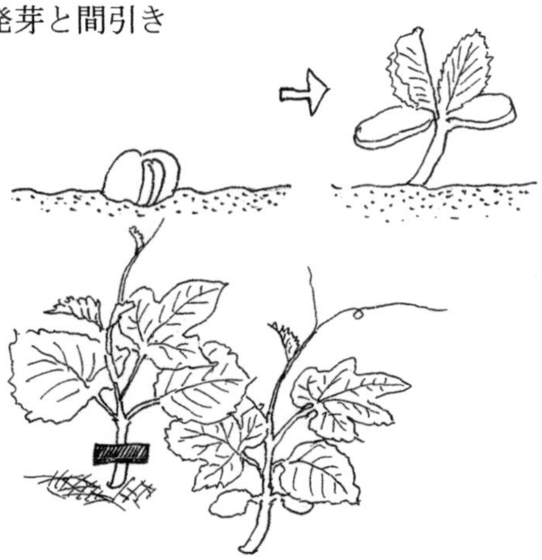

・その時の気温にもよりますが、種を降ろしてから８〜13 日くらいで発芽します。

・キュウリに似た双葉の間からギザギザの本葉がのぞいて、発芽から約 10 日もすると本葉は３〜４枚になります。

・さらに本葉が５〜６枚の頃、直蒔きの場合は間引きし、一ヶ所に１本仕立てとします。間引く時に根を傷つけないように抜いたら移植することもできます

■　移植（ポットで育苗の場合）

根元は土を裸
にしないように

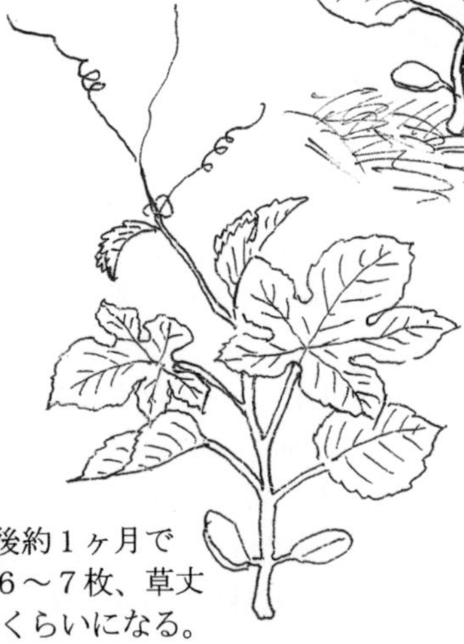

発芽後約１ヶ月で
本葉６〜７枚、草丈
25 ㎝くらいになる。

・移植の場合は、太陽の照りつける日中を避け、夕方や天気のくずれる前を見計らって行うとよいでしょう。

・株間を 50㎝ くらいとって、畝に１条または２条植えとし、草を刈りポットの土ごといれられるよう穴を空け、始めに水を入れます。

・その水が地中に沁みわたったころ、苗を穴に移して苗が居心地よく安定するようにし、周囲の土をさらに埋めもどして軽く根の周囲を手で押さえてやります。

・そのあと周囲の草を刈って根元を裸にしないよう被せておきます。
強い陽射しで苗が活着するまで乾燥しないための配慮です。

■ 支柱を立てる

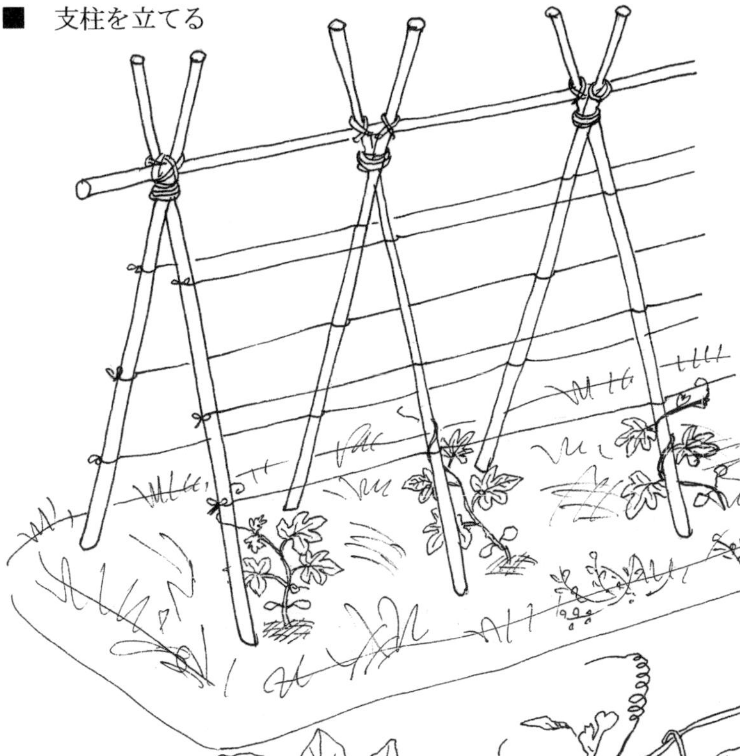

- つるが伸び始めたら支柱を立ててやります。1.8mくらいの竹を用意し、20cmほど地中にさし込んで、強風にも倒れないよう、しっかりと組んでゆきます。
- 台風などで収穫期に入ってたくさんのつるが巻きついた支柱が倒れるとほんとにがっかりしますので。
- 横には麻ひもなどを何段かに張るか、綱を張ってもよいでしょう。

つるの長さは長いので、始めのころ誘引してやれば、あとは次々につるが伸びて絡みつきますので時々混み合わないよう、つる先の方向を決めてやります。

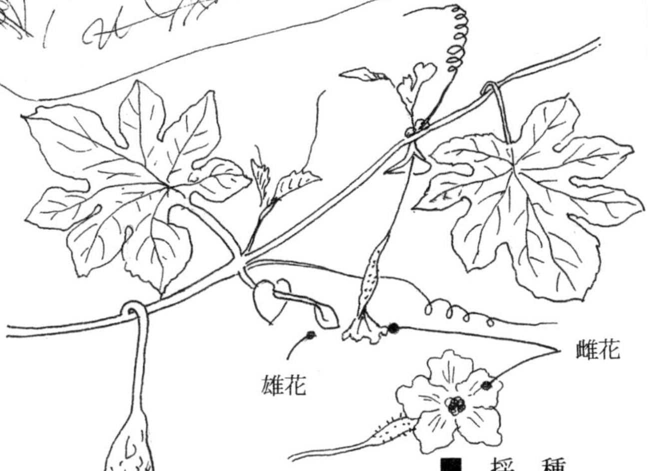

■ 収　穫

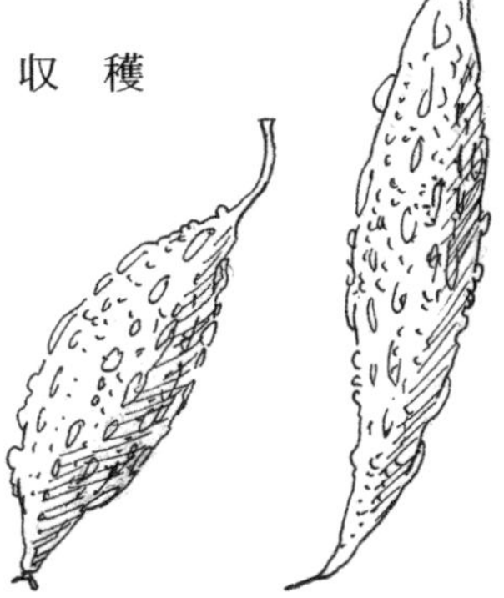

- 保管は５℃前後の冷蔵庫で。室温におくと追熟してしまいます。

品種によって収穫期の大きさの目安はまちまちですが、完熟すると緑や白の実が黄色そしてオレンジと色づいてきますので、そうなる前の未熟果を収穫します。時期をのがすと実も堅くなってしまいますので、早めの柔らかいうちに収穫するようにします。

■ 採　種

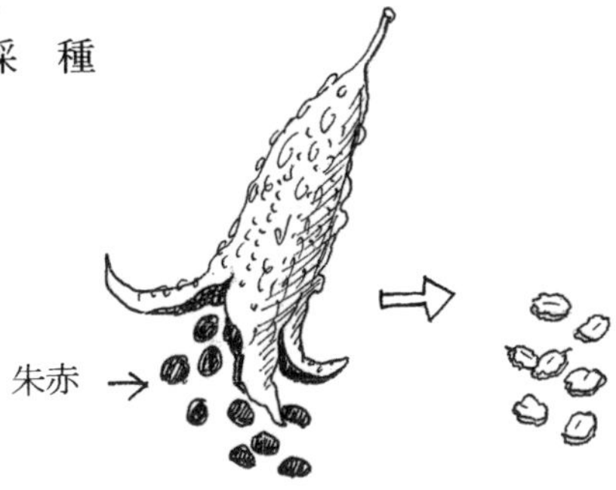

果実がオレンジ色になるまで放置しておくと自然に実がさけて中から朱色あるいは赤い綿状のしめったものに包まれた種がたくさん出てきます。
この赤い部分を水の中でよく洗って除き、種だけをよく乾かして保管します。

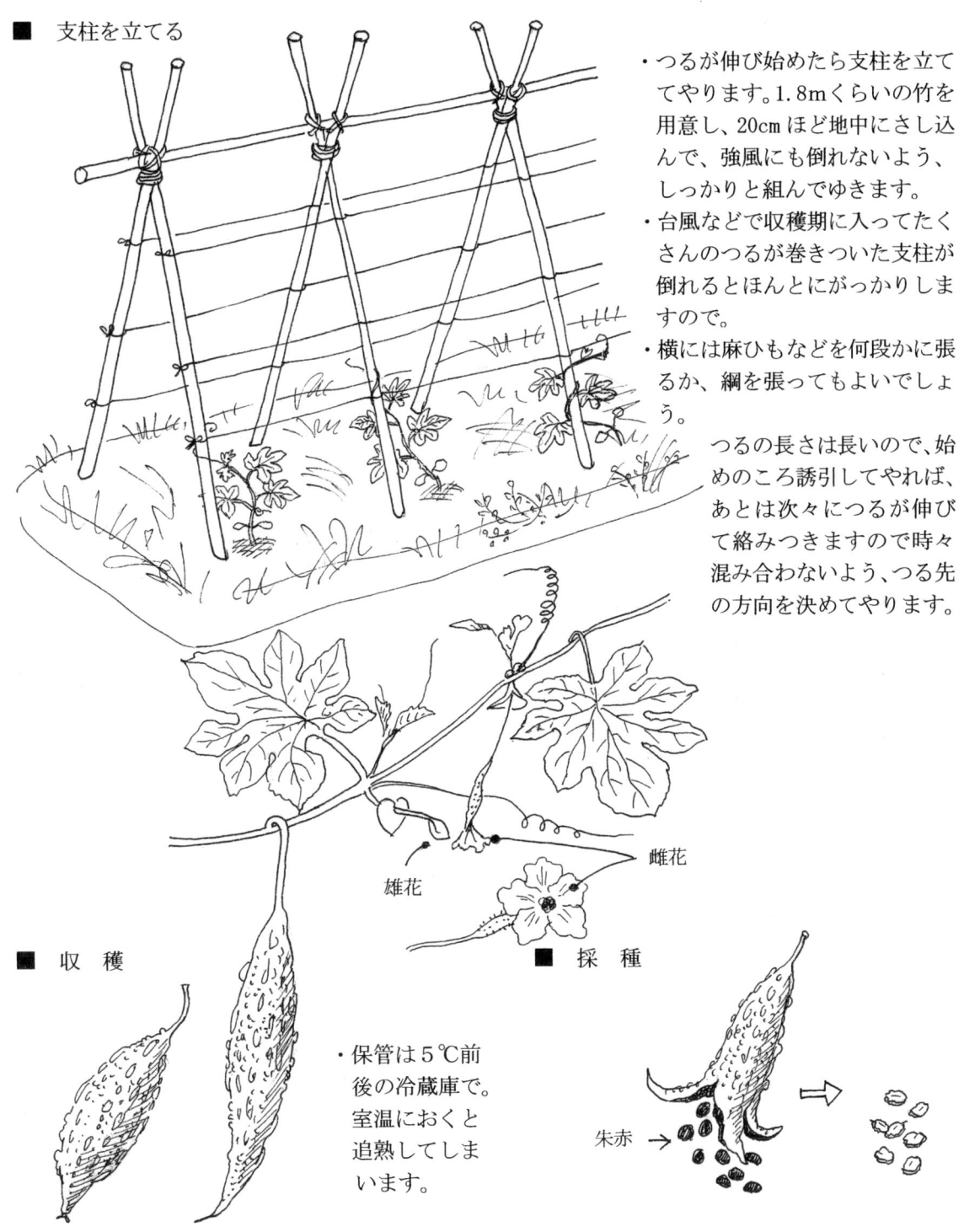

ブロッコリー

（アブラナ科）

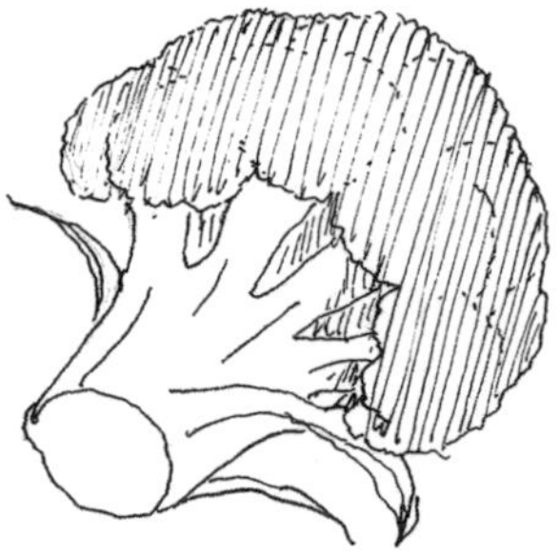

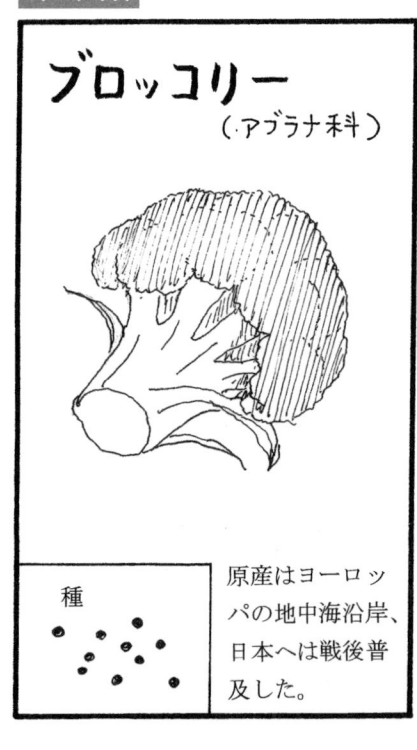

1	2	3	4	5	6	7	8	9	10	11	12

●●●●●

（夏蒔き）　△△△————○○○

○○○○○○○○

（春蒔き）●●●——△—○○○

原産はヨーロッパの地中海沿岸、日本へは戦後普及した。

〔品種〕緑色のものと紫色のものもある。また近年花蕾が中心で大きくならないかわり、小さい花蕾が多くつく品種もある。（スティック、セニョール）
早生種、中生種、晩生種と、それぞれ品種は多い。
まりも（早生）、極早生みどり、グリーン18（中生）、緑洋（中生）、ドシコ、シャスター、グリーンハット、グリエール、緑帝など

〔性質〕キャベツと同じような性質だと考えて良い。日当たり良く、水はけの良いところでわりに地力を必要とする。寒さには強いので春蒔きよりは秋蒔きの方が作り易く、春蒔きの場合、冷涼な地域では温床などの配慮をして苗を育てる必要がある。中心に出来る花蕾を食べるが、これを収穫した後も次々と腋芽が出て、長い期間収穫を楽しむことができる。

■ 種降ろし

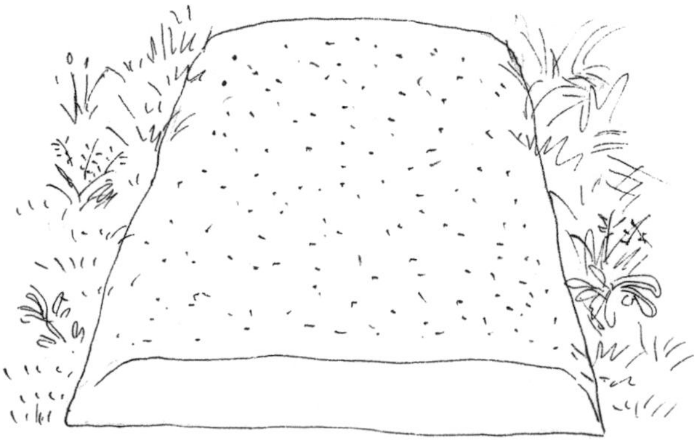

- キャベツ、カリフラワーなどと同様、苗床を作って育苗し、移植する方法が一般的です。
- 稲の苗床を作る要領で苗床を用意します。
- 種は細かいので、表面は２～３㎝耕して板などで押さえ平らにした後、種を降ろします。
  種がかくれる程度の土を被せ、再び板などで表面を押さえて、さらに周囲の細かい草を刈って被せておきます。

- 夏蒔きは虫の食害を受けることも多いので、その場合は寒冷紗などで覆ってやると、食害を防ぎ、強い陽射しからの乾燥も防ぐことができます。

- 逆に寒冷地の春蒔きでは、温室の中で苗を育てるなどして、寒さによる害から守ってやります。
  （「温床または温室について」P210を参照）

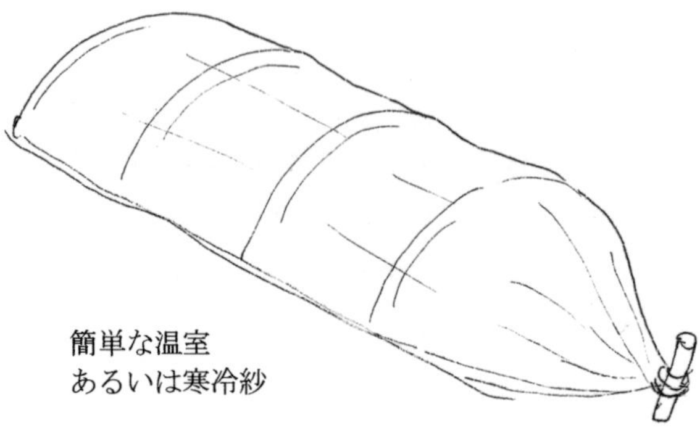

簡単な温室
あるいは寒冷紗

■　発芽と間引き

・発芽は条件が良ければ4～5日で発芽します。
ちょうど双葉が開き始めるころ、上に被せておいた細かい枯草は、そっと取り除いておきます。
こうしないと幼苗がヒョロヒョロと徒長してしまい、丈夫に育たないばかりでなく、間引きの作業もやりにくくなります。また時期によっては、コオロギなどの草むらの虫たちの食害も受け易くなります。

・間引きは適宜、隣接する苗と葉が触れ合わないような間隔を保つようにして行います。

■　定　植

本葉5～6枚の頃に定植

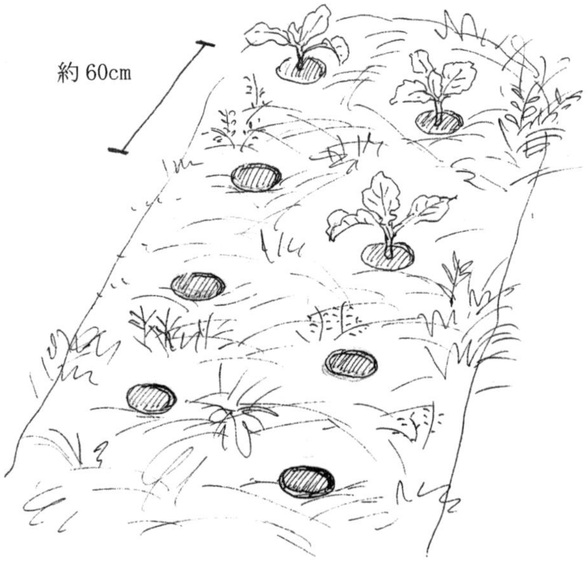

・本葉が5～6枚になった頃、定植します。

・夏に種を降ろした場合、定植のこの時期は雨が少なく、乾燥している時期が多いものです。頃合いを見計らって雨上がりの夕方や雨の降る前などに行うとよいでしょう。

・もし、土が乾燥している時に行う場合は夕方を選び、定植する 20～30 分前に苗床に灌水しておきます。こうしておくとあまり根を傷めずに苗を取ることができます。

・定植する畝はその幅の広さに応じて、１条あるいは２条にしますが、株間は 60cm くらいあればよいでしょう。

・草の生い茂った状態のところに苗の生育を阻まない程度に草を刈って、定植する箇所だけかき分けるように穴をあけて苗を植えていきます。

・この時、土がしめっていれば灌水の必要はありませんが、乾燥気味であれば定植の穴に先に水を入れ、その水がしみ込んだ後に苗を入れます。苗の根元が乾燥しないよう周囲の刈った草を寄せておきます。

■ 生　長

・定植して根が活着するまでに、だいたい１～２週間かかります。

・この間は土の乾燥にも気を配り、晴天続きで水不足の気配があれば、夕方一度だけたっぷり灌水してもよいでしょう。
また養分を補う時は根が活着して、生き生きとそこで生育し始めてから行わないと、かえって作物の負担となり、問題が生じます。

（補うのにふさわしいもの）

・米ヌカ
・小麦のフスマ
・油カス
・台所から出る生ゴミ
（作物が育っていない時期の方がよい。）

■ 収　穫

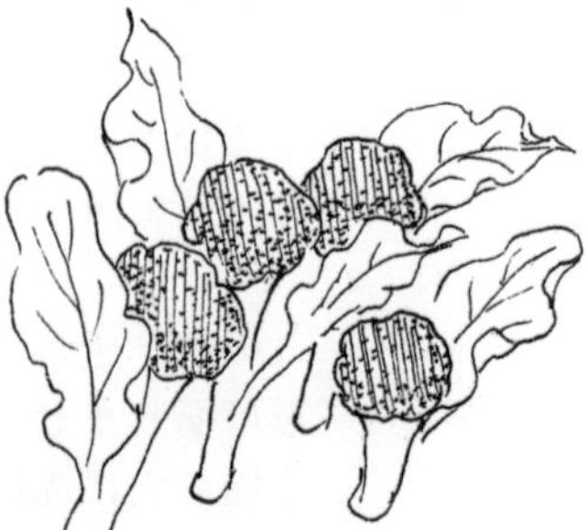

側花蕾の周囲の小ぶりの葉っぱもいっしょに食べられます。

・８月に種を降ろしたブロッコリーは、12～１月ごろから真中にできる頂花蕾の収穫期となります。
その後も次々に腋芽を出して側花蕾をつけるので、３月頃まで長く収穫できます。
頂花蕾を取った後、再び油カス、米ヌカ、生ゴミなど周囲にふり、補っておくと良いでしょう。
新鮮さが生命の野菜です。収穫分ずつ食べ切るのが一番です。

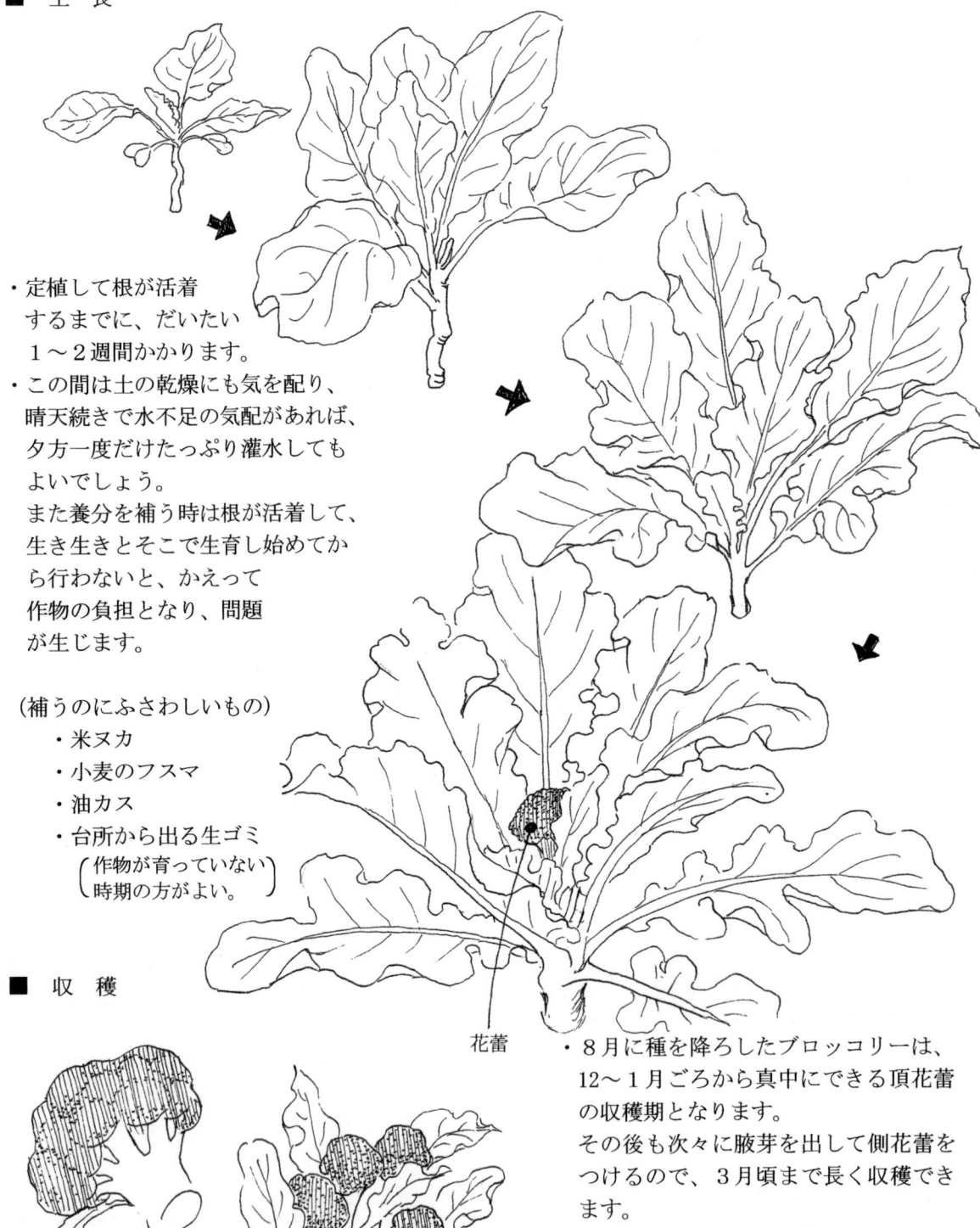

■ 採 種

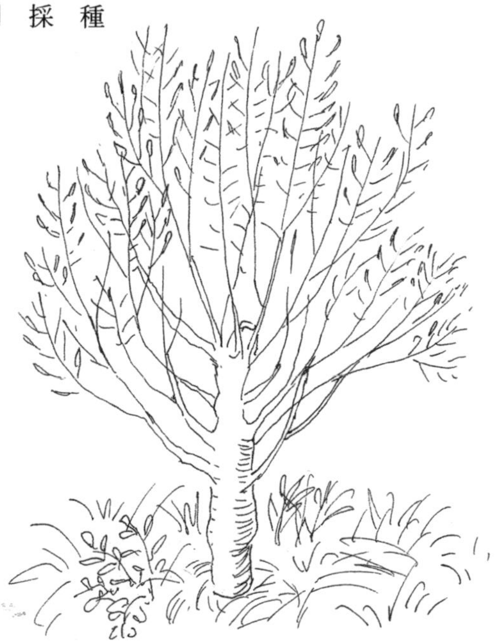

・夏蒔きのブロッコリーであれば、翌年の５～６月になると花も終わって細かい細い種の莢がたくさんできます。アブラナ科なので、他のアブラナ科の野菜（ダイコン、コマツナ、ハクサイ、チンゲンサイ…）と離して植えるようにしないと交配してしまいます。

・種の莢が枯れたようになって薄茶色になり、カラカラに乾燥したら、天気の良い日に刈り取ります。
シートなどを広げて、その上で棒などでたたいて中の種子を爆ぜさせます。

・種子は細かい篩にかけて莢やゴミを除き、さらに息で吹き飛ばすなどして種子を選別します。

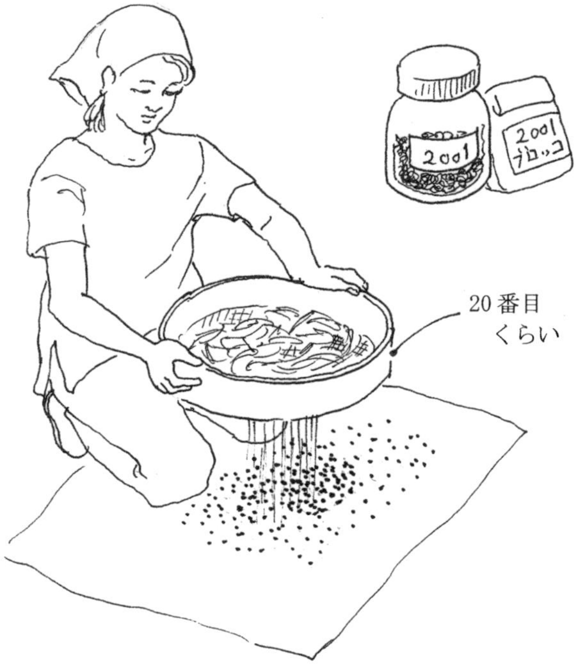

・採れた種子は空ビンや袋などに詰めて保存しますが、必ずその年度を明記しておきます。ブロッコリーやカリフラワーの種子は、約２年は有効だと言われていますが、有効年数は保管の状態によっても微妙に変化します。

《ミニミニ知識》

中国には古くから漢方、薬膳の世界があって、口にするあらゆる食材が持つ性質（効能）は、私たちの身体に多かれ少なかれ働きかける力を持っていると言われています。
それは今日の栄養素やカロリーといった考え方とは大きく異なります。
たとえ健康な身体でも季節とともに人の身体はめぐり、折々に応じて変化してゆきます。四季折々の野菜や穀物を、四季折々の人の身体のめぐりと照らし合わせてみますと、なんと必要なものが必要な時期にいただけるようになっていることかと感心してしまいます。その恵みに自ら感謝したくなります。冬は身体を暖め、夏は冷やし、各々の内臓内腑の働きを助ける効果もあり……その季節季節の恵みをいただいていれば、自ずと身体もすこやかに営み続けることができるのですね。
ちなみにブロッコリーは「その生命は涼やかで熱を取り（涼解）水分を溜め込まず、余分なエネルギーを排出し、陽の過ぎたる気分を発散させる」と言われ、カリフラワーは「熱は上げも下げもしないが（平）水分補給し（潤）上気を落ち着かせる（降）」という事です。

カリフラワー

（アブラナ科）

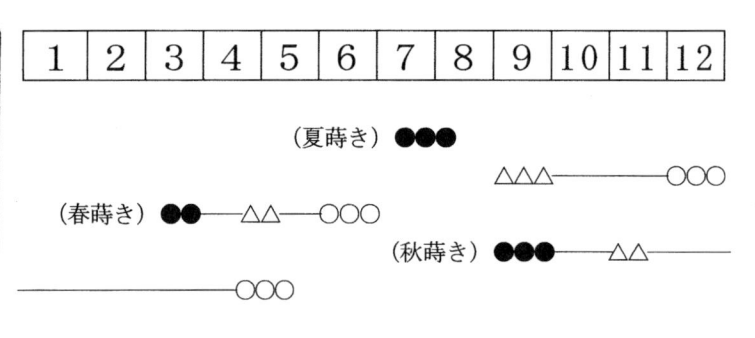

1	2	3	4	5	6	7	8	9	10	11	12

（夏蒔き）●●●

△△△――――――○○○

（春蒔き）●●――△△――○○○

（秋蒔き）●●●――△△――

――――――――――○○○

種

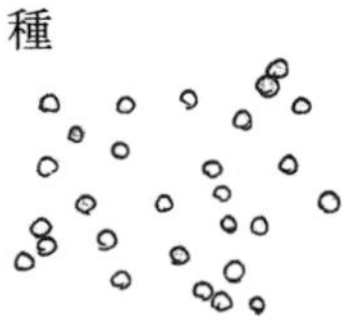

原産はヨーロッパの地中海沿岸、日本へは戦後入ってきた。

〔品種〕極早生種から晩生種まで品種は多く、品種により種降ろしの適期が異なる。

最も作り易いのは、７～８月に種を降ろし、冬に収穫をするもので、春蒔きもできる。

品種は花蕾の色が白のものがほとんどで、紫色やオレンジ色のものもある。

白いカリフラワーの中では、極早生に富士、名月、早生に野崎緑、アーリー、スノーボール、中生に野崎中早生、奥州中生、その他、白秋、秋月、スノークラウン、スノーロックなどがある。

〔性質〕キャベツ、ブロッコリーと同じ仲間なので、それらに準じて作るとよい。水はけの良い、しかも保湿性のあるところが良く、風通し、日当たりの良い所がよい。

中央にできる頂花蕾を食べるが、ブロッコリーのように頂花蕾を収穫したあとは側花蕾はできない。わりに地力を必要とするので、マメ科の後地など肥えた畝を選び、毎年同じ場所に作る連作は避けた方が無難。

■　種降ろし
■　発芽と間引き
■　定　植

※ブロッコリーに準じます。P172～P173 を参照して下さい。

■　生　長

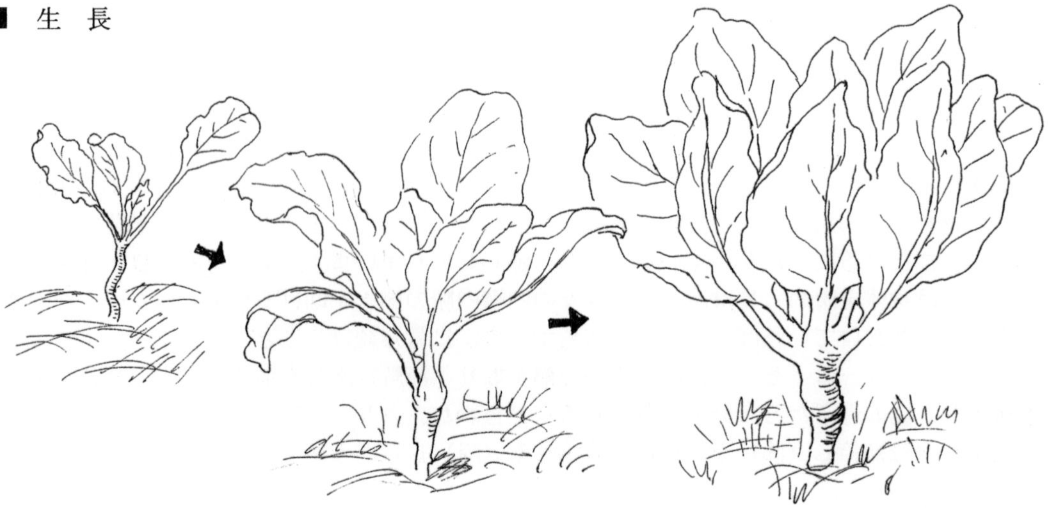

・カリフラワーの花蕾は中央に一つしか出来ません。
収穫してしまうとあっけない感じで、ついつい収穫の頃を待ち過ぎてしまいますが、取り遅れると花蕾の色がまっ白からややくすんできて、花が開き始めますので取り遅れないようにします。

・花蕾が見えてくると、しばしばカラスやヒヨドリに食べられることがあります。
細いひもを畝全体に１、２本張っておくとよいでしょう。

・周囲の葉を１～２枚切り取って花蕾の上に軽くおいて、花蕾が見えないようにしておくだけでも効果がありました。

■　収穫と保存

・カリフラワーは茹でたり、油で炒めたりして食べますが、やはり新鮮さが生命です。
保存する場合は、ぬれた新聞紙などでくるんで冷暗所に立てておきます。
立ち野菜は一般に、畑にあったのと同じように立てておくと長持ちします。
温度としては５℃前後がよいそうです。

■　採　種

満開の花
のころ

・カリフラワーの採種をする場合は、健康そうなこれはと思う株を一つ、食べずにおいておきます。

・蕾が開き、たくさんの花芽が伸びていっせいに黄色い花を咲かせますが、カリフラワーは高度に改良されているので不完全な花が多く実を結ぶ率は少ないようです。
またアブラナ科なので他のアブラナ科の野菜と離して植えることも必要です。

・種の莢が薄茶色になってカラカラになったら切り取ってさらに乾かし、晴天の日にシートの上などでたたいて種子を落とし、篩にかけたり、吹き飛ばしたりして選別し保管します。

ショウガ
（ショウガ科）

種ショウガ

原産はインドから熱帯アジア。日本へ伝来したのは相当古く、奈良時代には既に栽培されていた。

1	2	3	4	5	6	7	8	9	10	11	12

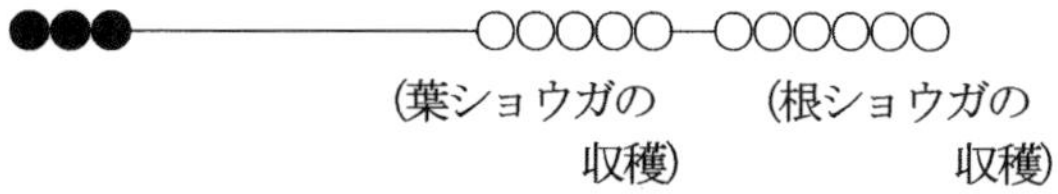

〔品種〕小ショウガに三州、金時、在来、中ショウガに房州（らくだ）、大ショウガに近江、印度などがある。
また、８～９月にかけて生育途中の若いショウガを茎ごと利用するのを筆ショウガ、葉ショウガと言うが、これには小ショウガの品種が向いている。
根ショウガを利用するのは、10 月以降の収穫となって、大きい品種は寒い地方には向いていないとされている。

〔性質〕高温、多湿の土壌を好む。保水力に富み、それでいて排水もよい多少肥えたところで、半日陰のような場所が土が乾燥しなくて良い。また連作を嫌い、12℃以下の低温下では腐れ易い。
ショウガは、種ショウガの上に子ショウガをつけ、その付け根のところからひげ根が伸びる。子ショウガは皮もうすく水々しいが、収穫して半年も経つと皮が固く厚くなって中の色も黄色味が増す。これを種ショウガとして利用することができる。

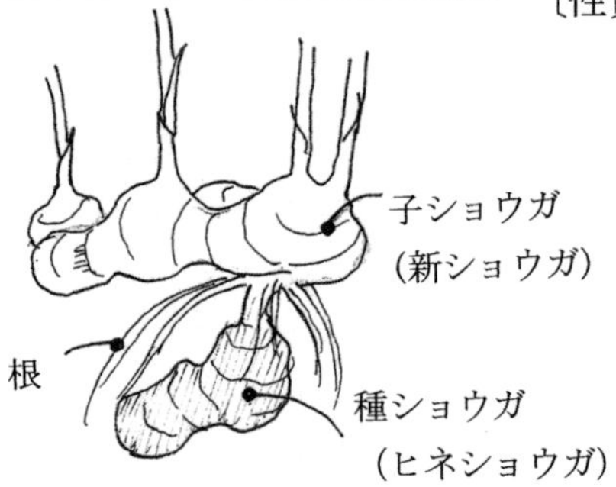

種ショウガが子ショウガをつけるとヒネショウガとなる。ヒネショウガは、筋ばっているが充分利用でき、また、漢方の生薬の一つにもなっている。

■　種ショウガの植え付け

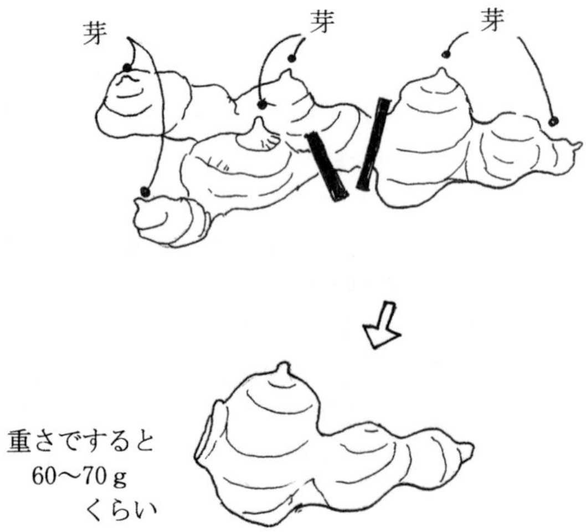

- 種ショウガは３月頃になると種苗店に出まわるようになりますが、一度育てることができたら、自分で保存して種を用意することができます。
- 種ショウガを選ぶ時は、丸みがあってさわってみてぶよぶよとへこみがあったりしない、固くしっかりしたものを選びます。
- 大きなかたまりのものは分割しますが、分けたかたまりの中に芽が２～３個残るように分割します。

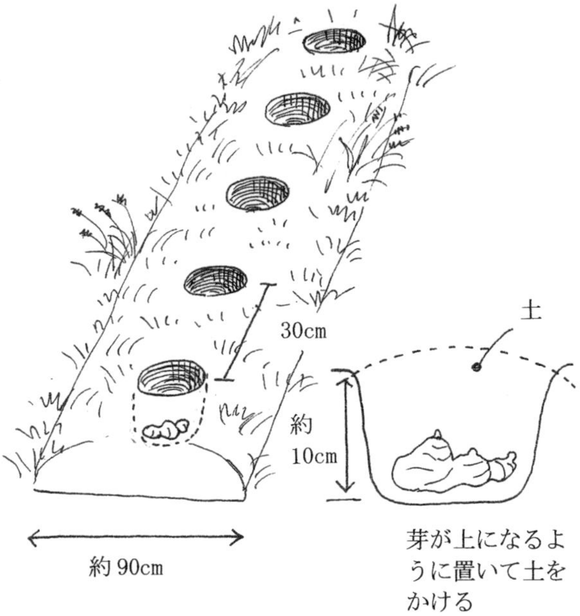

・ショウガを作る畝は、午前中は日が当たるが午後からは日陰になるような場所で、前年度ショウガを作っていた畝は避けます。

・ショウガは、地上部の茎や葉は生長してしまうと丈夫で虫がつくこともほとんどありませんが、発芽した新しい芽は折れやすいので、種を植え付ける時に草は地面すれすれでよく刈っておき、さらに枯草などを多めに被せて用意しておきます。

・種ショウガが入るくらいの大きさで、深さ 10cm くらいの穴を 30cm 間隔に空けて種ショウガを植えていく。

■ 発 芽

・被せる土はその場の土で、宿根草の根などは除いて被せ、軽く押さえ枯草をかけておきます。

・発芽には 20℃以上が必要で、約１ヶ月くらいかかります。その後の生育には 25～30℃が必要と言われています。
・新芽は折れやすいので注意しましょう。

■ 生 長

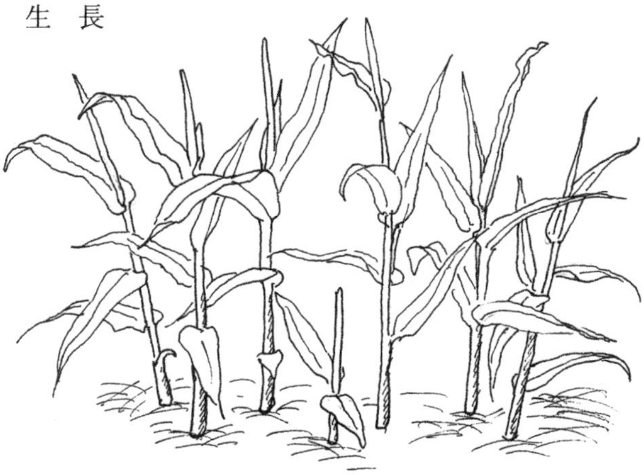

・気温の上昇とともに新芽も伸びて生長が進みます。筆ショウガや葉ショウガとして利用したい時は、８月頃新芽の太さが１cm ほどになったら三っ鍬などで株を掘り上げます。

・新しい子ショウガの下についている種ショウガは、まだ充分力があるのでよく保存して、次の年の種として２回利用することもできるようです。

＜葉ショウガの収穫＞

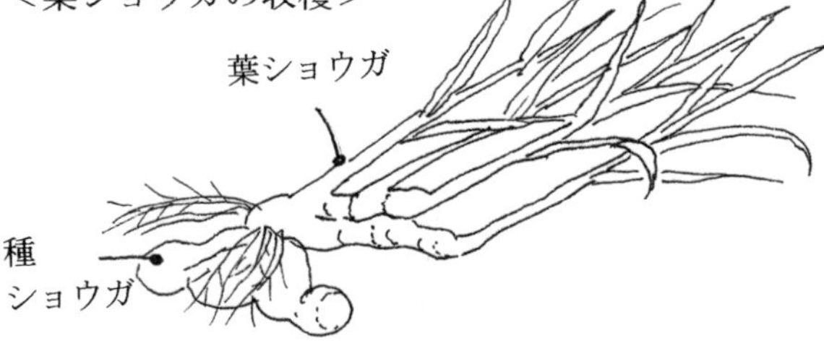

・葉ショウガは根元のところが赤く葉の緑とのコントラストが美しいので、茎の部分を 10～15cm くらい残して切り、甘酢漬けとかにすると食卓にさわやかな香りが喜ばれます。
・必要な量だけ収穫したらあとは根ショウガとして生長させます。

・夏、一雨ごとに草の勢いが強くなりますが、あまりにも雑草におおわれると半日陰が良いとは言え、生長に影響します。

・畝の片側ずつ草を刈り、そこに敷いてやります。

・ショウガの茎は折れやすいので草を刈る時、切らないよう充分注意しましょう。

■　収穫と保存

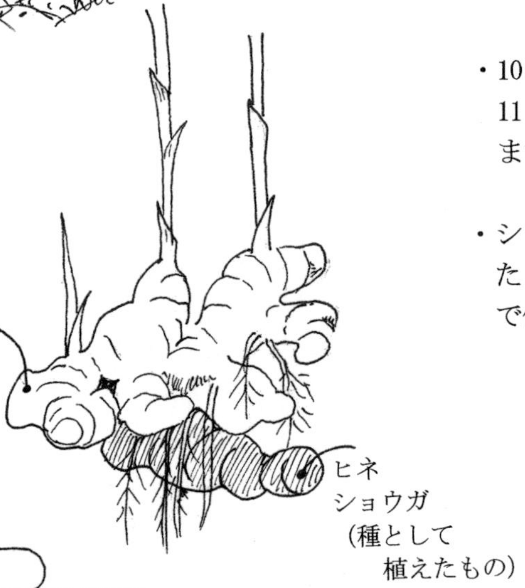

・10月に入ったら使う分ずつを掘り上げ11月の終わりには残りを全部掘り上げます。

・ショウガは低温に弱いので、掘り上げたらサツマイモと同じようにムロの中で保存します。

・まず茎やひげ根を落とし、土を落として半日陰でよく乾かします。日当たりの良い土間や納屋など、雨のあたらない場所に穴を掘ってワラを敷き、もみガラなどといっしょに入れてワラを被せ、板と重石でふたをしておきます。

ムロの仕組み

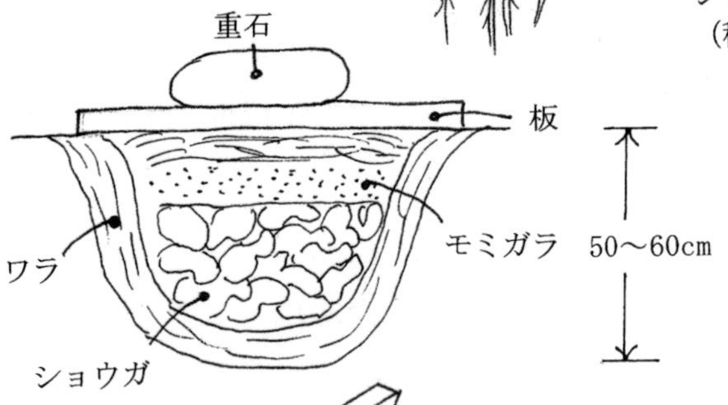

・こういうスペースのない都会のマンションや街の住宅でも、一工夫すれば春まで保存が可能です。

・ショウガは子ショウガもヒネショウガもよく洗って、すき間の土などは古いハブラシとかで落とし、日光でよく乾かします。子ショウガは来年の種にもなるので、ほどよい大きさに分割します。

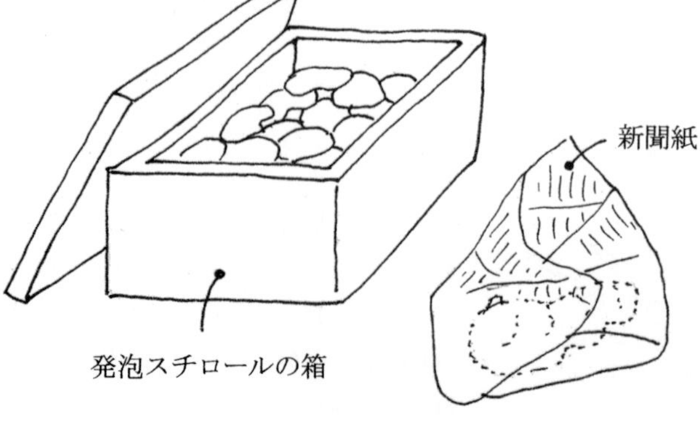

・１かたまりずつていねいに新聞紙でくるんで発泡スチロールの箱に入れます。軽く重ねて通気性を良くし、ふたも少しすき間があるくらいに軽くかぶせ、台所の冷蔵庫の上においておきます。台所は調理をよくするので適度な湿気があり、天井に近いほど温かなので大丈夫です。

ミョウガ

（ショウガ科）

原産は日本。
自生種と全く
同じもの。

根茎で増やす

1	2	3	4	5	6	7	8	9	10	11	12

（春植え・早生〜晩生）

（秋植え・晩生）

〔品種〕日本原産で自生種と全く同じもので改良種はない。早生、中生、晩生とあり、各地にその地方に適応した在来種がある。群馬の陳田早生や長野の諏訪２号などは有名。

〔性質〕乾燥を嫌うので、排水良く、湿り気もあるような半日陰の場所がよい。春と秋の２回、地下茎を掘り出して、その根茎を移植して増やす。

■ 根茎を植える

①

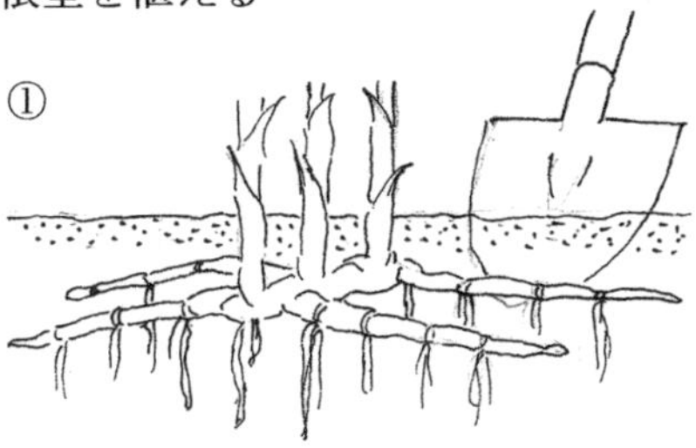

②

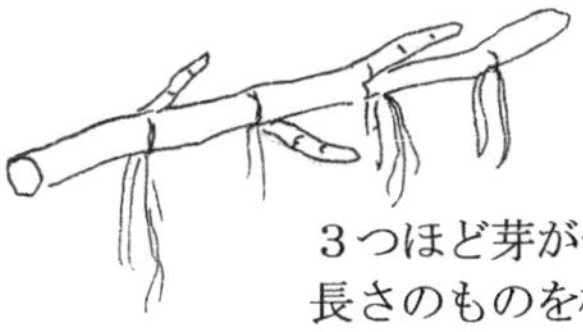

３つほど芽がついた
長さのものを植える。

・秋植えは 10 月下旬から 11 月、春植えは３月上旬に根茎を入手する。種苗店にもありますが、たいへん繁殖力が強いので、知り合いや近所の人から分けてもらうのは意外に簡単です。

・親株をスコップなどでていねいに掘り、地下で水平に広がった根茎を、芽の出る節が３〜４ついている長さに切ります。

・地表より７〜８cm くらいの深さのところに３本くらいずつ、30〜40cm 間隔に植えていく。土を被せたあとは乾燥しないよう、その場にあった草を刈ったものや枯れ葉などを敷きつめておきます。

③

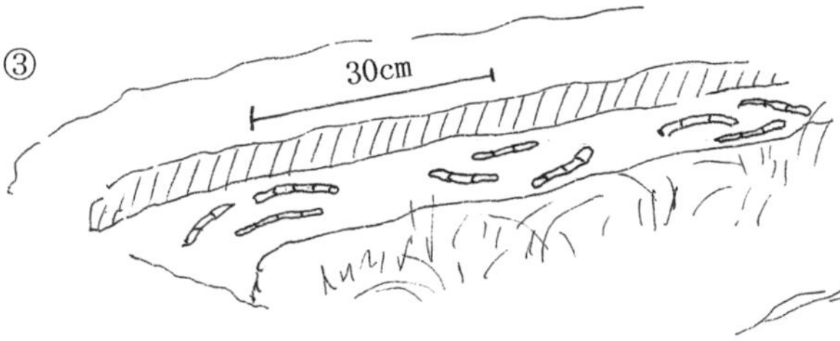

④

■ 収　穫

気温が 13℃以上になると、芽が伸び始めるようです。地上部の葉も茂り、夏になると、花蕾の部分、つまりミョウガが顔を出します。花が咲いてしまわないうちに摘みとりましょう。

■ 株分け

４〜５年たつと、密生して花蕾の付きが悪くなるので、①図のように再び株分けをして植えかえます。

アスパラガス

（ユリ科）

種（実物大）

原産は南ヨーロッパからウクライナにかけて。
日本へはオランダ人により江戸時代文政年間頃に。

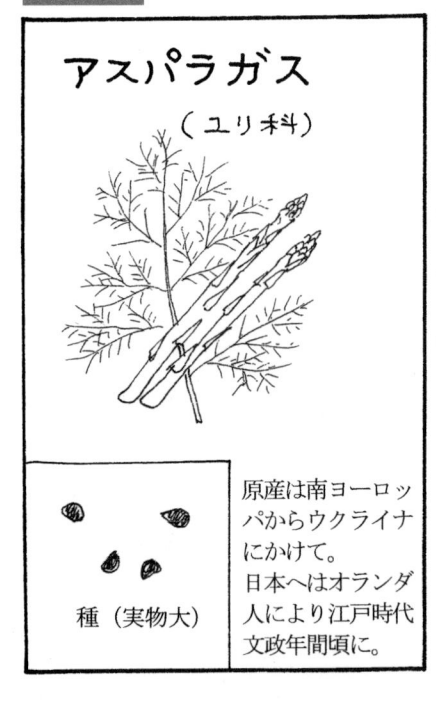

1	2	3	4	5	6	7	8	9	10	11	12

（暖地では定植）
●●●●●●●――――――――△△△――――
（寒冷地では定植）
――――――――△△△△――――――――――――――――
（３年目）
――――――――○○○○――――――――――――――――
（４年目）
――――――――○○○○○○○――（約 10 年間収穫できる）――

〔品種〕ウェルカム、グリーンタワー、メリーワシントン、ナイヤガラゴールド、シャワーなどがある。ホワイトアスパラガスは、グリーンアスパラガスの芽が地上部に出ないようたくさん土寄せして、真白な芽を土の中から収穫するもので、品種としては同じである。

〔性質〕一度植え付けると 10 年間くらいは続けて収穫できる。日当たり良く、水はけ良く、多少肥えた土壌が向いている。

■　種降ろし

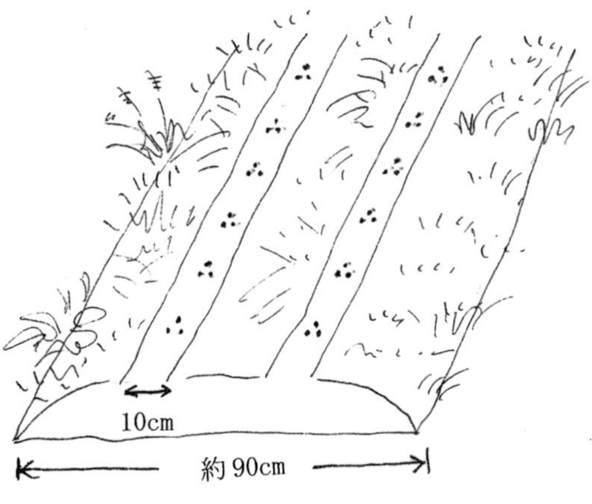

・まず、苗床を用意します。
90cm くらいの幅の畝でしたら２条、120cm くらいの畝でしたら３条蒔きとします。

・種を降ろす蒔き条の所を幅 10cm くらい草を刈って、薄く表土をはがし、宿根草の根などで大きいものは取り除いて平らに整えます。
・10cm 間隔に３粒ずつ降ろしていきます。種がかくれる程度に土を被せ、軽く押さえて、最後に刈った草などをかけておきます。

■　発芽と間引き

・発芽には 15〜20 日かかるようです。
・細い幼苗が 10cm くらいに伸びたら、一ヶ所につき１本に仕立てるために間引きます。

・茎の根元の方を持って、残す苗の根元の土を押さえ抜くとすっと抜けます。
・苗の周辺の草刈りはこまめにやります。

■ 定 植

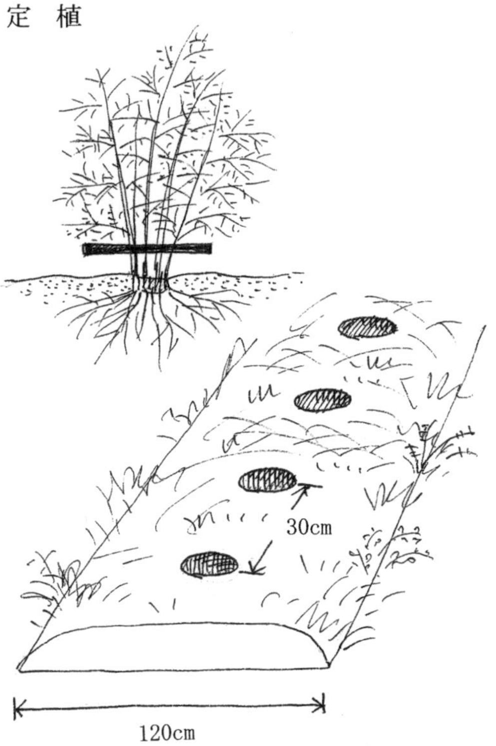

<冬の状態>

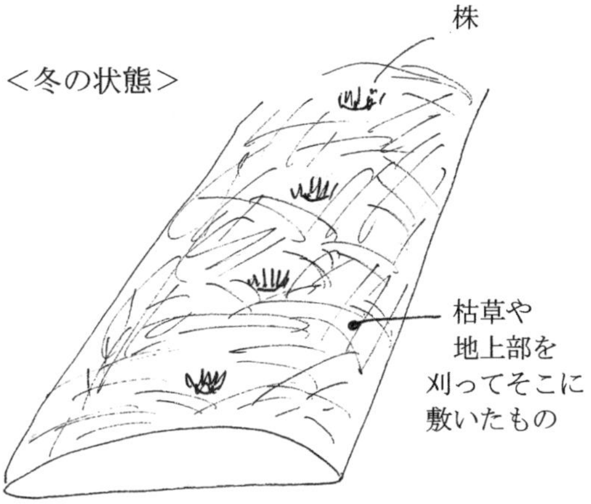

・夏の間、草に負けないように手入れをしてやると、秋には茎数も５～６本に増え、丈も40～50cmくらいになります。このころ定植してやります。暖地では11月頃、寒冷地では冬に根づかせるのに無理があるので、翌年の４月頃行います。

・畝幅は広めの120cmくらいで、株間を30cmぐらいとります。
アスパラガスは10年くらいその場所で収穫できますので、畝に限らず畑の隅の一角や、庭の一角に確保するのもいいです。（自給用ということになりますが…）

・畝全体の草を刈ってその場に敷き、株の間隔に従って穴を空けます。

・苗を移植する時は夕方や雨の降る前などが良く、土が乾燥している場合は、穴の中に先に水を入れて、その水が土中にしみわたってから苗を入れます。

・土が乾燥しないよう刈った草は多めにかけておきます。
また、冬に地上部がいったん枯れますが、枯れたら根元近くで刈りとって草といっしょにその場に倒しておきます

・アスパラガスは地力が要ると言われていますがもし補うならこの冬の時期に米ヌカ、油カス、フスマなどをふりまいておくとよいでしょう。刈った枯草の上からふりまいて、その後棒などで軽くたたいて地面に落ちるようにしてやります。

・収穫は３年目の春から行って、３年目は40日くらいの収穫にとどめておきます。あとは株として生長させます。
４年目は70日くらいは収穫できます。そうやって株を大きくし、５年目からは春だけでなく、秋も収穫できるようになります。
冬場は必ず刈った草と米ヌカや油カスなどを補ってやるようにします。

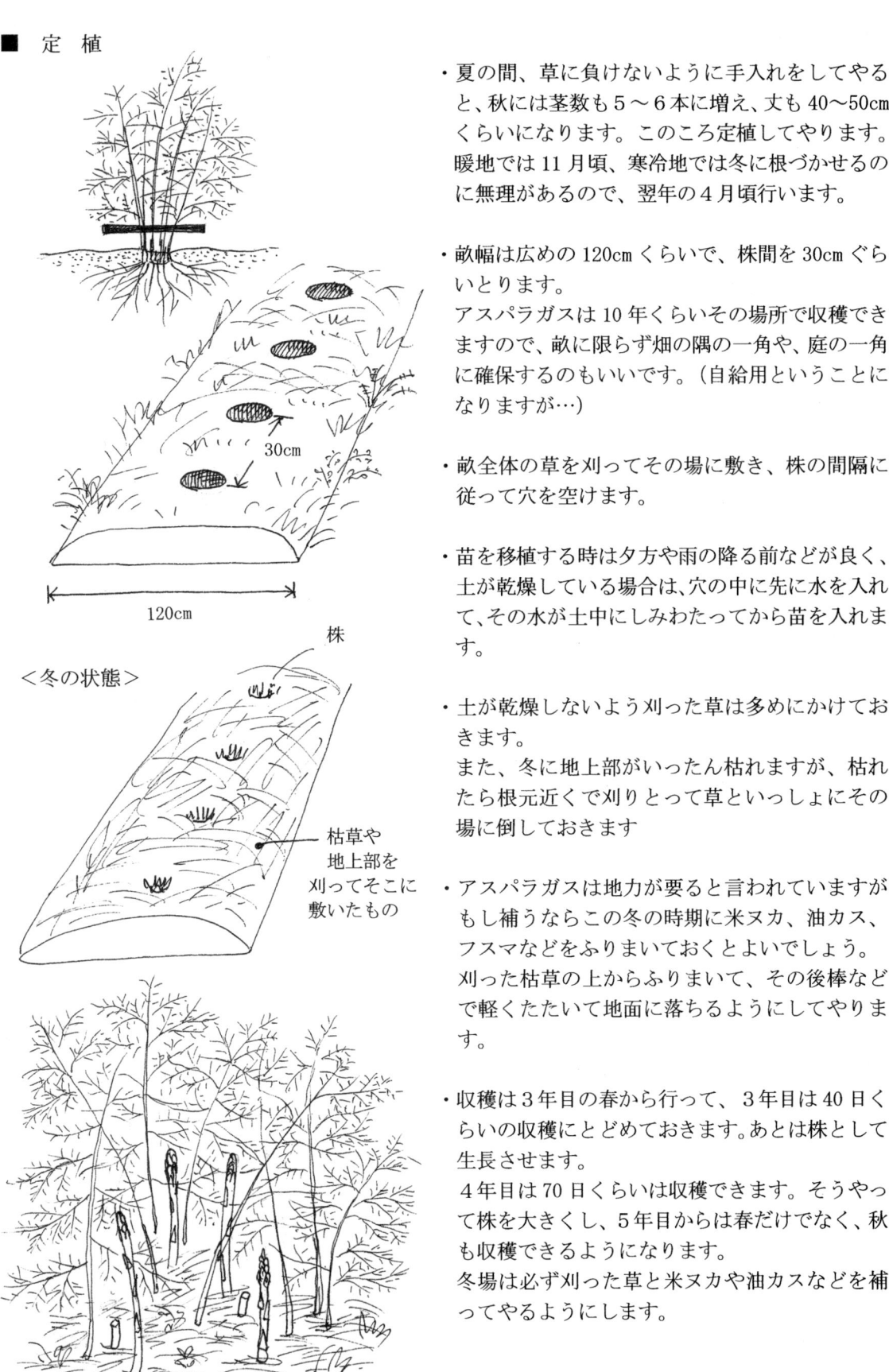

■　収穫と保存

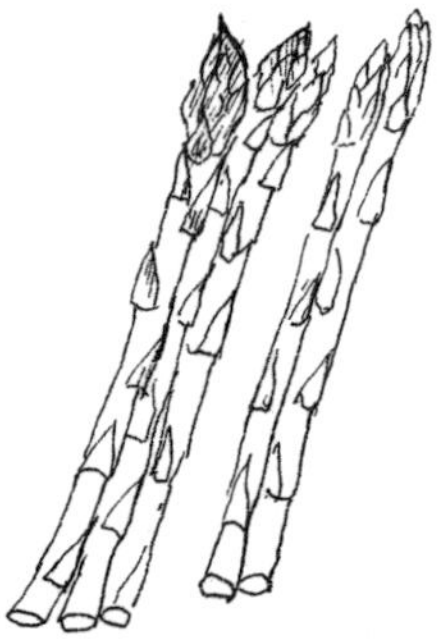

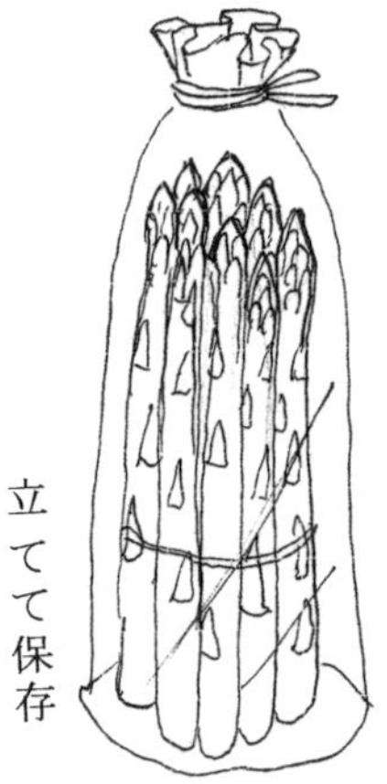
立てて保存

・アスパラガスは収穫したら２～３日で食べ切るようにします。
保存したい場合は、保存適温が０～５℃なので冷蔵庫に入れる方が良いですが、その場合は袋に入れて立てておくのが鮮度が落ちないようです。

・アスパラガスのおいしさは鮮度とも言えますのでできればその日のうちに食べ切りたいですね。

■　採　種

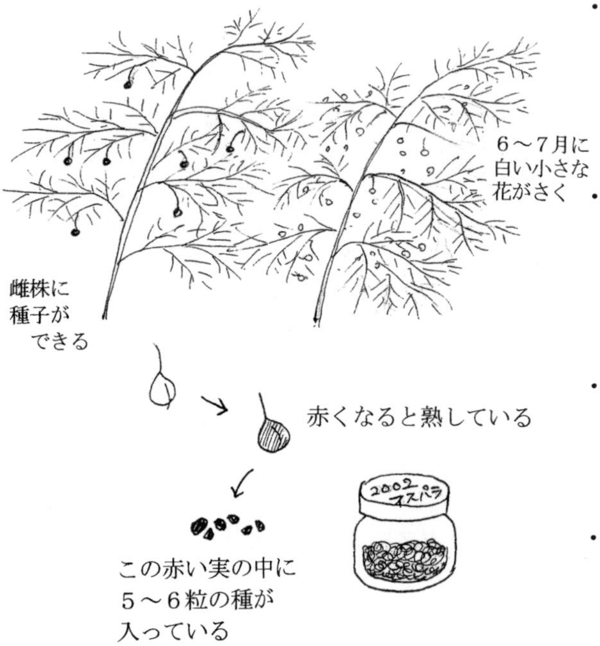
６～７月に
白い小さな
花がさく
雌株に
種子が
できる
赤くなると熟している
この赤い実の中に
５～６粒の種が
入っている
2002
アスパラ

・アスパラガスは雌雄異体なので、雌株と雄株があります。
一見区別がつきにくいのですが、雄株の方が勢いがあって早く芽を出し収穫量も多いのですが、太くて柔らかな芽は雌株の方です。
・雌株はやがて小さな５～６㎜の丸い実をつけそれが熟すと真赤になります。
そうなったら摘みとってつぶすと、中に５～６粒の真黒の種が入っています。ネギ類よりやや大きな種でとりやすいです。
・お盆や皿の上などで莢のカラやゴミなどを吹き飛ばして種子だけにします。
天気の良い日に１～２日よく乾かして保存しておきます。
・種子は３年～５年は持つと言われていますので、７年目ごろに種採りをして、次の年また種を降ろし苗を育てておくと、10 年経って収穫量が減った頃、新しい株の収穫が始められるようになります。

種子の保存可能期間について　✿

発芽することを確かめられた最古の種子は、460 年前のハスだそうです。ハスの種は外皮がとても固く、特別な状況下にあったと考えられますが、普通は 1 年からせいぜい５～６年です。作物によってその期間は様々ですが、保存可能期間として取り上げている数字は、一応常温で乾燥がよくなされて保存状態が良い場合の数字です。

さらに冷蔵庫で保存すると多少伸びるようですが、ある本によると家庭用の冷蔵庫だと 20 年は大丈夫とありましたが、発芽力は確実に落ちていくものと思われます。最近、種子バンクの冷凍保存の仕方についても、発芽はしてもその生命力が問われ始めています。

できるだけ作り続けることで、しかも自然農で最も健康に育ったものを採り続けていきたいものです。

1	2	3	4	5	6	7	8	9	10	11	12

●●●――――――○○

ゴマ

（ゴマ科）

原産国はエジプトなどの熱帯地域、日本へは飛鳥時代に入ってきた。

種

〔品種〕ゴマは種を食するもので、その種の色により、白色のものを白ゴマ、黄褐色のものを金ゴマ、黒色のものを黒ゴマと呼んでいる。それぞれ生育期間の違いにより、早生、中生、晩生とある。黒ゴマには晩生種が多く、白、金ゴマには早生種が多い。

またゴマには油の含有が多く、黒ゴマは粒が大きく多収だが油分は少な目で、白ゴマは小粒で少収だが油の含有率は高い。

〔性質〕ゴマはエジプトあたりを原産とする作物なので高温を好む。充分暖かくなった５月中旬から６月にかけて種降ろしをするとよい。乾燥に強いが湿気は好まないので水はけの良い日当たりの良い場所を選ぶようにする。移植も可能なので苗床で育てて移植する方法もある。

■　種降ろし

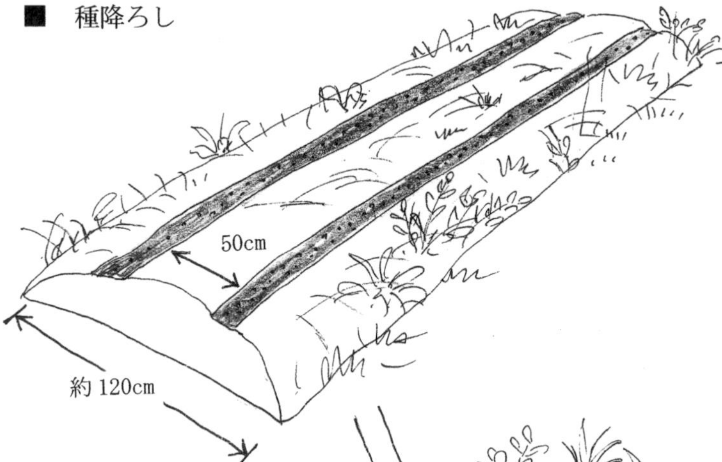

・種降ろしは充分気温が高くなった５月中旬から６月上旬にかけてそれぞれの地域に合った適期に行います。

・畝幅 120cm のところに条間を 50cmほどとって２条、あるいはそれより幅の狭い畝の場合は１条とします。

・鍬幅で蒔き条のところの表土を薄くはがし、平らに整え軽く押さえます。

・覆土用の土をその蒔き条に沿って中央の草の生えた部分の下から用いる場合、左図のように鍬で斜めに鍬先 15cm くらいを打ち入れ、土を取り易いように所々入れておきます。

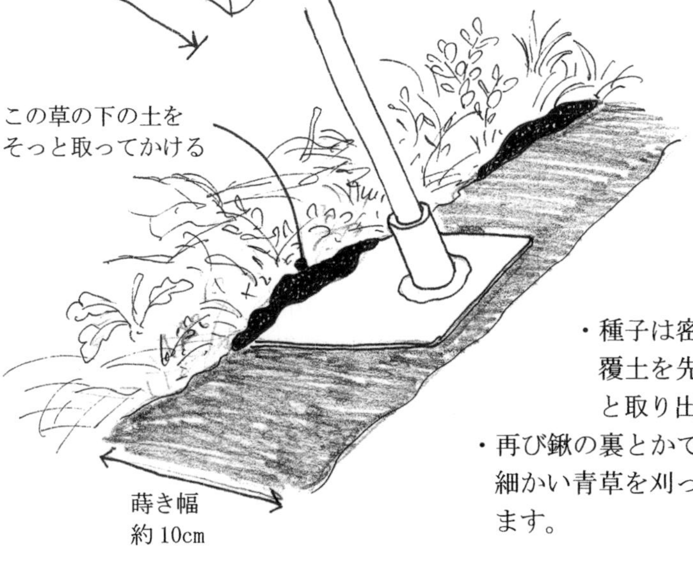

・種子は密にならないよう薄めに降ろして、覆土を先ほど鍬入れした箇所から手でそっと取り出し、５㎜の厚さにかけます。

・再び鍬の裏とかで押さえて土をしめ、上から周辺の細かい青草を刈って乾燥しないようふりまいておきます。

■ 発芽と間引き

・種降ろしをして約５～６日で発芽します。双葉の頃、混み合っているような所は、土を動かさないよう指先でそっと間引くかハサミで切り取ってゆきます。

・草丈４～５㎝の頃の様子です。本葉が出て隣の株の葉と触れ合わない程度の間隔になるよう、間引きます。

・折々に間引いて草丈が 20cm くらいになったころ、株間が 20～30cm くらいになるようにします。

・この時期は草の勢いが高まってくるので折々に草に負けないよう刈ってやります。草を刈る時は、片側のみを刈ってその場に敷き、しばらくしてまた反対側の草を刈るようにします。一度期に全部刈ると小動物の住み処がなくなることで、ゴマの方に虫がついたりするようになります。

■ 生　長

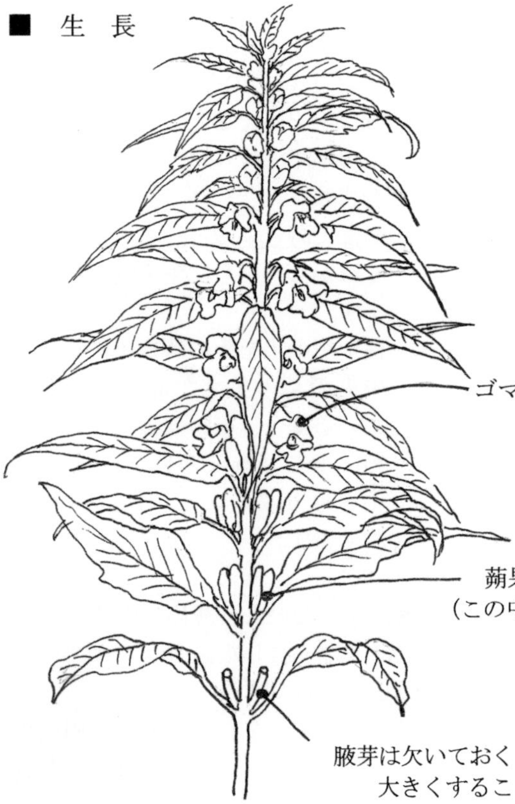

腋芽は欠いておくと蒴果を
大きくすることができる。

・ゴマは気温の上昇とともにぐんぐん生長するようになります。葉の付け根のところから腋芽が出てきたら、欠いておくと中芯となる茎１本に花が咲き、実が成るので大粒のゴマを収穫できます。

・下のほうから順に淡いピンク色のホウセンカのような花が咲きます。

・花のあとには一ヶ所につき３個ずつの蒴果がなります。花は下向きですがこちらは上向きに並んでなります。

・この中にゴマの種がびっしり入るのですが、日が充分株に当たるよう草との関係に心配るようにしましょう。

■ 収　穫

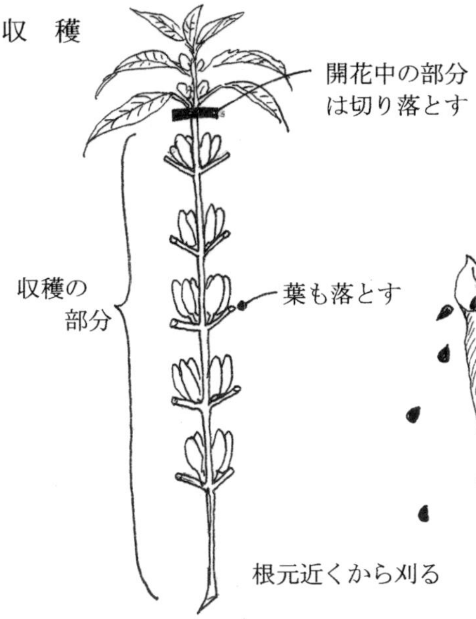
開花中の部分
は切り落とす
収穫の
部分
葉も落とす
根元近くから刈る

・１本の株において開花、結実の時期が上と下でずいぶん差がありますので、収穫期を見定めるのは難しいので次のようなことを目安にします。

・８月末ぐらいから下葉が枯れ始め、蒴果にびっしり実が入ってふくらんできます。

・９月、茎や蒴果の色はやや黄味を帯び始めますが、全体としてはまだ緑色が残る頃、下の蒴果が３～４コはじけてき始めたら、根元近くを鎌で刈り取り収穫します。

・この時、上の方の開花中の部分と残っている葉を全部落としておきます。

■ 調　整

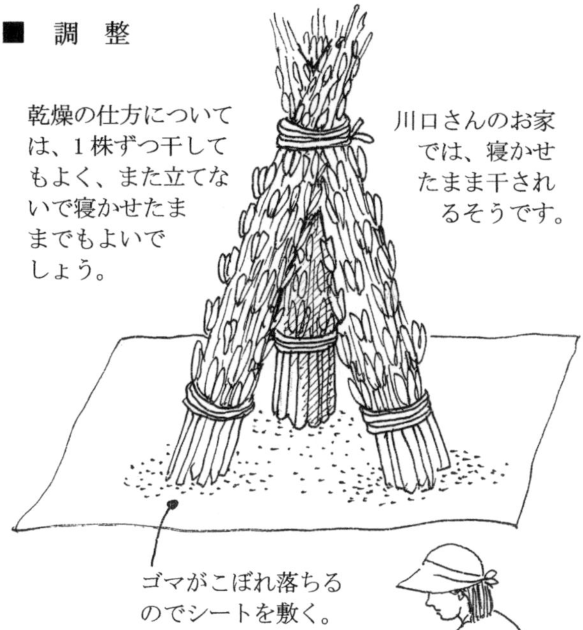
乾燥の仕方については、１株ずつ干してもよく、また立てないで寝かせたままでもよいでしょう。
川口さんのお家では、寝かせたまま干されるそうです。
ゴマがこぼれ落ちるのでシートを敷く。

桶などを
利用して

・刈り取った株は５～７本ずつ束ねてひもでくくり、図のようにさらにそれを３束ずつまとめて上のほうだけを合わせてくくり、株元を下にして、三脚のように立たせて干します。雨の当たらない軒下などがよいでしょう。

　・１週間から２週間ほど充分日光にあてて追熟させ、全体が褐色に枯れてカラカラになるまで干します。この間にも次々にゴマが落ちるので下にはシートを敷いておきます。

　・充分乾燥したら、桶などの容器の中にゴマの束を逆さにして振りたたき、ゴマの種を落とします。

　・篩で大きなゴミと選別したあと、バケツなどに水を入れて、その中にゴマを入れます。

　・最初は細かいゴミや未熟果などが浮くので手早くすくって捨てます。

　・４～５分たつとゴマ全体が浮いてきて底に石や重いゴミが沈みます。

　・浮いているゴマをすくって石などは捨て、ザルの上に紙をおいて、その上で広げて日に当て、よく乾燥させます。

・最後に混じっている細かいゴミは、手箕などで箕撰するか、少しずつ盆の上などで吹き飛ばし、ビンなどに入れて保存します。ゴマは、調整が難しいですがぜひ修得したいですね。

野菜の種降ろしの時の周辺の草との関係の事

春よりも秋から冬にかけての野菜づくりは、寒さ増すごとにおいしくなる野菜も多く、また虫も冬に向かってずいぶんと活動が減るので、たいへん作り易く、また楽しみな時候だと言えます。
ただ、夏の生命盛んな時期にもう種降ろしをしなくてはならないものや、また、生命盛んだった草々の横たわっている場所に、種を降ろしてゆく場合は、そこが小動物（コオロギ、ナメクジ、ダンゴムシなど……）のすみかとなってしまい、せっかく蒔いて発芽もうまくいったのに食べられてしまうこともよくあるものです。そこそこでの状況は異なりますが、考えられるいくつかの対策、要点を示してみます。

① 生命盛んな夏草を倒して（刈って）そこに条蒔きをする場合

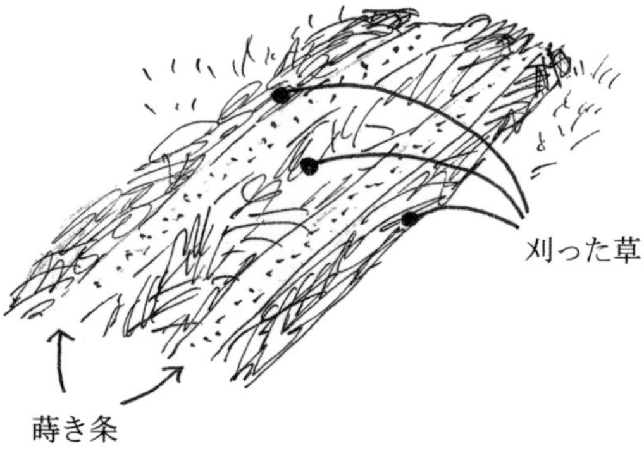

蒔き条の間やその両端に刈った草をたくさん積むような場合は、そこがコオロギなどの温床になりやすいです。

・刈った草は、歩く溝のところにいったん置いたりして、量を減らしておきます。
・一番良いのは、種を降ろす約１ヶ月ほど前よりこまめに草に処し、草の状況をおだやかにしておくのが種降ろしの場所としては適しています。

② コオロギ・ナメクジなどがすでにたくさんいる場合

・葉ものはほとんどの種類がバラ蒔きができますので、蒔き幅を広々とってバラ蒔きにし、被せる草は薄めにかけます。
下の図のように双葉が地面に半分頭をもち上げつつあるこの時期に、とり除いてやります。

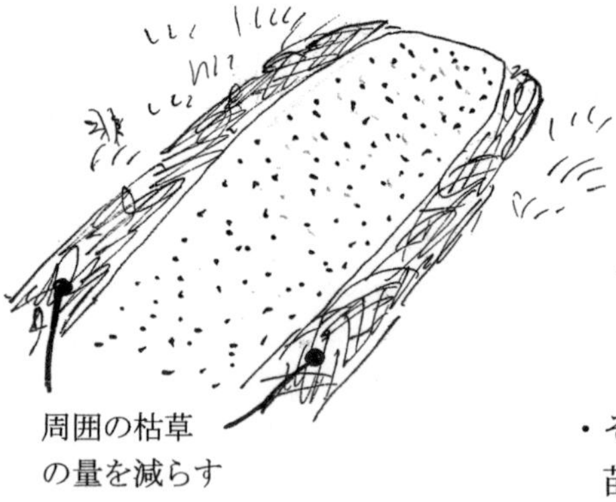

また、こうするとヒョロヒョロと草の間で徒長するのを防ぎ、ハクサイやキャベツなどはこの配慮でしっかりした苗を作れます。

・それでもコオロギの被害に会うようならば、苗床の周囲を寒冷紗やトタン板で囲うとよいでしょう。

※ ８月下旬から９月にかけての種降ろしは、乾燥に会うことも多く、湿気を保つ目的の被せる草との関係は難しく、思いきって少し時期を遅くずらしたりする必要も出てくるでしょう。
また、生ゴミを置く時期と種降ろしの時期は、少なくとも半年は空けた方が無難のようです。その時、その場所で、自らの最善の知恵と出会いたいものです。

第 4 章

雑穀・果樹

雑　　穀

近年になって注目され、栽培や販売も徐々に広がりつつある雑穀は、世界じゅうで古くから食されてきた作物です。日本でも縄文時代の遺跡より、ヒエ、アワ、エゴマなどの雑穀の実が確認されていて、5000年も前から利用されてきたことがわかっています。

地名に阿波の国（今の徳島県）、閉伊の国（岩手県）、吉備の国（岡山県）は、それぞれアワ、ヒエ、キビの産地だったのではないかということで、その名の付く地名はたくさん残っていることから、全国で作られていたこともわかります。雑穀は丈夫な作物で江戸時代の南部藩の文献によると、当時栽培されていたアワの品種は380品種、稲が137品種、ヒエが94品種、小麦が52品種、キビとモロコシ（タカキビ）合わせて21品種もあったことがしるされており、驚くばかりです。

＜雑穀の種類＞

主食である米や麦、トウモロコシ以外の穀類を総称して雑穀と言います。粒が小さく、下のアワ、ヒエ、キビ、タカキビは主なもので、全てイネ科です。

1）アワ

ウルチアワとモチアワとある。原種は野生のエノコログサと言われている。
精白すると黄色。

2）キビ

銀色に色づく穂が美しい。原種は不明だがヒエ、アワよりも歴史は古いと言われている。

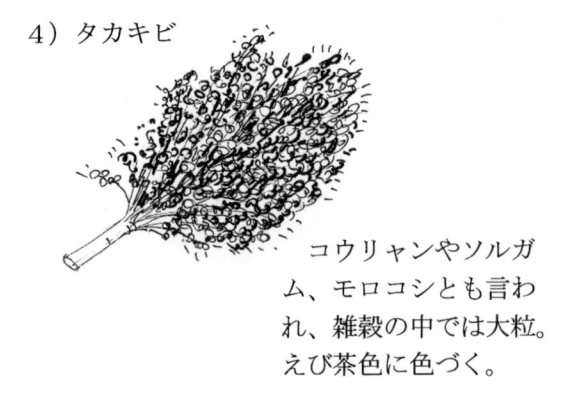

3）ヒエ

原種は田によく見られるイヌビエ。調整が難しく手間がかかる。

4）タカキビ

コウリャンやソルガム、モロコシとも言われ、雑穀の中では大粒。えび茶色に色づく。

この他、エゴマ、アマランサス、トンブリ、ハトムギ、ソバなどがあげられ、それぞれ粒が小さいので食するまでに調整という収穫後の作業が難しいです。

昔は唐臼をつくバッタリーや水車などで時間をかけさえすればできていたことですが、現代になって雑穀をほとんど食べなくなったため、自ずとそれらの道具も消え、あるのは米や麦を目的とした電動式のもののみになっています。

しかし、挽き臼はまだ手に入りますし、少しの工夫と手間をかけて、ぜひ雑穀の豊かさを食卓にとりもどしたい思いがいたします。

以下、栽培方法がほとんど似ているアワ、キビ、ヒエ、タカキビについてまとめてみました。

＜おもな雑穀（アワ・ヒエ・キビ・タカキビ）の栽培と収穫・調整＞

雑穀はイネに比べると生育期間が短く、種降ろしをしてから約４ヵ月で収穫となります。日本全国どこでも作ることができます。イネと同じく積算温度がその成熟に関わりますので、同一品種であれば南の方ほど遅蒔きでよいことになります。またヒエはもともと湿地の作物なのでイネと同じように苗を作って田んぼで育てることもできます。

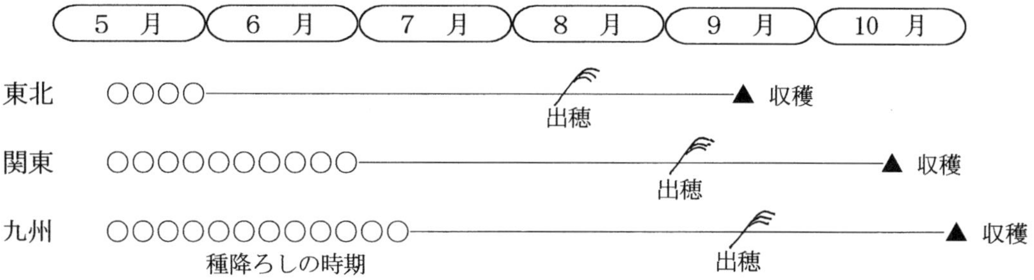

■　種降ろし

①　苗を作って移植する場合は、お米と全く同じ要領でよいので、お米の苗作りを参考にされて下さい。

②　直蒔きの種降ろし

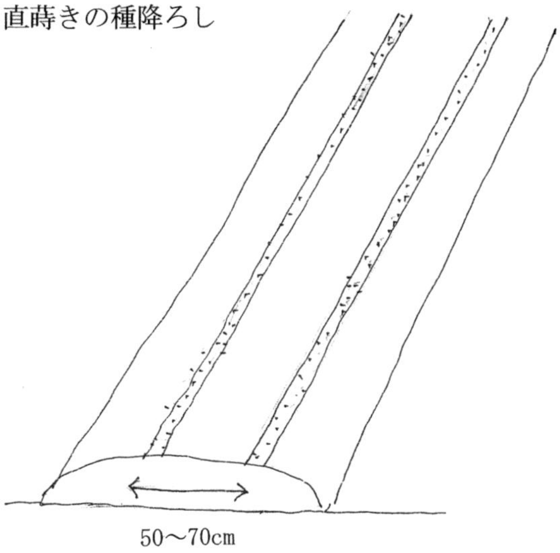

畝の幅に応じて蒔き条を作ればよいのですが、どの雑穀も背が高くなるので倒伏を避けるために２条以上にして（１つの畝に２条なら隣の畝にも蒔くようにする）お互いで支え合えるようにします。
蒔き条は浅く５cm くらいの幅で作り、曲がり鎌や鍬の角を使って浅いＶ字の溝を切って、そこに種を降ろしてゆきます。
１〜２cm に１粒程度の薄い条蒔きとします。
覆土は種がかくれる程度にし、軽く押さえたあと、刈った草を被せて乾燥を防ぎます。

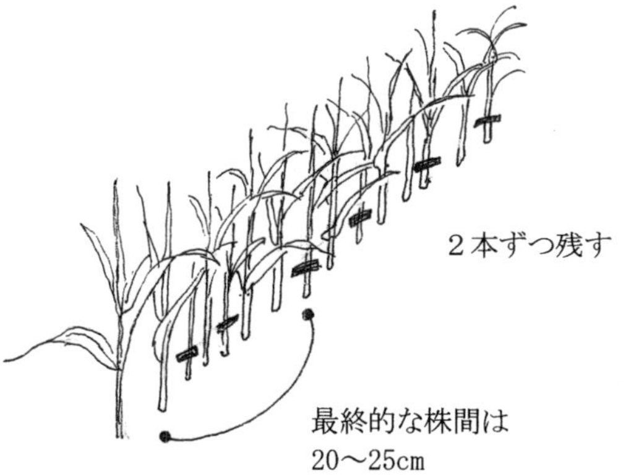

発芽は５〜６日かかります。
15cm くらいに伸びてきたら間引いて、株間を25cm くらいにして２本ずつ残すようにします。
雑穀はどれもとても丈夫なので根を傷めないように間引けば、それを苗として新たに移植してもよいでしょう。
苗が充分足りていて発芽率も良く、少し密になっている場合は、根元近くで切っていってもよいです。

この間、草の勢いに負けないように必要に応じて草も刈りますが、エノコログサなどととても似ているので気をつけます。生長してからは倒伏しないよう草は刈りすぎないようにします。

■ 収　穫

○ アワ……葉や茎が黄色く色づいて穂全体が黄金色になったら刈り取ります。出穂から 35〜45 日目頃になります。アワは脱粒はそれほどしません。
少量であれば穂先を刈り取り、多量であれば根元から刈って束ねて、稲のように稲架にかけてよく乾燥させます。キビやヒエも同じようにします。

○ キビ・タカキビ
穂の半分から三分の二ほどが白茶色に熟してきたら刈り取ります。出穂から 30〜40 日が目安です。キビは脱粒しやすいので早めの刈り取りとします。

○ ヒエ……葉や茎が黄色くなって手で触ると、実がポロポロと落ちるようになったらすぐ刈り取ります。出穂から 30〜35 日が目安です。

■ 脱　穀

・少量であれば、天気の良い日にシートを広げ、横槌や棒などでたたいて、実を落とします。

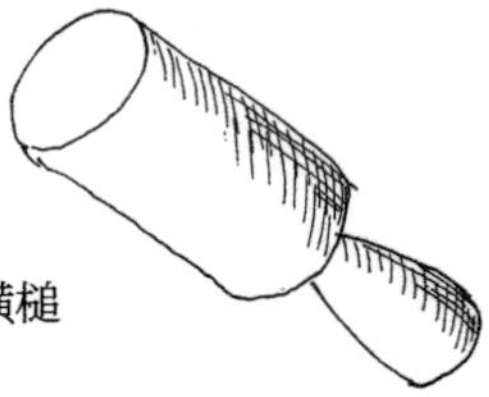

横槌

お米と同じように葉や穂茎をガラ落としで篩い、さらに手箕で選別します。
アワ、ヒエ、キビは実が細かいので、やわらかな風をおこして（自然の風をうまく利用したり、うちわや口で吹いたり…）細かいゴミや葉茎を吹きとばします。このことを風撰といいます。

・多量の場合は、足踏み脱穀機を使うとよいでしょう。
回転数を少し下げて、ゆっくりていねいにやります。
穂茎についたままのものは、お米の時と同じように手でしごいて取ったり、横槌でたたいてはずします。
ガラ落としで大きな葉や穂茎を篩ったあと、唐箕にかけます。

■ 脱ぷ（殻取り）と精白

○ ア　ワ
○ キ　ビ

・少量の場合は、左絵のように堅臼を手に入れて根気よく搗く、という方法があります。昔はほとんどがこの方法で人力を水車に代えたり、共同の作業場、バッタリーなどを作ったりして、要するに臼で搗いていました。

・臼がない場合はミキサーに入れて（100g で５秒）まわし、その後殻を風撰し、再びミキサーに入れ、合計３回ほど繰り返すとできるようです。

・多量の場合は、循環式もみ摺精米機の網を雑穀用にかえて、米ヌカを少し入れながらやるとよいです。

○ タカキビ

・少量の場合は、アワやキビに準じミキサーや堅臼で搗くことができます。

・多量の場合は、お米用のインペラ式籾摺機に２～３回通したあと、家庭用の精米機に軽くかけるか、タカキビ対応の循環式籾摺機にかける方法があります。

○ ヒエ

４種類の雑穀の中でヒエが最も手がかかります。

ヒエは殻がとても固く割れにくいので、昔からやられている方法でいったん蒸すというやり方をします。

＜黒蒸しヒエ＞

・脱穀の終わったヒエを洗って水につけておきます。

・大鍋に４割の量の熱湯を沸かし、その中に稲ワラを３束使って三つ編みしたものを舟形にして敷きます。穂先は鍋の外に出しておきます。

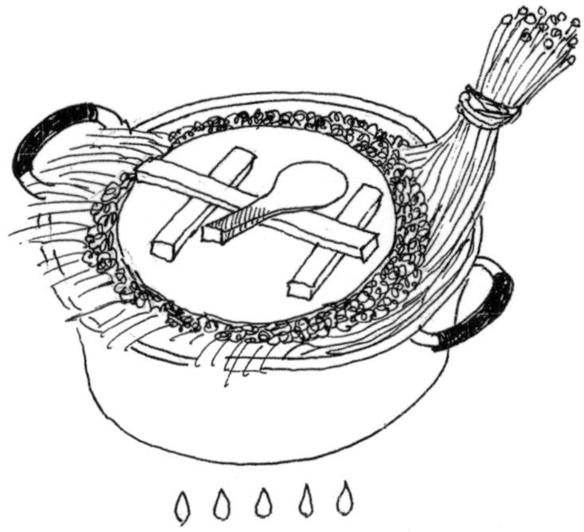

・ヒエをザルにあげて鍋に入れ、落としぶたをしておきます。
しばらくして上の方のヒエの殻が割れたら、稲ワラの先をにぎって全体のヒエをうら返しします。
これを２～３度繰り返して、全部のヒエの殻が割れたと思われたら、ムシロなどの上に広げて約３日ほど干して再び乾燥させます。

・完全に乾燥させたものを軽く循環式籾摺精米機にかけ、唐箕で風撰します。
２番出口のものは20目くらいの篩でふるい、篩に残ったものは１番出口のものと合わせて、もう一度籾摺精米機にかけて唐箕にかけます。

■ 調整後

これら４種の雑穀は、調整が終われば粒のまま食せますし、粉に挽くこともできます。挽き臼や家庭用製粉機が必要になります。粉に挽く時は食べるたびに挽く方がおいしいです。

＜最後に＞

雑穀の栽培はその時期がお米と重なりますので、種降ろしの時期、草へ応じる頃、収穫の頃、うまく応じられることが栽培のポイントとなるでしょうか。しかし、雑穀は初期に草に負けないように手を貸しさえすれば、その後はたくましく生長しますので手がかかりません。お米と同じ穀類として、私たちの食を豊かに支えてくれる頼もしい作物です。

果　　　樹

農的暮らしに果樹の恵みがあれば、自然農の楽しさはさらに増し、暮らしに豊かさが広がります。スペースがあればその土地に合った果樹の中から作りたいものを選んで育ててみましょう。

① 果樹の選び方

基本としては、自給ならば食べたいものを、営農ならばお客さんにお届けしたいものを、ということになると思います。ただ果樹は冷涼な土地にしかできないもの、その反対に温暖なことが条件としてあるもの、かなり南方でないとできないものなどあるので、その土地に合ったものを選ぶことが大切です。
また、植えたい場所が風のよく当たる所だったり、日照時間が短かったり、あるいは水はけの悪い所だったりすると、果樹がうまく育たないことがあるので、その果樹の性質も考え選んでゆきます。

② 苗木について

野菜のように種を取って、その種から苗木になったものを実生《みしょう》と言いますが、実生は親と同じものにならないことが多く、また在来の固定種であったとしても実のなるまでに何年もかかるものが多いです。それで信頼できるお店で接ぎ目の部分にスキマがなく、幹は太く、つやの良いものを選ぶとよいです。

③ 植える場所について

苗木は種類によっては大木になるものもありますので、どのくらいの大きさに生長するのかを知って、その広さを充分確保できるようにします。
また、ほとんどの果樹は日当たりの良い所を好みますし、水はけの悪い所は根を腐らせます。
日当たりの良い所を選び、水はけの悪い所は避けるか、水路を掘って水をさばくかします。
それから極端に風の強い所は向かないもの（ミカンやレモンなど）もあります。
また、支柱や棚を必要とするもの（ブドウ、キウイなど）は、そのことも合わせて計画します。

④ 植え付ける時期について

果樹が落葉果樹であれば休眠期に入る11月から３月までの間に、常緑果樹ならば枝が伸びる前の３月ごろが適期です。
ただし、寒冷地で積雪の多い地域では、植え付けた後、凍害の危険性もあるので、雪解け後に植え付けた方がよいでしょう。

◇ やや日陰でも育つもの
　　カキ・イチヂク・キウイフルーツ・アケビ・フサスグリ
◇ 湿度に強いもの
　　カキ・ナシ・ブドウ・ザクロ・ブルーベリー
◇ 冷涼地が良いもの
　　サクランボ・セイヨウナシ・クランベリー・リンゴ・ブドウ

＜苗木を植える＞

① 苗木の姿
園芸店では、多くはポットに入れて売られています。接ぎ木をしてある部分をテープで巻いたままにしてあり、よく見ると台木の途中から別の木が接いであるのが解ります。
そこのところがスキマがあったり、傷んだりしてなくて、苗木につやのあるものを求めます。

② 場所を決めて植え付ける場に穴を掘ります。
何本かをある一定の場所に植える場合、大きく生長した時の姿を予想して、隣の苗木との間隔をあけます。スモモやクリなどは６ｍ以上は離します。
穴は直径、深さとも 50cm くらい掘ります。

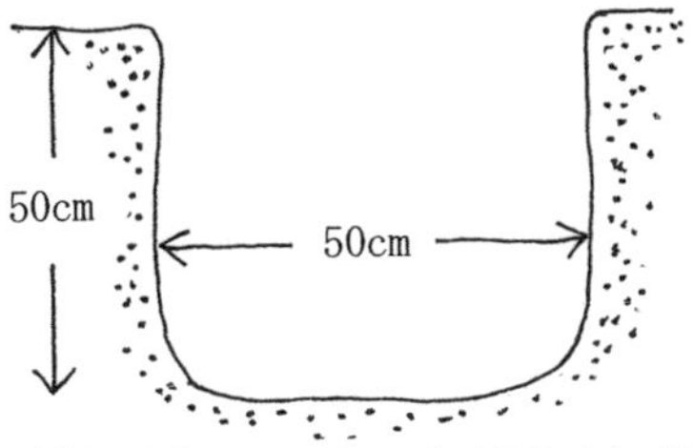

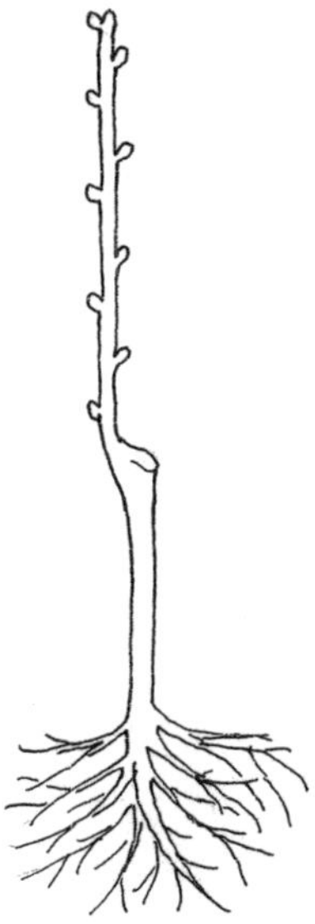

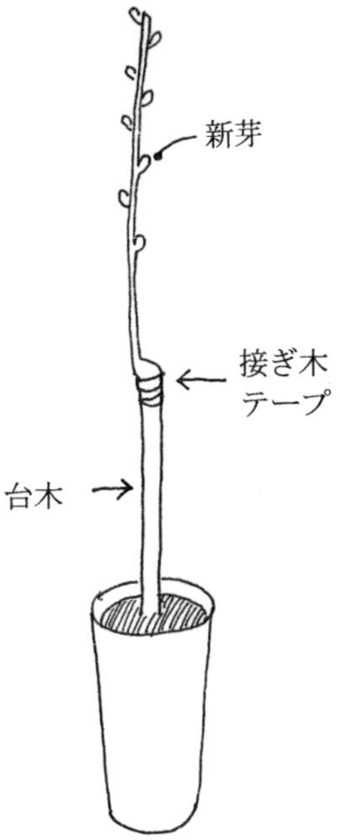

③ 苗木をポットからはずして出し、いったん土を落として根を広げておきます。
接ぎ木テープははずしておきます。

④ 穴に水をたっぷり入れて、その水が地中に引いてしまうのを待ちます。

⑤

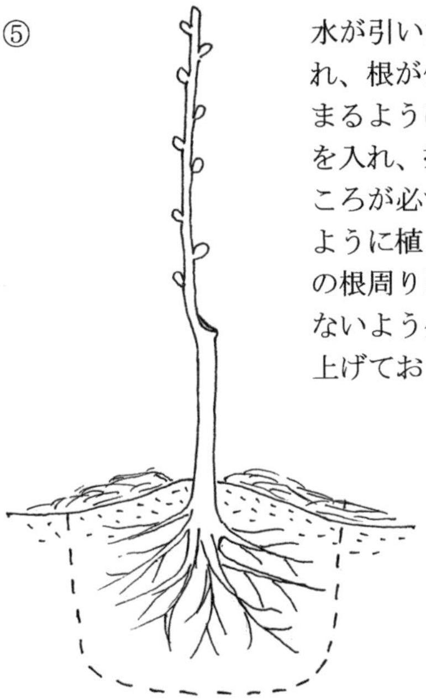

水が引いたら苗木を入れ、根が伸びやかに治まるように少しずつ土を入れ、接いであるところが必ず地上に出るように植え付け、苗木の根周りに水がたまらないよう少しだけもり上げておきます。

⑥

接ぎ木の三分の一ほどを切りつめておきます

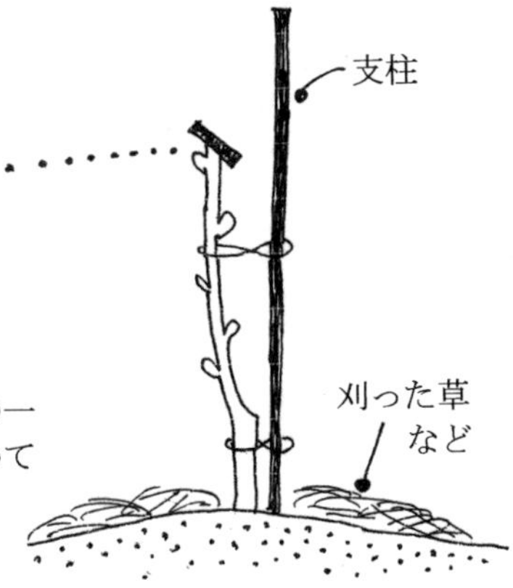

⑥ そのあと乾燥を防ぐために草を敷いて、土が裸にならないようにします。
接ぎ木の部分の三分の一ほどのところの新芽のすぐ上をハサミでななめに切って切りつめておきます。
支柱を立て、２ヶ所ほどゆるく固定しておきましょう。

⑦ 木は大きな生命なのでその生命力も大きく補う必要はありませんが、植える所が真砂土などで全く地力のない所であれば、表面に腐葉土を敷きつめておいてもよいでしょう。

＜苗木の生長＞

① 苗木を植え付けしてから、天候により乾燥が続くようなら、時々たっぷりと灌水してやります。

② 施肥は必要ありません。果樹地は田畑の畦と同じく、6月初旬、8月中旬、そして10月中旬の年3回その下草を刈り、刈った草は果樹地全面に敷いておくか、果樹の根元にドーナツ状に置いておきます。根元近くに置くと、その部分の草が朽ちるときに湿気を持ち、小動物のの住処となって、たまに樹の幹を食い荒らされることがあるからです。

生ゴミなどを土に還してやる時も根元近くは避けます。

樹木の生命は大きく強いので、山の木のように落ち葉や草、小動物の亡骸だけで充分で、むしろ肥料の施し過ぎで病気になったり、徒長枝がたくさん出すぎて茂りすぎるという結果を招いたりするようです。

③ 剪定について

剪定については果菜類の芽欠きのように、種類や状況によってはした方がよい場合もあります。基本的には自然形を活かし、樹木全体によく日が当たるようにします。また、整枝や剪定の時期については、樹木の休眠期間である12月から1月2月頃、カンキツ類と常緑樹は3月から4月までに行うのが良いでしょう。

花芽と果実のつくところと剪定の注意

		花芽の分類			剪定の注意
		葉枝がなく花枝だけのもの	葉枝の先に花がつくもの	葉枝の腋芽に花をつける	
花芽のつくところ	枝の最先端に花芽をつける	ビワ	ナシ リンゴ クルミ雌花	オリーブ	花芽が出たあと剪定すると成らない
	最先端にも中間の腋芽にも花芽をつける		ミカン類 ナシ リンゴ	カキ クリ ミカン類 オリーブ	
	枝の中間の腋芽のところにのみ花芽をつける	スモモ モモ アンズ ウメ サクランボ スグリ クルミ雄花	ブドウ キイチゴ	イチヂク	かなり切り返し剪定をしても実が成る
果実のつくところ		前の年の枝に実がつく	今年伸びた新しい枝に実がつく		

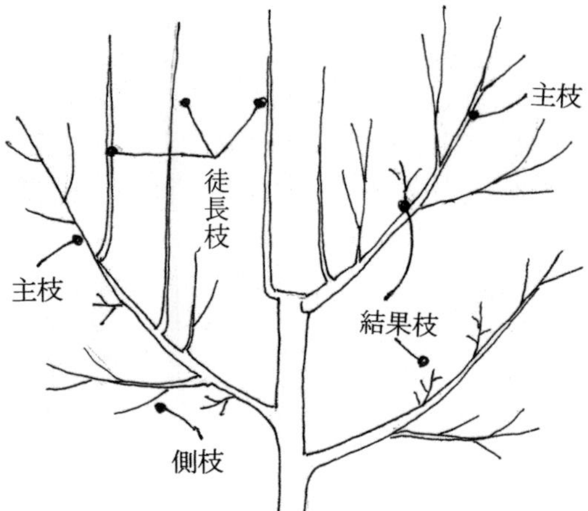

自然界では人の手が入らなくても自ずからの営みとして、長い間世代交代をしてきたわけです。自然農においては、果樹も生命の営みに沿い、できるだけ余計なことをしない方が最善だと思われます。

＜主な果樹の育て方のポイント＞

レモン

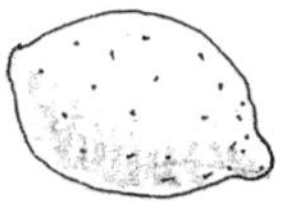

耐寒性は柑橘類の中では最も低く、年間の平均気温が17℃以上と言われています。温暖で雨の少ない地域が適しており、日当たり良く、風の強くないところがよいです。
花芽は枝の先端にできるので切り返しはせず、混み合っている所や徒長している所を間引くように剪定します。

ユ　ズ

耐寒性があり、東北以南のどこでもわりと作り易いです。
肥沃な土地を好みます。よく日の当たる場所で（西日は避ける）風通し良く、排水性と保水性を兼ねそなえるような所がよいです。実の青いうちから収穫できます。
ハナユ、スダチ、カボスなどはユズに準じます。

ウ　メ

品種が多いので日本全国どこでも栽培できます。
品種によっては、別種のウメを近くに植えないと結実しないものもあります。
樹形はなるべく横に広がるようにして、どの枝にも日がよく当たるようにします。５月から７月にかけて実を収穫したあと、徒長した枝や側枝で混み合っている所を間引くように剪定しておくとよいでしょう。

モ　モ

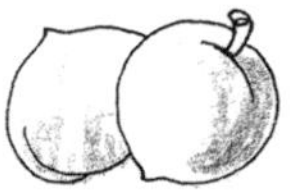

全国どこでも作れるが、山形以南が適地とされています。
過湿に弱く、乾燥気味で排水の良い所の実ほど甘くなります。
南側の日当たりの良いやせ地が向いています。

スモモ
アンズ

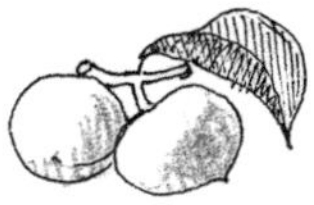

全国どこでも作れて品種も多いです。１本では結実しにくいので、２～３本違う品種を植えられると良く、スモモ同士でなくとも、アンズやモモでも良いです。収穫期に雨が少ないと理想的ですが、日本においては梅雨期と重なるのでせめて排水の良い所を選ぶようにします。
剪定はウメに準じます。

リンゴ

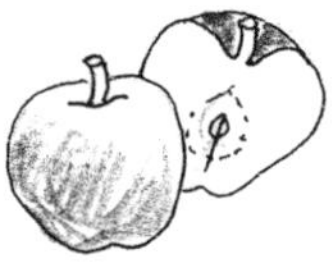

冷涼で雨の少ない気候を好みます。肥沃で水はけ良く、それでいて保湿性もあるところが向いています。
スモモなどのように１本では結実しにくいので、他の品種を２～３本混植する必要があります。早生から晩生まで品種が多いので、開花期が同じ時期のものを選びましょう。
自然樹形の場合、冬期のみ混み合っている所を剪定してやるようにします。

カ　キ

甘ガキと渋ガキとあります。どちらも暖かい地方が適しています。東北でもできる品種もありますが、甘ガキの場合、渋ガキになってしまうことがあり、寒いところでは早生種を選ぶようにします。
夏期の乾燥に弱いので、場合によっては灌水してあげるとよいです。
苗木を植え付けてから初期の生長は遅く、５～６年は放任しておいて、それから切りもどして整枝するのが良いでしょう。

ブドウ

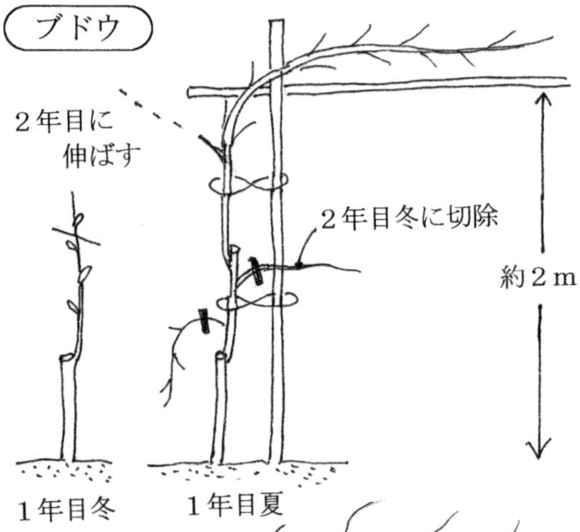

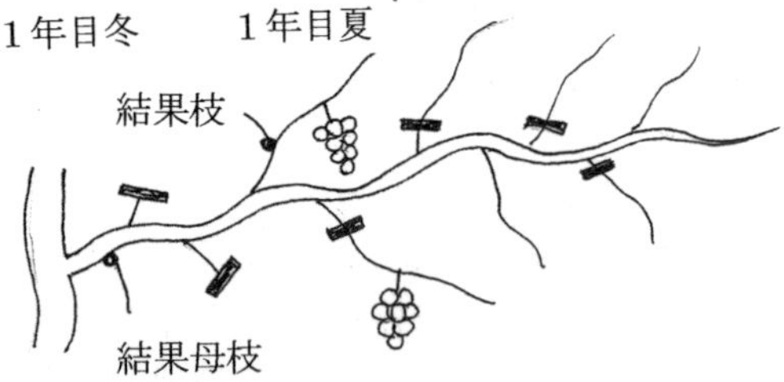

つる性の大木果樹で、枝は古くなると固いが若いうちはどのようにも向けられるので、ブドウ用の棚を仕立てて、その上に這わせるようにします。
１年目の冬、苗木を植え付けたら主枝の三分の一を切りもどしておき、次の年に出た主枝のうち夏のうちは２本を残し、冬になったら１本にし、その１本についている３年目の芽も全て切除しておきます。
春になったら新しい梢が次々に出るが、それぞれの方にゆったりと広げて伸ばさせます。
主枝に出る結果枝に１房ほど実をつけるようにしていくと樹に無理がありません。
コンコードやベリーA、マスカットなどが作り易いです。
実の収穫が終わったら、１本の結果母枝のうちに３～４本の結果枝を残してあとは短く切除しておきます。

キウイフルーツ

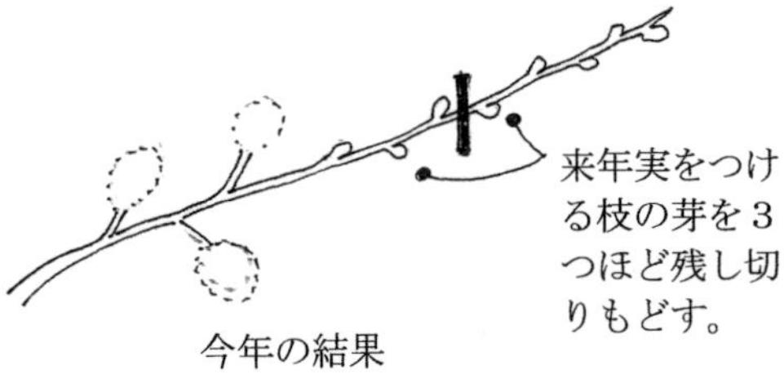

キウイフルーツはブドウに似てつる性なので棚を作って這わせることと、雄木と雌木の両方を植える必要があります。
キウイフルーツの樹勢は大きく、毎年剪定をしないと枝が茂りすぎてジャングルのようになり、結果が少なくなってしまいます。
今年の結果の先の新しい梢の芽を３～４個残して、その先は切除します。
キウイは10～11月に収穫して、あとは20℃程の室内で追熟させ食します。

ナ　シ

ナシも結果しにくいので他品種で開花期が同じ頃のものが２本以上あるとよいでしょう。夏の乾燥は樹を弱らせるので、排水は良く、保水性もある土地が向いています。
樹形は自然形では上に広がらず伸びてしまうので、少し手を貸して３本ほどの主枝をなるべく広がるように誘引して整えます。
ナシは枝の先端か中間に花がつくので花芽が出てからの剪定はしないようにしますが、枝が混まないよう整えます。

ク　リ

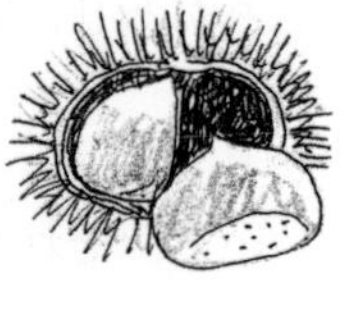

クリは実生でもよく育ち、実が成るようです。
植え付け後は、強風で倒木しないよう２～３年は棒クイ等でよく固定してやると根の張りもよく、その後の発育が良くなります。
やせた土地でもよく実ります。
１本の木に雄花と雌花が咲き、結果します。枝が茂り過ぎないよう、冬の休眠中に余分な枝を落とし剪定します。

◇　果樹のページは主に「庭先果樹のつくり方」（農文協）を参考にいたしました。

主な果樹の剪定・開花・収穫の時期

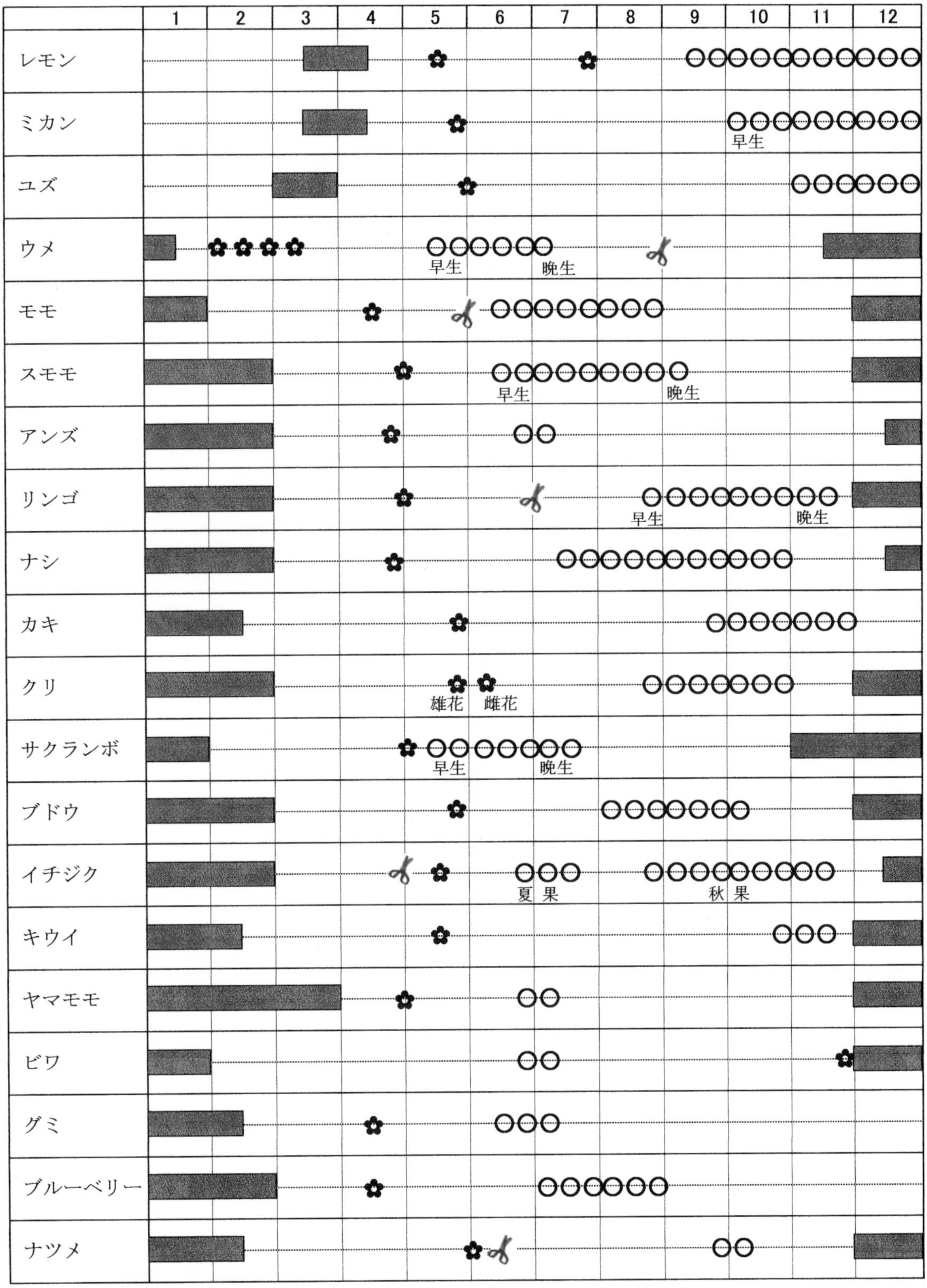

▬ は剪定時期、✿は開花、✂は整枝、○は収穫の時期を示しています。
この表は「庭先果樹のつくり方」（農文協）の内容を参考にして作成しています。

第 5 章

理 に気 づいて
総 合 的 に

耕さず、草や虫を敵とせず、肥料・農薬を用いることなく、生命の営みにひたすら沿う自然農………

耕さない……

どうして耕さないのですか、あるいは、耕さないで作物はほんとうにできるのですか、とよく尋ねられます。

その答えは、耕さない方がいいからです。耕さない方が、最も健やかにその作物を最善の姿で栽培することができるからです。耕さなければ、そこの土中の小動物や微生物、土壌菌などが壊されず、自ずから最善の状態でそこに在ります。ＥＭ菌や酵素を他から持ちこまなくても、そこに必要なものはみな、必要なだけ備わっているのが自然界で、そこでみごとに豊かに過不足なく、生命の世界が営まれているからです。耕さなければ、地中だけでなく、その上でくりひろげられる生命の営みも、自ずから最善の営みとなります。耕さないことでそこに少しずつ少しずつ重なってゆく生命の営みのその結果が、植物の、あるいは小動物の死体として上に上に重なってゆく亡骸の層となって、さらに時を重ねるほどに豊かになってゆきます。

私たち人類が過去の長い長い歴史の重なりの上に成り立っているように……。

自然界の生命の営みも、その舞台である土壌を壊さない、つまり耕さないことによって最善の営みが成されるのです。

私たちは、お米や麦や野菜を食し、生命の糧とすることによって、自らの生命を保ちつないでいますが、口に食むものは健全なものであることが望ましいことは言うまでもありません。ただ、栄養面、あるいは安全性といったところからだけの視野を越えて、この生命を健やかにつなぐものは、健やかな生命として育まれたお米や麦や野菜によってであるということです。私という生命もお米や麦や野菜と同じく、生命の巡りの中にあるという、深い認識からも悟らされることであると思います。

耕さなければ本当に土は豊かになってゆきます。根菜類の栽培においても深耕の必要はなく、自ずからやわらかにふかふかになってゆきますので、ゴボウも大根も人参も自らの力で根を張り、ゴボウはゴボウの、大根は大根の、人参は人参の本来の姿として生長することができます。

自然農の実践はまだ十数年ですけれど、重ねていて常に思うのは、この「本来の姿」についてです。お米本来の姿、大根本来の姿……そして、本来の味……。自然農の作物はなんともいえず、美しく、さわやかで、そしておいしいのです。本来はこういう姿、色、形、味をしているのだなあ、といつも感動します。

この本来の生命の姿をいただいて、私も人本来の姿に成長したく思うのです。

草や虫を敵としない……

「本来」という言葉に続けて言うならば、生命の世界全体は、本来どうなっているのか、ということに思いを寄せ、はっきりと認識できたならば、このことは自明の理であると思います。生命の世界においては、本来、害虫、益虫の別はなく、雑草という認識もなく、本来あるがままの一つ一つの生命です。なんという豊かな生命の織り為すこの世界かと思います。その生命の織り為す様は絶妙で全てが必要あって存在しています。

少し例をとるならば、トンボは益虫と言われていますが、そのえさとなるのは害虫と言われる小さな虫の数々です。害虫なくしてトンボは生きてゆけません。また、ウンカという恐れられている稲の害虫も､本来は稲より周囲の夏草の方を好むということを川口さんはおっしゃっておられます。よくよく自然界を観尽くされてのありのままの事実です。

自然界は、そこに必要な生命の数々がお互いの共存の中で、そして巡りの中で、絶妙のバランスを保ちながら共生しているのです。

問題は田んぼの中に稲以外の夏草がないことより生じます。畑においても目あてとする作物以外の雑草が亡きものにされていることより生じているのです。また、農薬の使用により、昆虫及び小動物の数のバランスが大きく崩れてしまっている故に起こるできごとなのです。

自然界は、知れば知るほど絶妙で完全な世界です。人が何もしなければ自ずとその最善の環境になってゆきます。ですから、そういう自然農の田畑においては、生息している小動物たちが異常に増えて、周囲の田畑に影響を及ぼす、ということもありません。ある一定の広さの中で、そこに生じたあるいはそこに生かされる生命の数は量は、必然のうちに定まっているからです。

もしもこれから、自然農を実践してゆかれる中で、何か問題が生じたならば、その時はそこへの手の貸し方、めぐらせ方など、何かこちらの応じ方のところに問題があるのです。具体的に言いますと、補い方が必要とする量を超えてしまって栄養過多になっていたら、アブラ虫など一部のそれを好む虫だけが異常に増えます。また草を一面に一時に刈り過ぎて、虫たちの食べ物である草をなくし生息場所を冒してしまったら、その環境を追われた虫たちが作物の方を冒します。そういうことです。

よくよく自然界を観察されて、そこで起こっていることがどういう事なのか、生命本来の姿からどうはずれているのか、そこを思い患うことなくさわやかに見極められたら、そして、さらには起こっているできごとに対してうまく次の一手を貸すことができる、あるいは、見守ることのできる能力を培ってゆきたいものです。

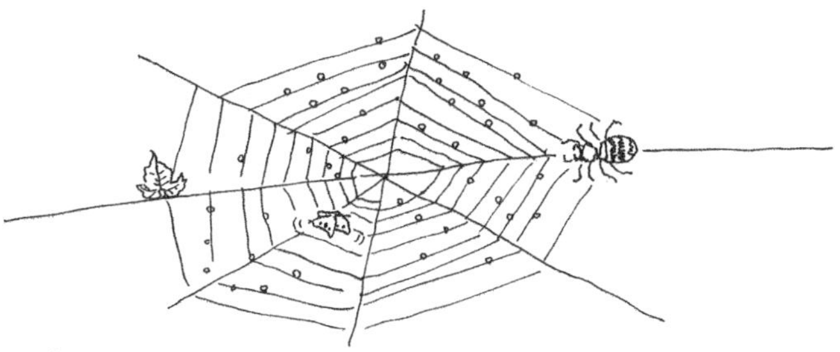

肥料・農薬を必要としない……

このあたりのことも、ぜひ正確に認識しておきたいことがらです。

自然界は過不足なく存在しています。他から持ち込む必要なく、また、持ち出す必要もありません。私たちの生命をつなぐ食べ物も、また、例えば病に陥った時、それをみごとに治してゆく生薬にしても、必要なものはこの地球上に全て存在しているのが、この自然界です。そして、それは常に生かし、生かされの関係にあります。

先ほどのところでもお話しましたが、自然界においては、そこに必要あって生かされる生命たちがお互いの共存の中で、そして、共の巡りの中で絶妙のバランスを保ちながら共生しているのです。ある一定の広さの中で生かされる生命の数は、必然のうちに定まっています。

例えば、家族４人がその絶妙の、共の巡りの中で生かされるに必要な広さも、自ずと定まっています。おおよそ、田んぼ１反、畑１反あれば食するに足りる作物をまかなうことができますが、果樹やその他、そして私たち人も含めた共の巡りを考えますと、３反～４反くらいあると理想的かと思われます。そのくらいのゆとりがあれば、簡素な住まいや農作業のために必要な小屋なども用意することができるでしょう。そして言い方をかえれば、そのくらいの広さがあれば、そこに生かされる全ての生命が巡りの中で、何の問題も生じずに生きることができるということになります。私たちの排泄物も生ゴミも、そこに還していくことで循環してゆくことになります。このことを基本として考えたらよいと思います。

そこに生かされる私たちは、営みの結果としての排泄物や生ゴミをそこへ還します。それを微生物や草が食んで、生長します。その結果、その場所が豊かになります。その草を刈って外に出したり、農薬をかけたりしなければ、上に上に重なってゆく生命の営みがただ巡ってゆくだけで、何もしなくても豊かになってゆくのです。

しかし、自然農に取りくまれる各々の状況は、なかなかこのようには整わず、限られた広さの土地であるでしょうし、排泄物も水洗トイレではままなりません。お米やその他の作物にしても自給100%なら、籾やヌカ、油カス、その他、調整したあとに残る部分も田畑に還すことができますが、現実にはほとんど不可能な状況の方が多いと思いますので、おおかたは収穫により、もち出すことの方が多い田畑となります。

そこで、その場所で生じる状況に応じて補うことも必要になってくると思われます。その土地がやせているかいないか、そこで作る作物は地力を大きく必要とするものか、そうでないものか、そういうことにも関係してきます。

常に巡らすことを基本として、あらゆる状況をとらえて、うまく応じてゆけたらいいのだと思います。

具体的には……

・作物は一生を全うさせて、その場で巡らせる。

　　収穫が終わったナスやオクラなど、すぐに引き抜いたりせず採種をし、その作物が一生を全うしてからその場に倒し巡らせます。

・補う場合は上からふりまく。上に上に重ねてゆく。

　　生ゴミを還す時は、埋め込んだり、たい肥化したりせず、そのまま畝の上にふりまいてゆきます。そして、その畝は現在作物を作らず休ませているような所に、が良いでしょう。

　　野菜くずのみの場合などは、大きな姿の作物なら、その足元の根元を少し避けたところなら大丈夫です。

　　広さと生ゴミの量の関係がけっして問題を招かないよう充分配慮します。

輪作と連作障害について

連作障害とは、同じ種類の作物を同じ場所で次の年も続けて栽培することで生じる問題のことを言います。例えばナス科同士、あるいはマメ科同士は続けて同じ場所で作ると、ある特定の成分を多く必要とするからでしょうか、または地力の問題からでしょうか、次の年はうまく育たなかったり、病気が入り易くなったりします。これは慣行農業あるいは有機農業の世界のことで、自然農では、目的とする作物はたくさんの草々と共にありますので、こういった連作障害は極めて起こりにくいと言えます。

実際に福岡の学びの場においては、ソラマメ（マメ科）を同じ場所で数年来作り続けていますが、今のところ全く問題が生じていません。一つの作物が草一本ないところで営みをし、一生を全うすることなく、収穫が終われば処分され耕されるその足もとの舞台と、たくさんの草々が作物と共に生命を営み、そして一生を終えたら、その場で亡骸の層を成し、巡ってゆくその足もとの舞台との大きな違いだと思われます。

しかし、さらに生命の世界からこのことを深く観てゆきますと、また一方では次のようなことも理として見えてきます。それは、一つの作物が同じ場所で永久に営み続けられることはないということです。

私の畑では以前、サトイモが棚田の土手で数株勢いよくそこで根を張りました。株を掘り上げると土手が弱くなることを思ってそのままにしていましたら、４～５年目にはものすごく大きな株に生長しましたが、８年目を過ぎたころだったでしょうか、気がついたらその姿が消えていました。宿根草の草花も数年たつとパタンと枯れるものが多いのもそういうことかしらと思います。

また、ここに来た年、家のすぐ横の川向こうに、春３月、うす紫色の花のじゅうたんがこの上なく美しく広がっていまして、何の花か見に行ったらカキドオシの群落でした。次の年もそのながめを楽しみにしておりましたが、ポツポツと咲いただけで、しかもその場所が微妙に移動しておりました。

そういうことを思うと、生命の世界では、常に変化変化であることに気づかされます。毎年、同じ田んぼでお米を作っていますが、そこに生じる草々の種類、その姿は同じということはありません。

ですから、栽培という人の手が加わった環境においては、そこの生命の営みにひたすら沿う中で、栽培するという人の行為に少しの工夫が必要ということになると思います。一つの畝で一種類の作物を作り続けることは、生命の世界からみると、不自然で無理が生じてくるというのが自然界なのだと思います。育てる私がそういう理に気づかなくとも、ブロッコリーのあとにまたブロッコリーの苗を植えようとは、何となく思えないのも生命自ずからのことかもしれません。

輪作という方法は、連作障害から出た知恵であるのかもしれませんが、その方が生命の世界の理をふまえての知恵であるとも言えると思います。

限られた畑の作付けをあれこれ計画するのは大きな楽しみです。昨年のナスのあとに今年は何を植えましょうか……。その時に日当たり、水はけなどその場所場所の状態、一つ一つの作物の性質なども考え合わせ、今の私の持てる知恵を最大に巡らし、時には眠っている知恵も目覚めさせ、さらには、畑全体をキャンバスのように、美しく思い描きながら作付を決めてゆく……ほんとうに総合的な能力を問われる、なんともやりがいのある仕事だと思います。

生きるということについて

川　口　由　一

基本的には、生まれてきた生命は生きることが許されてる……、それでいて、殺し殺されての関係ですね。食べて食べられての関係です。私たちも他の生命を食べないと生きられない宿命の生命です。魚の生命を、お米の生命を、あるいは猪や鳥の生命を、そして草々、木の実の生命を食べて生きているわけです。で、それは許される許されないもなくて、そういう生命なのです。ですから我が命を生きたらいいのです。

この宇宙、自然界、生命界は、一つの生命体であって、一体を成しての営みです。同時に個々個々、部分部分でひたすら我が生命を生きて、そのまま共存共栄であり、そのまま生かし合い、殺し合いの関係です。他の生命を殺して食べて生きたらいいのです。生かし合い、殺し合いの関係の中での私の生命、ニジュウヤホシテントウムシの生命、イノシシの生命、草々の生命であって、そのまま常に大調和の生命の世界です。

あるいは、田んぼに水を入れる時、それまでそこに生きていたアリやオケラやミミズは、死んでしまいます。けれど同時に、水の中の生命であるゲンゴロウやヤゴやタガメなどのたくさんの小動物が、それに代わって誕生し、活動をさかんにします。これは一方明むれば一方暗しのことではなく、また残酷なことでもありません。残酷にみえるのは相対界からみているからであって、自ずからなる一つ生命の営みの中での絶対界からみれば、何ら矛盾のない我が生命を生きる基本の営みです。

私が育ててる大切なジャガイモとテントウムシと私の生命は、絶対界に立てば別がなくて、それでいてそれぞれ別々ですから、私は私の生命を生ききったらいいのです。テントウムシをつぶしたらいいのです。そして育てたジャガイモの生命を殺して食べる。やがては私は死んで他の生命に食べられて、他の生命に巡っていくのです。それは一体の生命の営みの中では、部分の生命から部分の生命に巡っているのですね。あるいは我が生命の部分を食べてるんだとも言えます。ですから他を冒す事は、言いかえれば我が生命を冒すことと同じです。空気を損ねたら、川の水を損ねたら、山を損ねたら、我が生命を損ねることと同じなのですね。

自然界において人間以外の生命は、ほとんど貪らなくて足るを知ってると思うのです。私たち人という生き物の性には、貪る性があります。必要以上に貪って我が生命、多くの生命を損ねているわけです。そういう習性の貪りのもとでニジュウヤホシテントウムシをつぶして殺す、ジャガイモの生命を殺して食べ続ける、というのは避けなきゃならないですね。……でも、我が生命を生きる営みとして殺したらいいのですね。何ら迷わず、ためらわず、見事につぶし、殺し、食べたらいいのです。この営みは、厳かにして尊いものであり、生命自ずからのものです。全ての生命たち、こうして生かされる中で、我が生の期間を一途に生きているのですね。

個々別々に落ちないで一体であるところに立って、それでいて個々別々のところで生きているんだということが分かれば、足るを知る心、あるいは感謝の気持ちが自ずから湧くものです。いかに見事に生きるかということは、いかに他の生命を見事に絶妙に殺すか、そして美しく豊かに我が生命にかえることができるかです。

ある時期に起こる問題は、そのまま固定しないで年々変わって行くものです。今、いいなあと思っていることも、またまた困った問題になるかもしれないし、困った問題だと思っても、そのまま続くことはないんだと思ったらいいですね。生きている限り、問題は起こり変化し続けてゆきます。

生ききる覚悟が要りますね。起こる問題は問題として、何が起こっても対処するんだと腹を据える……。そして起こった事は、これが生命界、自然界なんだと、当たり前として受けとめて知恵を働かせる。覚悟からの智慧は深く浄らかなものであって、無尽蔵です。自ずとよい応じ方が必ず出てきます。そして、それと同時にその問題は知らぬ間に解決しています。人類はこのきびしい自然の中で、何が生じても解決してここまで生き続けてきたのです。

2000年　「いのちの講座」より

食害について

たくさんの手間をかけて作物を栽培したのに、鳥や動物たちに収穫物を奪われるという被害は、近年、各地でずいぶん増えてきているようです。特に中山間地、あるいは里山の近くで、自然農を始めた人たちにとってはけっこう重要な問題です。

人の環境破壊が広がるにつれ、住み家を失った動物たちは、彼らも必死で生きのびようとしているに違いありません。

「耕さない、草や虫を敵としない……」自然農において、この食害の問題をどう受けとめて自分の中で治めるか、この問題は生きるとはどういうことなのかに関わってくる深く大きなテーマが内在しているように思います。

前ページの川口さんの文章、「生きるということについて」は、2000年の 「いのちの講座」と題します学習会の中で、ちょうどこのテーマに関して分かり易くお話して下さったところを抜粋し、川口さんご自身が加筆、修正して下さり、まとめさせていただいたものです。

本来のいのちの世界のあるべき様を見失わずに、起こるできごとにも応じてゆけたらと思います。

草に負けずやっと大きくなったジャガイモが、ニジュウヤホシテントウムシから葉を全部食べられそうになった時、サトイモを掘り返されてイノシシに食べられてしまった時、アナグマがミミズを食べようとして、種を蒔いたばかりの畝をめちゃめちゃに荒らした時、「草や虫を敵としない……」事と、私の食糧の確保の問題との関係について、本来のところを明らかにした上で、思い患うことなく、いい答を出して行きたいものです。

それぞれの田畑の状況、その周辺の環境の状況は様々だと思われますので、具体的なところでは最終的には個々にまかされていますが、私どもの取り組みを紹介しながら、少しだけまとめてみましたので参考にされて下さい。

●――より具体的に――●

（1）虫たち

自然農のあり方においては、害虫、益虫の区別はありません。作物が虫によって被害を被る時、まずはその畑の状態を問い直すことが大切かと思われます。

・補い過多になっていないか
・風通しが悪くなっていないか
・草を刈り過ぎてはいないか
・生ゴミの返し方に問題はないか、などです。

つまりは、その作物に向かう自分を問い直すことでもありますね。それでもその年の天候や、何の因果関係かは不明で思わぬことも起こりますが、川口さんのおっしゃるようによい知恵をめぐらし、応じてゆくしかありません。

それと、よい知恵を得るには、自然界のことをよくよく見て、知る必要もあると思います。

とらわれずに自然の事をさらに知って、確かな境地から答を出してゆけたらいいですね。

（2）鳥

① 蒔いた種を食べられる……

・お米の苗床の対処の仕方が基本になります。
蒔いた後は必ず草やワラをふりかけておき、その上さらに竹をおいたり、ひもを張ったりします。ひどいときはネットを張らざるを得ません。

・麦の場合、芽が３㎝ぐらいまでは鳥に食べられる恐れがあるので、バラ蒔きで、まだ稲刈る前にふりまくのはよい方法の一つです。
そうでない場合は草を刈って覆うように処します。

・トウモロコシや豆など食べられ易いものは、やや深めに降ろし、また草を刈らないで草の中に点蒔きしてゆくと良いです。

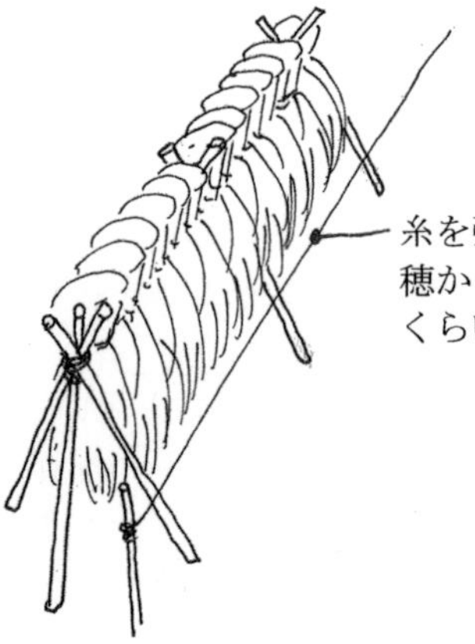

② 収穫期の実を食べられる……

・お米、トウモロコシなどは糸を張ります。
穂にくっつけないで 10cm くらいは離したところにピンと張ります。キャベツ、カリフラワーは実の上部に。
丈夫なひもだと逆にそこに止まって食べるので目立たない細めのひもか糸で。

・果樹（サクランボ・ブルーベリー）などは、細かいネットを張るなどの対策が必要かもしれません。

（3）アナグマ

アナグマのいるところはめずらしいと思いますが、タヌキに似ていて、もっと毛がフサフサしていて、ぬいぐるみのようにしっぽは大きくかわいらしいです。これは畑の中のミミズを食べに来ます。ですから現行の化学農業のやり方のところには現れません。自然農の田畑に集中します。出没するのは春から秋で、畝の間の通り道の両側をかたっぱしからほじくっていきます。時には畝の上にも……。

これまでの体験によれば、対処方法としては畝の上も下も土を裸にしないこと。自然農においては必然的にそうなるのですが、ちょっとでも土の（あるいはミミズの）生々しいにおいをかぎつけるのか、土を動かした所を中心にやられるので、草をしいてアナグマをだまします。要するに知恵比べですね。

種を蒔いて発芽したばかりのような苗床は、ちょっと囲っておくのも場合によっては必要かもしれません。右上の絵のようにトタン板で囲っておいても、こんなふうにまるで３つ４つの小さい子どもがするようによじ登って上手に降りて来ますから、また穴を掘る天才ですから、何の役にもたちません。

アナグマを捕えてアナグマにみせしめるのだと、夫ははり切って大きなワナをかけましたが、ワナのえさを捜すのに、まるでアナグマのようにミミズとりに夢中になってはいけませんが、意外にアナグマの肉はおいしいんだそうです。（?!）

（4）イノシシ・ウサギ・タヌキ

イノシシの被害は各地でかなり深刻です。お米・芋類がその被害の中心ですが、遊ぶというか、あばれるというか、この辺ではぬた場になる、という表現を使いますが、土を掘り返し、寝ころがって、めちゃめちゃに作物を倒すこともあるので、いくつかの対策法を上げてみました。

① トタン板で囲う。

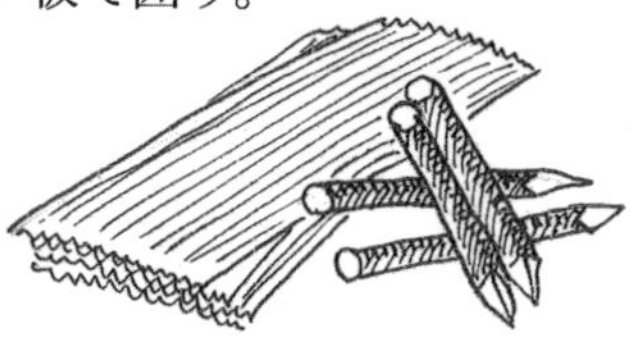

1.5mくらいの杭も必要です。経費については日曜大工センターのような所で買えば

杭	1本	約400円
トタン板	1枚	約800円（70×1800cm）

経費　約38万円／500mあたり

トタン板はずいぶん有効だと思われます。たまに土をすぐ近くに盛り上げてふみ台を作って侵入してくるケースもありましたが、そういう入口とみられる所、斜面からとび入られそうな所は高く二重にするとかはどうでしょうか。それからトタン板の中古を捜すのは、知り合いの大工さんなどに処分する倉庫などの古いものを頼んでおくといいです。それから、杭も間伐材をもらってきて、自分で作るとかいう方法もあります。（山の持ち主や森林組合などに相談する。）

② 魚網を張る

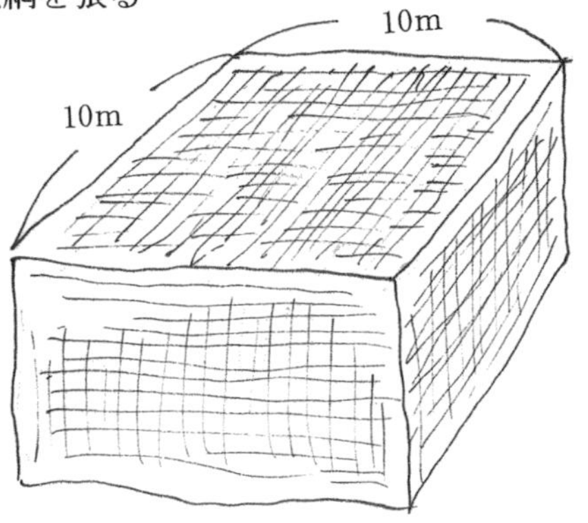

・魚場が近くにあるような地域に限られますが、養殖用の箱状の網がかなり太くて丈夫で、中古のものを分けてくれる場合があります。

・松尾農園では昨年イノシシの被害に会い、７反の畑をこの網で囲いました。
中古のもので左のサイズが１枚約１万円。
必要な幅に裁断しなければなりませんが、トタン板より安く丈夫でかなり有効です。

③ 電棚を張る

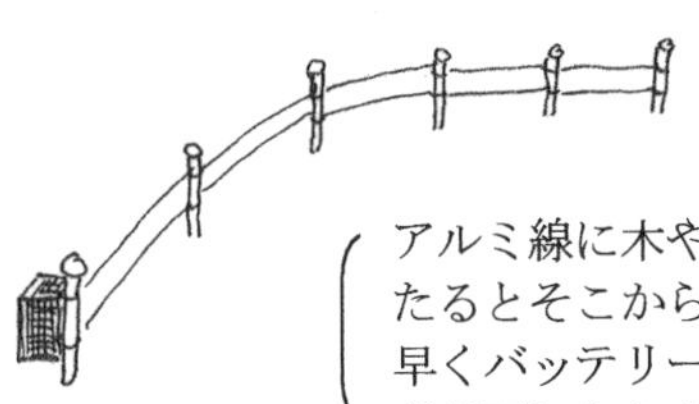

（アルミ線に木や草が当たるとそこから漏電し、早くバッテリーの交換が必要になります。）

・電棚は小さい子どもや老人にとって危険性もあるので、その管理の仕方とかには注意が必要ですが、一つの方法として参考までに経費を紹介しますと

500mのアルミ線	５千円
機材（６Ｖの場合）	３万５千円
支柱・フック	７千円

経費　約５万円／500mあたり

④ その他の方法
・地区の何人かで共同で音の大きい花火弾を定期的に打ち上げる。
・イノシシの入り口附近に人の髪の毛や使い終わった天ぷら油を流しておく。

（5）その他の動物（サル・シカなど）

四国の是枝さんの所では、かなり高い金網を張ってその対策をしておられましたが、かなりのエネルギーも必要で費用もかかるようです。サルについてはお手上げですが、毎年同じ被害にあうことは希です。

温床または温室について

九州や四国、そして本州の太平洋側（関東以南）では、サツマイモの苗作り、夏の果菜類の種降ろしは露地でも充分可能ですが、やや山間部だったり、中部北陸、東北地方では難しかったり、不可能だったりします。かといってビニールハウスでたくさんの電力を使って栽培する気にはなりません。ちょっとした工夫、そして昔からの知恵を借りて、目的とする作物を育ててみたいものです。そこで、東北で自然農を実践されている方、お二人にそれぞれのやり方をおたずねしてみました。

やまなみ農場の佐藤幸子さん　福島県川俣町で自然農のお米と野菜を出荷されており、自給生活と自然農の学びの場をご主人と共に主宰。

佐藤さんのところでは、夏の果菜類（ナス・トマト・ピーマン等）とサツマイモの苗作りを「踏込み温床」という昔ながらのやり方でつくった温床を利用して栽培しておられます。同じような温床を川口さんも以前作っておられていて、お二人の知恵を合わせた形で紹介します。

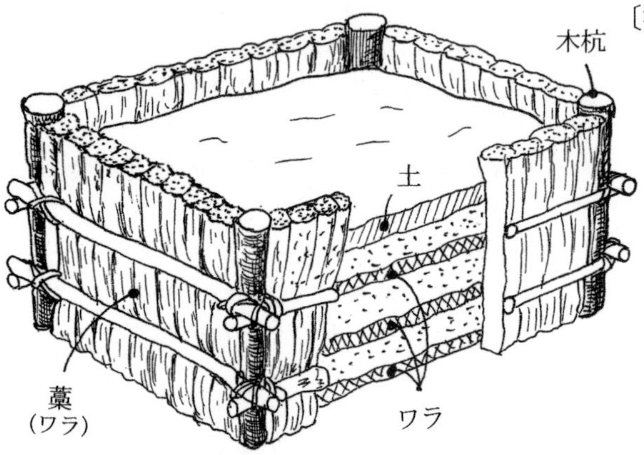

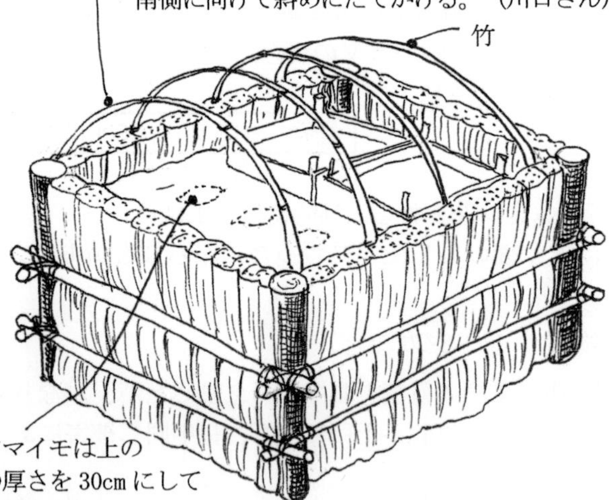

サツマイモは上の
土の厚さを 30cm にして
直接植え込む。

〔温床〕

- ３月に入ったら、左図のように杭を打ち、ワラなどでしっかり囲った高さ 80～90cm くらいの枠の中に、まず稲ワラを一段敷きつめて、その上に落ち葉・枯草・青草・米ヌカ・鶏糞など（佐藤さんの所では鶏を飼っておられるので）を不規則に入れて、水または人糞尿などを全面にふりまきます。
- 再びワラを一面に敷き、先ほどの枯草・青草・米ヌカ・鶏糞などあるものを不規則に入れ、先ほどと同じように水などを入れ、またワラを……というように数回くり返して最後に土を 10cm ほど入れ、枠の高さの８割ぐらいの高さまで積み上げてゆきます。
- ２～３日で発酵が始まりますので、この中にそれぞれの種子を降ろした木箱を並べてゆきます。
- サツマイモの場合は、最後に載せる土を 30cm くらい入れて、その中に直接種イモを入れます。

- 間引きなどをしてある程度苗が大きくなったらポットなどに移し、もし温床の温度が下がり始めたら、さらにもう一つ温床を作って露地植えができるまで育てます。

・佐藤さんの所では、自給だけでなく出荷用もあり、また苗としても出荷することもあり、かなりたくさんの温床が必要なので、現在はビニールシートを使わないでガラス温室（3.6m×14.4m）を建て、この中で踏込み温床を作っておられるそうです。
・九州はその苦労をしなくていいので恵まれていますね。

山形の阪本美苗さん

山形県川西町で自然農を暮らしの中心に捉えた学びの場を主宰しておられます。食と農と暮らしの知恵をこれから多くの人たちに伝えていきたいと準備中です。

この件でお電話した時、川西町の阪本さんの所では雪が降っているとおっしゃっていました。この雪が12月下旬寝雪にかわって、春の雪どけは今年は4月26日だったそうです。温床のことについてお尋ねしたところ、阪本さんは「その土地、その土地の昔からの食べもので良しとしたいのであえてやっていません。」ということでした。もともと神奈川の方なので、東北の暮らしはまだまだ習う事ばかりとおっしゃっていましたが、川西町のあたりでは、秋に冬食べる保存食をせっせと作り、雪が溶けたら秋に蒔いた“茎立ち菜”という花茎を食べる野菜を摘んで食べ、あとは山ほどとれる山菜で充分なのだそうです。

また、野草についてもある方について学んでいる最中で、野草を食卓にとり入れると、うんと豊かになるということでした。

東北では昔はトマトやナスは食べてなかったのでは……それでもいいと思っていますとおっしゃっていました。

生きる姿勢といいますか、何がおこってもゆらぐことのない骨太い在り方は、安心の境地を得ておられるからでしょう。

北の地方のお二人の知恵と実践いかがでしたか。それぞれの所で大いに参考になりそうですね。

簡易温室についてはこんなものがあります。

◎いずれも換気の工夫が必要です。

（A）小さなガラスのふた付き温床
（南に向けて）

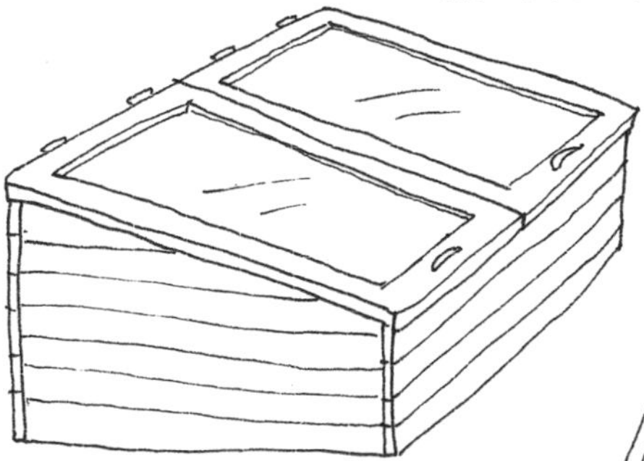

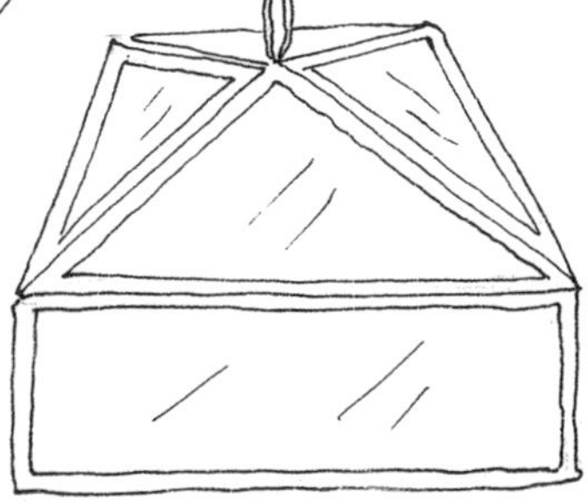

（B）移動式の
ガラス温室
（苗床にかぶせる）

（C）透明シートを
かぶせたトン
ネル状の
温室

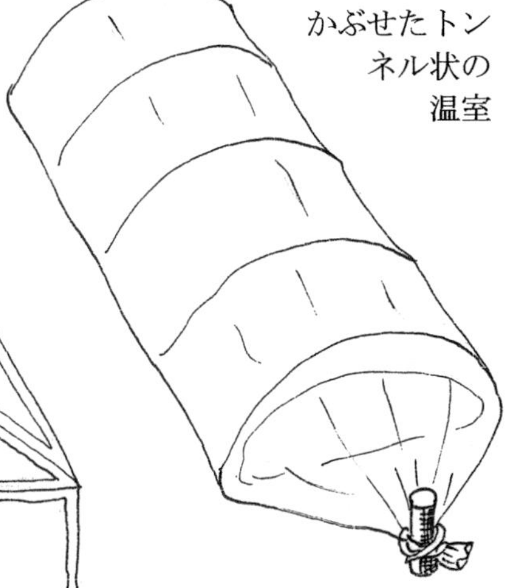

※　温床を作らなくても、この程度の配慮でずいぶん効果はあるようです。

いろいろな農具

① 平鍬（ひらぐわ）
畝を立てる時や畦塗りに使う。
②に比べ土を載せ易い。

② 万能鍬（ばんのうぐわ）
これ１本でたいていの
仕事をこなせる。
使い易い。

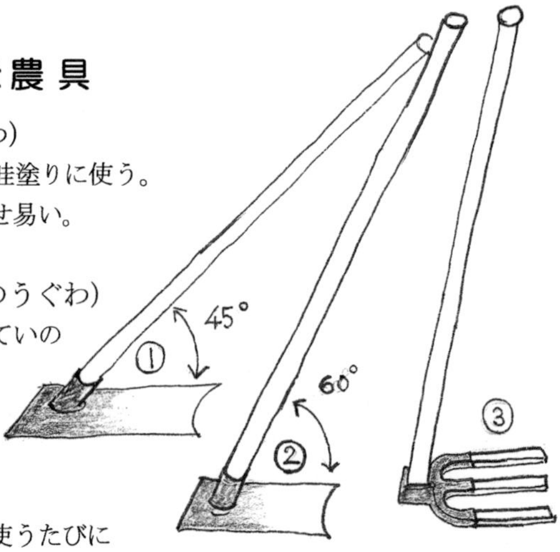

③ 三つ又鍬（みつまたぐわ）
芋を掘り出したりする時
芋を傷つけたりすること
が少ない。

④ 作付け縄（さくつけなわ）
このひもを１本張って畝
立てや種降ろしの目安と
する。

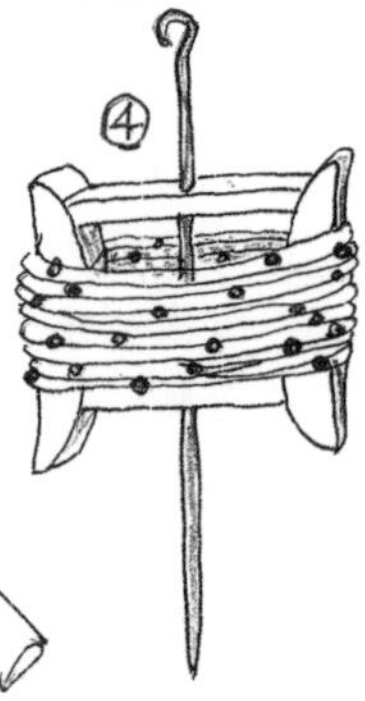

⑤ 草刈り鎌
昔からある鎌、使うたびに
研げば長く使える。
草刈り、稲刈りなど。

⑥ のこぎり鎌
のこのような目が立ててあるので万人向きで
使い易いが目がつぶれたら目立てしないと切れ味が落ちる。

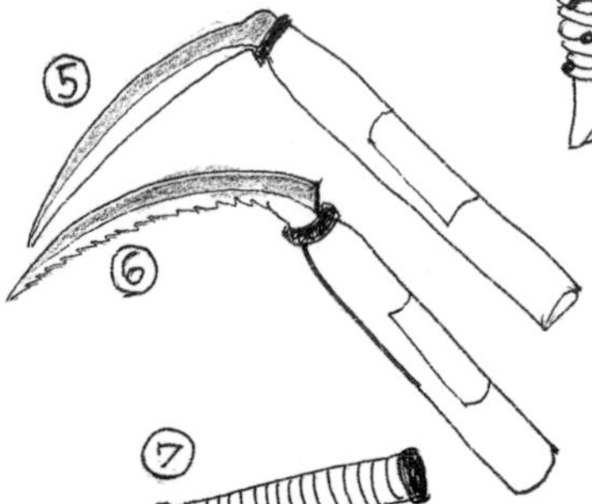

⑦ はみ切り
片方の刃が固定し
てあるのでワラを
細く切ったり、
カボチャなど固いものを切る
のに便利。

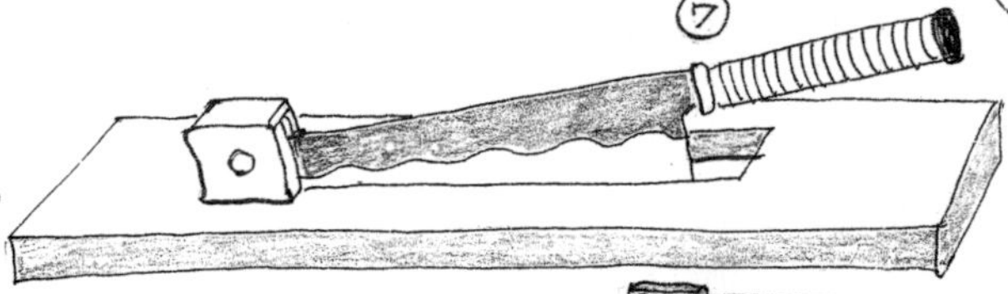

⑧ 鉈（なた）
木や竹の枝を落としたり割ったり…。

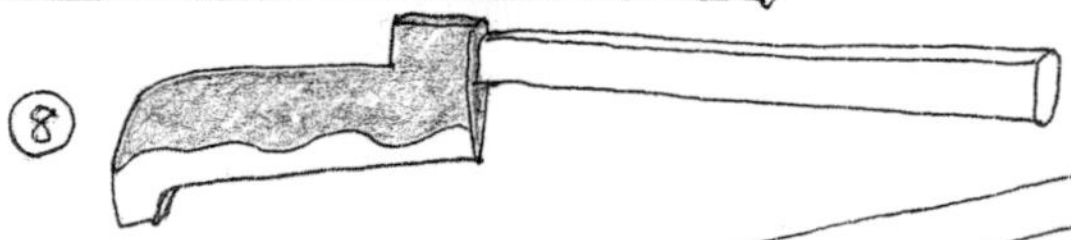

⑨ 長柄鎌（ながえがま）
土手の草刈りに便利。

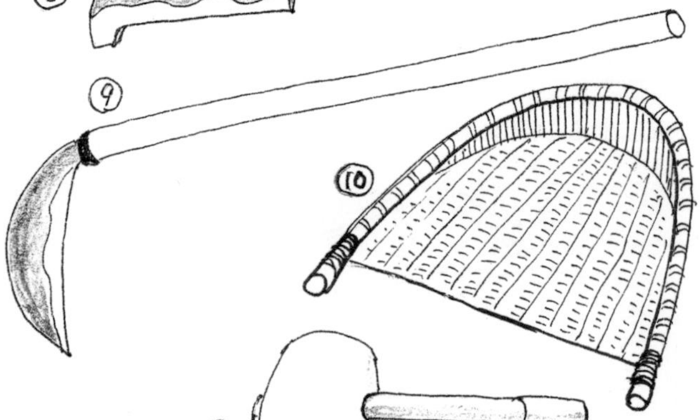

⑩ 手箕（てみ）
いろいろなものを運んだり、
収穫した穀類、マメ類をゴミや殻と
より分ける箕選（みせん）に使う。

⑪ 木槌（きづち）
支柱や杭を打ち込んだりするのに使う。

⑫ 篩（ふるい）
目の大きさにより用途は様々、覆土や種の選別に。

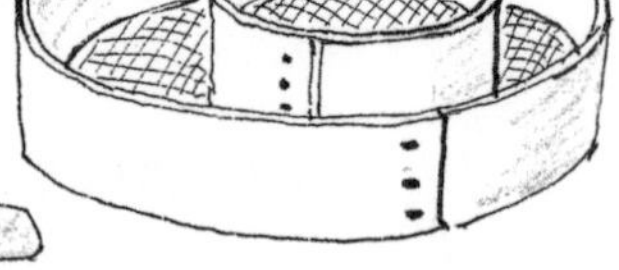

⑬ 曲がり鎌
種降ろしの時、表土を削ったり整えたり、鎌が
なくともしゃがんだまま行える。

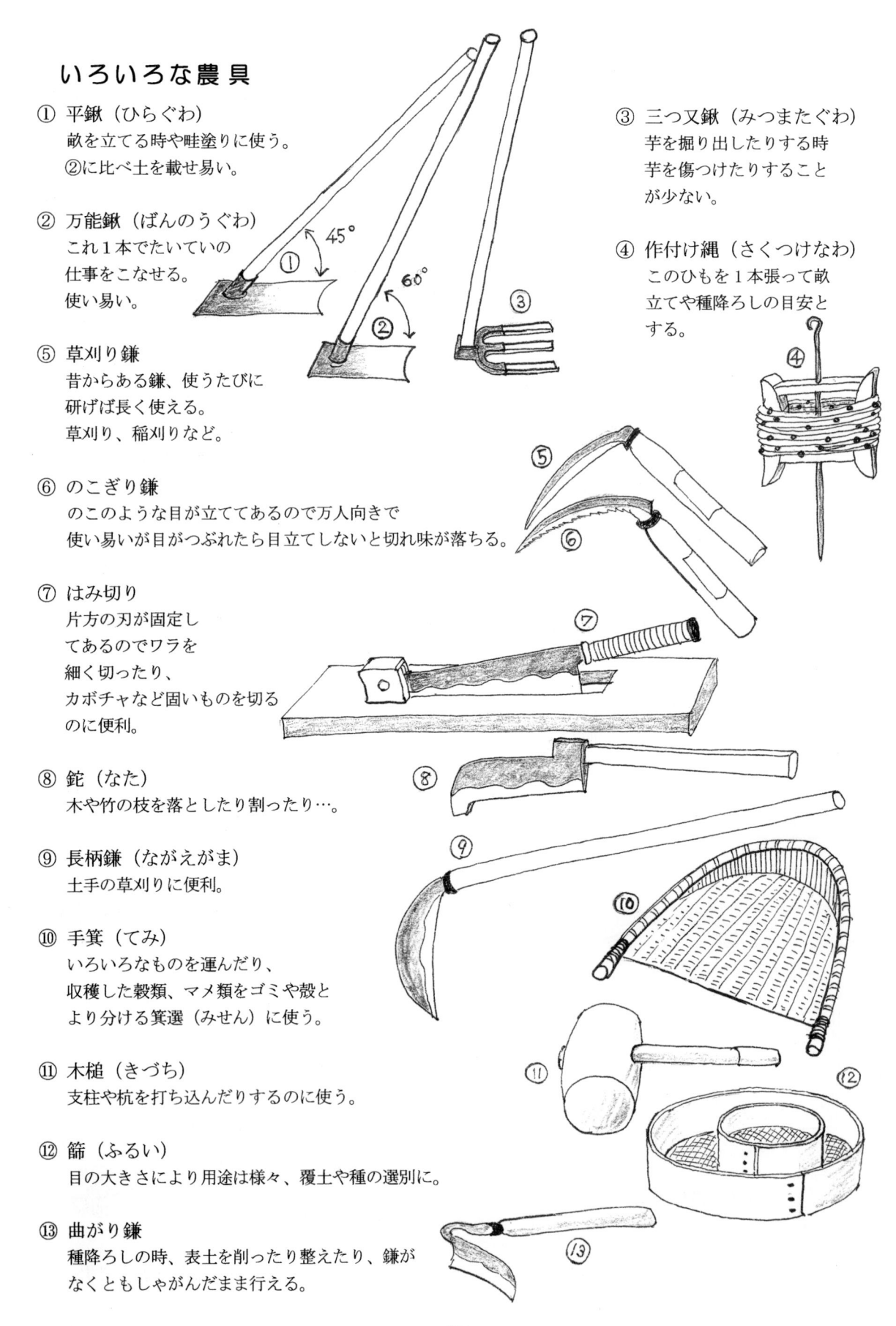

⑭ 唐箕（とうみ）
お米をワラくずやゴミと分けるのに風をおこして軽いものを吹きとばすことによってより分ける道具。

⑮ 山芋堀り
局所を深く掘るのに便利である。

⑯ レーキ
刈った草を集めるのに使う。

⑰ スコップ
畝を立てる時に畝と畝の間の溝を掘ったり、様々な場面で必要になってくる道具である。

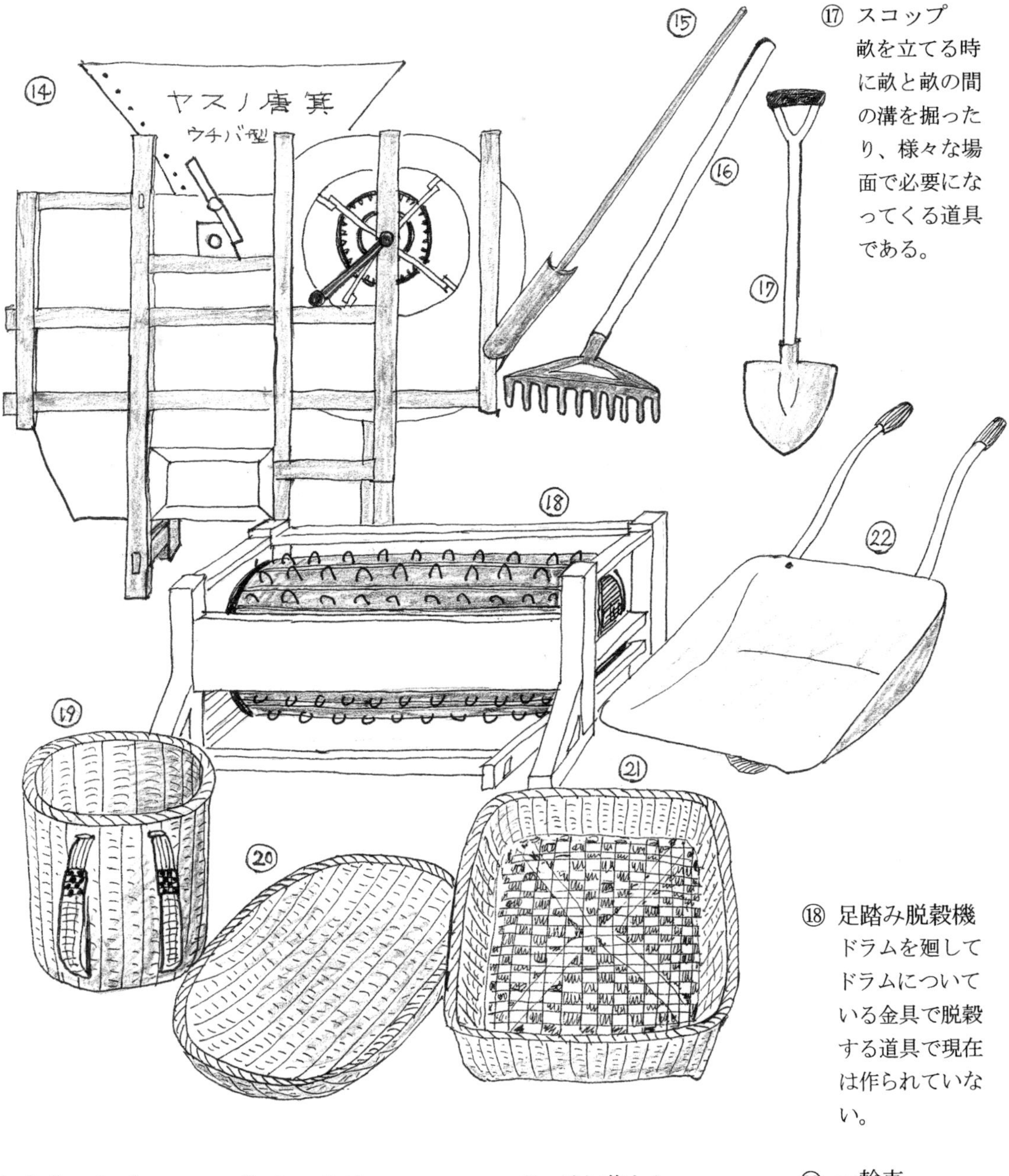

⑱ 足踏み脱穀機
ドラムを廻してドラムについている金具で脱穀する道具で現在は作られていない。

⑲ 背負いかご
山仕事や畑の収穫物を入れたりいろいろ……
手が空くので運びながら動きが自由。

⑳ しょうけ
いろいろな形のものがある。竹製が昔からあるものだが、ブリキ製のものもあり、何かと便利である。

㉑ がら落とし
お米を脱穀した後ワラやゴミをえり分けるのに使う。かなり大きなものをまずえり分ける目的で…。

㉒ 一輪車
道具や収穫物を運んだり、田んぼや畦の修復の時は土を運んだりたくさんの用途に使える。

畦《あぜ》………田と田の間に土を盛り上げ境としたもの。田に水を入れるための淵となるもので、この上を通って作業をする。

畦塗《あぜぬ》り…田の境となる畦から水が漏出しないよう、畦の側面に壁土状に練った土壌を鍬で一定の厚みに塗り固めておくこと。

畝《うね》………畑の作物を育てるのに水はけを良くする目的で、間隔をおいて土を高く盛り上げたところ。
自然農では耕さないので初めに畝作りをしたら、あとは崩れたところを補修する程度でよい。また、自然農では田にも必要に応じて溝を掘るので、溝と溝の間は畝という。

水口《みなくち》……田へ水を引くためのその取り入れ口のこと。川から直接引く場合や用水路から引く場合とあり、共同で管理する場合もある。ここで水位を調節し、大雨などの時は、水口を閉めて水の勢いで畦や土手を壊さないよう配慮したりする。

粳《うるち》…… 米にモチとウルチとある。
炊いた時にモチのような粘りがなく普通に日々食する米のこと。
モチは熟すと白くなり、ウルチは未熟の時は白いが熟すと半透明になる。

おかぼ…陸稲のこと。水田でなく、畑地でも作れるお米の品種。中山間地の棚田などで水がたまらない所などで作られる。

連作……同じ場所で同じ作物を続けて作ること。ジャガイモ、ナス、トマトなどのナス科同士やマメ科同士あるいは地力をたくさん必要とする作物同士を連作すると、連作障害がおこると一般に言われている。それでナス科の作物を栽培した後にはナス科の作物の栽培は２～５年休ませるのが普通である。
自然農の場合は、たくさんの草々と共生しているので、この連作障害はおこりにくい。

一代交配種（Ｆ１）
…通称Ｆ１。性質の異なる２つの作物を交配させて耐病性、耐寒性、多収性などを持たせた新たな性質の種で、現在、種苗店で売られているのはほとんどこのＦ１である。
しかし、その性質はそれ一代限りなので、この種から採種した次の世代は、親と同じものはできにくく、いろいろな性質を持つ子がバラバラに生まれる。親より劣悪なものとは限らないので、年数をかけてより良いものの種を取り続けていくことで限りなく種の性質を固定させていくこともできる。

固定種…かなり高い確率でほぼ安定して親と同じ性質を持つ作物ができる種のこと。
在来種は固定種と言ってよい。

在来種…その土地、その土地で長い年月作り続けてこられた品種のこと。
そこの気候や風土に適応し、もっともその土地にふさわしい種。現在、在来種は減少する一方である。

自然交配
…人工的に交配させるのではなく、自然の状態で交配し、これまでとは違った性質のものができること。アブラナ科同士は交配しやすく、また、お米もたまに新しいものができることがある。

移植……苗床や作物が植えてある所から別の場所に作物を植えかえること。根を傷めないように行う。直根性のものは移植は難しい。
作物の多くは幼少期、苗床などで肩を並べて育てた方が良く、その後定位置に植えかえることをさらに定植という。

株分け…ニラのように根株をほぐして幾つかに分けて小さな株にし、それを再び定植すること。

徒長……野菜などで間引き不足で作物の間隔がせまかったり、草に負けたりして日光不足から上にばかりヒョロヒョロと伸びてしまうこと。

覆土……蒔いた種に土を被せてあげること。
覆土の量は種の性質や大きさによって異なるが、一応の目安は種の倍の土を被せるとする。
また覆土には草の種の混じってない所のものを用意するようにする。

好光性…種が発芽する時に光を好む性質のこと。
この性質を持つ作物の種にはあまり厚く覆土しないようにする。
（麦・レタス・ニンジンなど）
反対は好暗性
（ダイコン・ゴボウなど）

分けつ…稲、麦など、根に近いところから茎がたくさん分かれて伸びてゆくこと。

亡骸《なきがら》……自然農では耕さないので地面の上に年々朽ちてゆく作物や草や小動物などが層を成して、しだいに厚みを増してゆく部分をさしている。

出穂《しゅっすい》…お米の穂が出ること。早生種、中生種、晩生種により、その時期は異なる。

早生《わせ》……生育期間が短い品種を言う。
早生より生育期が長いものを晩生、あるいはおくて、その中間のものを中生、あるいはなかてと言う。

登熟《とうじゅく》……お米の穂などが完全に熟すこと。
気温が低かったり、窒素分が多いと登熟が遅れたりする。

1反《いったん》……メートル法が取り入れられる以前の日本古来の広さの単位。

1町（ちょう）	＝	10000 ㎡
1反（たん）	＝	1000 ㎡
1畝（せ）	＝	100 ㎡
1反	＝	10畝
1町	＝	10反
1坪（つぼ）	＝	3.3 ㎡
1反	＝	300坪

条間《すじま》（じょうかん）……作物を2列以上条蒔きにして作るとき、列と列の間の間隔のことを条間という。
作物が生長した時の姿や大きさを想定して、隣同士の作物が過密にならないよう考えて決める。

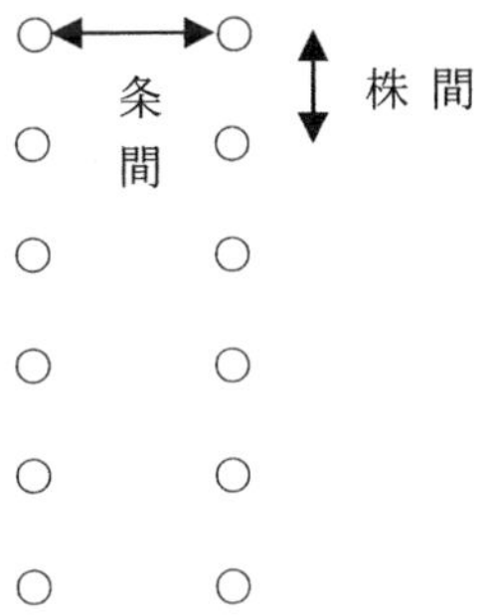

1列の並びの中で作物と作物の間隔のことは株間という。

間引き…種子が発芽したあと過密になっている所を引き抜いて、程良い間隔に調整していくこと。
一気にやらないで何度かに分けてするとよい。

稲架《はざ》……収穫したお米を自然乾燥させるために木や竹で作ったもの。天然の木を（そのために植えるのであろう）そのまま利用する地方もある。

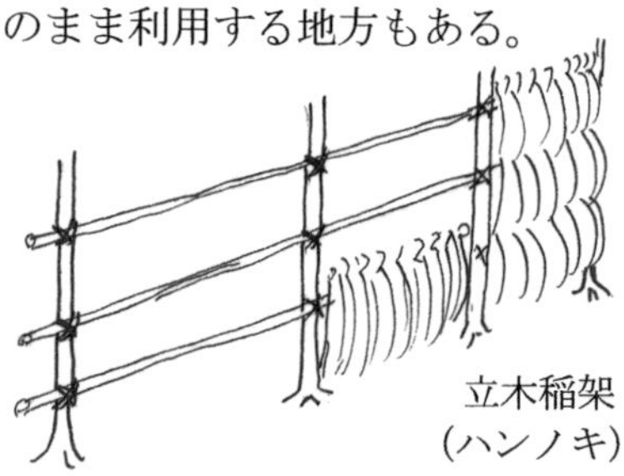

立木稲架
（ハンノキ）

ついでに言うと秋田では１本の杭に稲束をかけてゆく穂鳰（ほにお）というやり方がある。

種籾《たねもみ》……種となる米は、お米の場合は籾のまま、麦は玄麦で保存する。らっかせいは、からを割って出したものを、など種によって扱いが異なる。

籾摺《もみす》り…籾がらをはいで、玄米にすること。
昔はからうすや水車などを利用してやっていた。

搗《つ》く……玄米をさらに糠の部分をけずって白米に近づけること。昔は唐臼などで文字どおり搗いていたのでこう言う。
３分づき、５分づき、７分づきなど搗き加減を示している。

箕選《みせん》……唐箕、それ以前は手箕で豆や穀類をがらやゴミから選別すること。
手箕の技は意外とむずかしく、修練が必要です。

芒《のぎ》（禾《のぎ》）
…稲や麦には、芒（のぎ）と呼ばれる針状の突起があって現在の稲は品種改良によってほとんどなくなったが、古代米などには残っている。

１俵《ぴょう》……約 60 kg
昔は籾の状態で俵にして保管していたので、その単位である。
１俵は大人１人が１年間に食べるお米の量と一致する。４人家族なら４俵必要（240 kg）ということになる。

莚《むしろ》………稲ワラであんだもの。かつては農家でそれぞれ織り機をつかって織っていたが、今はほとんどみられないため、中国製がほとんどである。
農作物を地面に広げて干したり、寒さよけに囲ったりするのに使われる。

ござ……ござは畳表として使われたイ草であんだもののリサイクルとして農作業に使われた。

足踏脱穀機
…動力を使わないで足踏みミシンと似た構造になっている。
残念ながら今は造られていない。
農家の納屋に眠っているのを捜し出すしかない。
この前の段階は千歯こぎだが、千歯こぎに比べて一気に能率があがる道具である。

棚田……山の斜面をこまかく開いて段々に造られた田んぼ。
石垣で築いたり、暗渠が下に設けてあったり、棚田は先人の文化遺産である。

わらじ肥え
…これは友人が教えてくれた言葉で田んぼにふりまく肥料のことではなく、どれだけ作り手が田んぼに通ったかで、お米の出来、不出来がきまるという意味のことば。

あとがき

この本は、1998年より約６年間にわたり発行いたしました、「農と暮らしと本のあるひろば・オピーピーカムーク」という小冊子（年３回発行）に掲載しておりました、自然農の栽培の手引きを集め、編集し直したものです。このたび、１冊にまとめるにあたり、新たに田畑を開くときの事、雑穀や果樹の栽培についても書き起こし、加えました。

わずかな自然農の経験しかない頃に、「こんな手引書があればなあ・・・・。」という思いだけで始めてしまいましたので、毎回毎回、川口先生に細かくご指導いただきながら、少しずつ少しずつ進めてまいりました。栽培の経験のある野菜から始めて、まだ栽培したことのない野菜は、この手引書を書くために挑戦したものもあります。この本は、自然農の世界を求め、実践を始められてまだ日の浅い方々を、あるいは農の経験の全くない方々を、具体的なところで導く役目にありますが、この本づくりを通して最も導かれたのは私でした。

川口先生には、先の６年間も毎号丁寧に細かく指導していただきました上に、今回あらためて全体を見ていただき、私の筆の及ばない箇所や、自然農の理がさらによく伝わるよう、多くのご指導をいただきました。

また、この本の冒頭には、この上ないお言葉をいただき、身に余るものと深く深く感謝する次第です。ほんとうにありがとうございました。

このお言葉をいただいてはじめて読ませていただいた時、その言葉の一つ一つから発せられる、美しい調べに、思わず涙し感動致しました。自然農の世界は、まさにこの調べのように在ると思います。

この素晴らしい自然農の世界が、この先ますます求められてゆくものであることは間違いありません。この手引書が少しでもそのお役に立つならば、ほんとうに嬉しく、そして有難いことです。

この本をまとめるにあたり、手書きの文字を全て活字に直しましたが、この作業を約半年、私にピッタリ寄り添ってやり通して下さった千恵子お義姉さん、ほんとうにありがとうございました。お母さんの介護を抱えながらの忙しい日々にありながら、一生懸命やって下さって、そのお義姉さんの姿勢から、私は大切なことをあらためて学びました。また、最後の校正作業を手伝ってくれた、石橋啓子さん、お忙しいなか、ありがとうございました。それから、この本の印刷を引き受けて下さったペンフクオカの松沢修一郎さん、何度も家まで来て相談にのって下さりありがとうございました。そして、田畑のことを生業の長い経験から、たくさんのアドバイスをいただいた松尾靖子さん、ありがとうございました。

たくさんの方のお力をいただいて、なんとか形にすることができたと思っております。まだまだ、自然農のその深き生命の世界のことをお伝えするのに、力及ばずのところもあるかと思いますが、私の今後の課題とさせていただきます。

最後に、仕事から帰って深夜まで連日、編集作業を助けてくれた夫や、最後の１０日間ほとんど家事のできない状態の私を助けてくれた２人の娘たち、本当にありがとう。そして、この本を手にして下さった方々に厚く御礼申し上げます。

２００６年11月13日　鏡山悦子

新版へのあとがき

2006年11月末に私家版として発行いたしましたこの本は、共同通信の片岡義博氏、および朝日新聞の赤塚隆二氏の両氏が紹介の記事を掲載してくださったおかげで、全国からお問い合わせいただき、たくさんのご購読をいただくことができました。思いもよらぬ展開に、お二人にはただただ感謝申し上げる次第です。

それらのお問い合わせに応じる中であらためて実感いたしましたことは、私の想像をはるかに超える多くの方が自然農を求めておられるということでした。まだ土も触ったことのない方々が、近い将来やりたいのです･･･とか、あるいは定年を迎えられて農的暮らしを新たな人生の選択とされて･･･、あるいはプロの有機農業者がその限界に気付かれる中で･･･。具体的に、現実的に、さらには潜在的なところでも･･･。

大変有り難く嬉しいことでした。一方で、そういう真剣な思いでこの本を手に取られた方々の、ほんとうにお役に立てるものになっているか、問い直さざるを得なくなりました。自然農の理について、それはもう当然の前提として省いてしまっていたことをあらためて書き加える必要を感じました。

なぜ「耕さない」のか、「草や虫を敵としない」ということは具体的にどういうことか、「肥料、農薬を必要とせず」については、どうしてそういう栽培が可能なのか･･･。その理の奥に横たわる自然観、いのちの世界の本当のことを、少しでもお伝えできればと願い、第５章に書き起こしております。

この間、私事ですが、長く患っていた父が亡くなりました。一刻も早く内容を整え直し、増刷あるいは出版にこぎつけたい気持ちは山々ありながら、父のいる宮崎と福岡を行ったり来たりする日々が続いていました。亡くなる前の２週間は、父の100坪の畑に毎日通い、父の育てたジャガイモを収穫したり、サトイモの土寄せや、夏野菜の苗の植え付けをし、そのことを、私が毎日報告するのを楽しみに聞いてくれていた父でした。この本のことも、影ながら喜んでくれていたようでした。

その父を見送り、福岡に戻りましたその日、今回の出版を企画してくださった南方新社の向原祥隆氏より出版依頼のお便りが届いていました。父が引き合わせてくれたような、何かしら天の計らいのようなものを感じずにはいられませんでした。

向原氏は、その後すぐに一貴山に出向いて下さり、田畑を見て下さり、熱心に自然農のことを聞いて下さいました。鹿児島という一地方都市で、骨太の精神をもって地方より発信することを続けてこられた南方新社より、この本を出版する機会をいただきましたことは、ほんとうに光栄で有り難いことです。

最後になりましたが、今回書き起こしました理のページにつきましても、川口先生にはお忙しい中重ねてご指導いただきましてほんとうにありがとうございました。

この本は、つくづく、まだまだ未熟なもので、さらに成長していく必要も感じておりますが、あくまでも手引書であります。それぞれの読者の方々が自然農の理に気付かれて、実践をされ、自らの知恵と能力を大いに発揮されて、確かなものとしてゆかれることを願って止みません。

２００７年8月１３日　　鏡山悦子

● 指導監修　川口《かわぐち》　由一《よしかず》 プロフィール

1939年、奈良県生まれ。農薬・化学肥料を使った農業で心身をそこね、いのちの営みに添った農を模索し、1970年代半ばから自然農に取り組む。自然農と漢方医学をともに学ぶ場（妙なる畑の会、赤目自然農塾、漢方学習会）をつくり、福岡自然農塾など、全国各地の学びの場に伝えている。静岡大学農学部、愛媛大学農学部大学院非常勤講師などを務める。

また、1997年に長編記録映画、「自然農―川口由一の世界・1995年の記録―」（制作、グループ現代＋フィオーナ）ができ、全国各地で上映されている。

主な著書に「妙なる畑に立ちて」野草社、「自然農から農を超えて」カタツムリ社、共著に、「自然農―川口由一の世界―」晩成書房、「子どもの未来と自然農」フィオーナ、「自然農への道」創森社などがある。

● 著　者　鏡山《かがみやま》　悦子《えつこ》 プロフィール

1955年、宮崎市生まれ。結婚して福岡へ。1992年、自然農そして川口先生に出会い、自然農と少し遅れて漢方医学を学び始める。自然農17年目。夫と二人の娘と二丈町一貴山で農的暮らしを営む。

連絡先　〒819-1622　福岡県糸島郡二丈町一貴山560-13
TEL FAX　092(325)0745

＊本書は2006年11月22日、私家版として刊行されたものをもとに、
新版として南方新社から刊行したものです。

自然農・栽培の手引き―いのちの営み、田畑の営み―

2007年10月21日　第一刷発行
2022年 8月20日　第七刷発行

監　修　川口　由一
著　者　鏡山　悦子
発行者　向原　祥隆
発行所　株式会社南方新社

〒892-0873　鹿児島市下田町292-1
電話099-248-5455
振替口座02070-3-27929
URL http://www.nanpou.com/
e-mail info@nanpou.com

印刷・製本　㈱イースト朝日
定価はカバーに表示しています
乱丁・落丁はお取り替えします
ISBN978-4-86124-124-6 C2061

種子を降ろします時期の暦

・川口さんが住んでおられる奈良（桜井市）の農事暦を石田由紀子さん（赤目熟生）がまとめて下さったものです。奈良は盆地で、降霜は 11 月上旬から 4 月下旬まで。最高気温 35℃くらい。最低気温は-4℃くらい。桜の開花は 4 月 8 日ごろです。一応の　目安にされて、その土地土地の気候に合う農事暦を各々ぜひつくられてください。

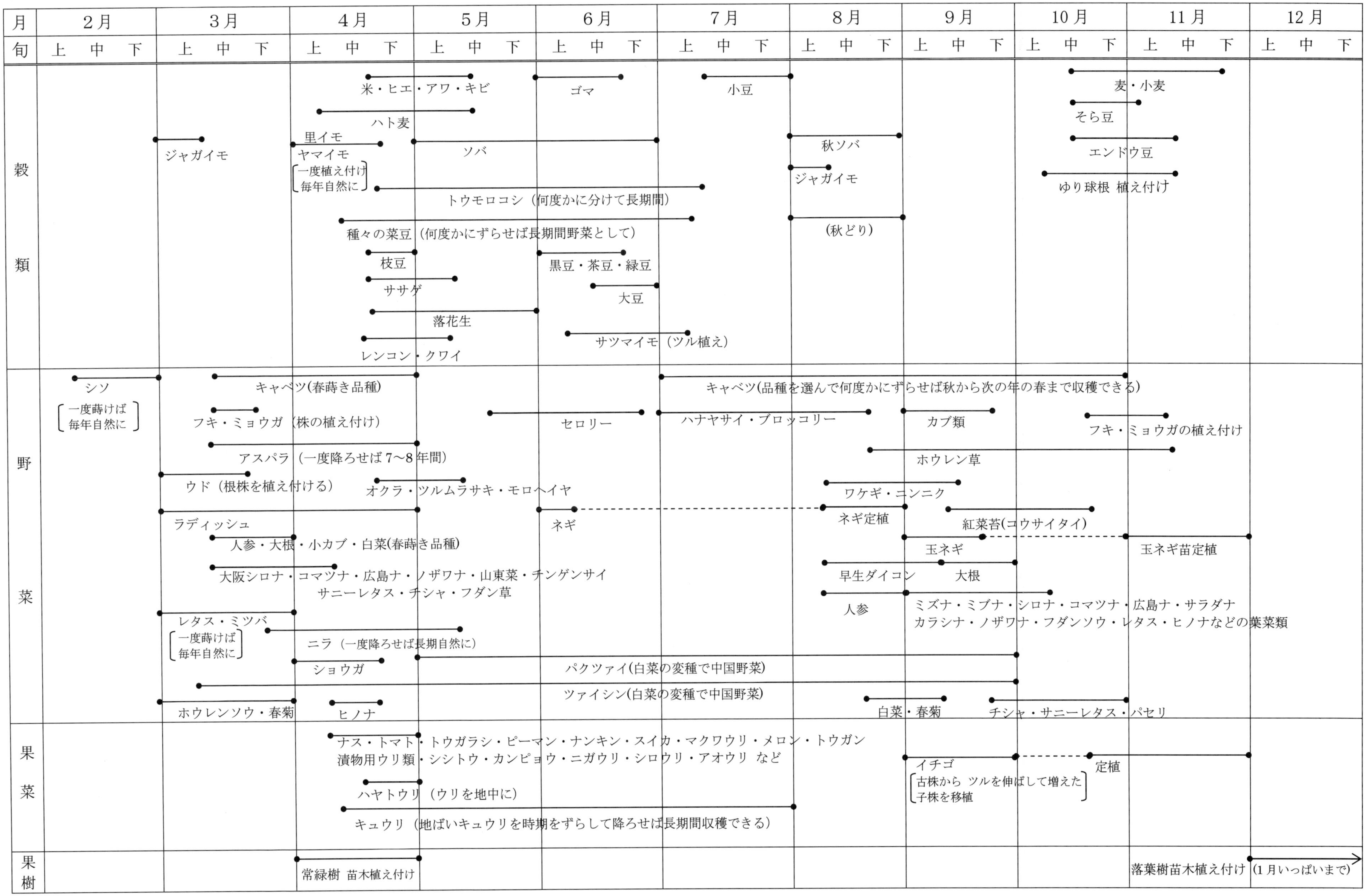

お米の品種とその特性について

※　日本各地のそれぞれの気候風土のもとで自然農でつくられている品種の主なものの特性をまとめて表にしてあります。

水稲					陸稲	
トヨサト	アサヒ	日本晴	初霜	アケボノ	オオスミ	トヨハタモチ
1960年 ハツシモ×東山38号 ウルチ 中生 大阪を中心に近畿で長くつくられてきた。	在来種 ウルチ 晩生	1963年 ヤマビコ×幸風 ウルチ 南東北では晩生で九州では早生。その他の地帯では、中～早生種となる。 西日本を中心に作付。	1950年 近畿15号×東山24号 ウルチ 晩生 近年では、愛知、岐阜で作付されている。	1953年 近畿12号×朝日 ウルチ 晩生 京都・大阪・岡山で作付。	1962年 関東43号×農林22号 ウルチ 中生 鹿児島にて作付。	1985年 フクハタモチ×ワラベハタモチ モチ 極早生 福島・茨城・群馬・千葉・山形にて作付されている。
栄光1号	レイホウ	キヌヒカリ	ヤマヒカリ	アキヒカリ	ハタメグミ	ツクバハタモチ
1942年 鶴亀×早生富国 ウルチ 中生と晩生とある。 川口さんのところは中生。背が高い。	1969年 西海62号×綾錦 ウルチ 九州北部で晩生の早。 九州にて作付されている。	1988年 北陸96号×F1(収2800 北陸100 ウルチ コシヒカリより少し早い 中生の早に属する。 茨城・福岡・埼玉で作付。	1977年 コシヒカリ×中国26号 ウルチ 日本晴よりやや早く、育成地にては晩生。中山間地で作付。	1976年 レイメイ×奥羽269号 ウルチ 青森では中生 その他の地域では早生。 新潟・岩手を中心に作付。	1964年 東海モチ33号×農林12号 ウルチ 中生の晩 神奈川と鹿児島で作付。	1982年 関東モチ63号× ハタフサモチ モチ 中生の晩 茨城にて作付。
サイワイモチ	コシヒカリ	ササニシキ	ミネアサヒ	ヒノヒカリ	ハタムラサキ	キヨハタモチ
1982年 レイホウ×西海モチ (クレナイモチ) 129号 モチ 中生 主に九州で作付される。	1956年 農林22号×農林1号 ウルチ 北陸・福島・茨城は中生。その他の地域は早生。ほぼ全国各地で作付。	1963年 ササシグレ×ハツニシキ ウルチ 晩生 青森を除く東北5県と山梨で作付されている。	1980年 関東79号×喜峰 ウルチ 極早生 中山間地では、中生。福岡・熊本・愛知・和歌山で作付。	1989年 コシヒカリ×黄金晴 ウルチ 中生の中 九州各県で作付されている。	1951年 農林モチ1号×東海9号 ウルチ 中生の晩 神奈川・山梨・愛知で作付。	1988年 関東モチ118号× 石系241号 モチ 中生の早 茨城にて作付。
ヒデコモチ	ユメツクシ	アキタコマチ	きらら397号	奥羽63号	農林21号	ミナミハタモチ
1979年 大系モチ1076 ×ふ系72号 モチ 早生の中 高知を中心に作付。	1991年 キヌヒカリ×コシヒカリ ウルチ 早生 福岡を中心に作付。	1984年 コシヒカリ×奥羽292号 ウルチ 早生の晩 主に秋田・岩手で作付されている。	1988年 しまひかり×キタアケ ウルチ 早生の晩 北海道でのみ作付されている。	ジャポニカ・モチ 中生 黒米 長粒種の多い黒米の中で、これは短粒（ジャポニカ種の黒米）背も低い。	ウルチ 赤芒と白芒とある。 中生	1952年 農林モチ1号× 農林モチ6号 モチ 晩生 熊本・鹿児島で作付。
						ユメノハタモチ
						1990年 農林モチ4号×B_1F_1 (外国稲から交配を繰り返し得られたもの) モチ・中生の晩 干ばつに最も強いとされる。

古代米
赤米（芒なし）
ウルチ 早生 玄米の色が赤茶色。
赤米（芒あり）
ウルチ 早生 芒の色は登熟とともにうすれてゆく。
赤米（芒あり）
モチ 早生 芒の色はうす赤だが、中の玄米の色は濃い赤。
みどり米
モチ 中生 玄米の色がほんのり緑がかっている。籾の色は紫色でとても美しい。
黒米
インディカ・モチ 早生 脱粒しやすい 株元も黒紫に色づく。
タイのかおり米
インディカ・ウルチ 早生 水稲栽培でも畑栽培でもどちらでも可能。
かおり米
ジャポニカ・モチ 中生 稈長1.5mくらいになる。籾の色が赤褐色だが中の米に色はない。

早晩生について

- 出穂期、成熟期の早い晩いの違いです。
- 地域によって同じ品種でも気候の違い（気温・日長など）で早晩生が違うことがあります。たとえば「コシヒカリ」は北陸では中生ですが、福岡では早生、宮崎では極早生となります。
- 早生種は、晩生種に比べると一般的には収量の低い傾向があります。これは品種の違いとも言えます。ただ、中山間地に晩生種を植えても出穂期が遅れ、秋の冷え込みなどでかえって収量が低下し、品種にもかかわることがあります。反対に、温かい地方では、より、晩生種の方が夏の恵みをいっぱい受け、収量が多くなります。温かい地方で早生種により夏の頃収穫を得ることができますが収斂結実の秋の恵みを受けていないのでその生命は弱く薄いということも言えます。

(資料提供：茨城県農業総合研究センター．宮崎県総合農業試験場 作物部．参考文献「米一品種の変遷と展望」